国家重点基础研究发展计划资助（2009CB226107）
河南省重点科技攻关计划资助（092102310317）
国家安监总局安全生产科技计划资助（08-152）
河南理工大学博士基金资助（B2008-60）

《风险分析与危机反应》国际丛书

主　编　黄崇福

副主编　倪晋仁　吴宗之　石　勇

煤矿瓦斯重大灾害预警理论及应用

Early Warning Theory and Application of Great Gas Disaster in Coal Mines

杨玉中　吴立云
何　俊　李延河　著

北京师范大学出版集团
BEIJING NORMAL UNIVERSITY PUBLISHING GROUP
北京师范大学出版社

图书在版编目(CIP)数据

煤矿瓦斯重大灾害预警理论及应用 / 杨玉中等著. —北京：
北京师范大学出版社，2010.12
（《风险分析与危机反应》国际丛书）
ISBN 978-7-303-11809-0

Ⅰ. ①煤…　Ⅱ. ①杨…　Ⅲ. ①煤矿－瓦斯监测
Ⅳ. ①TD712

中国版本图书馆 CIP 数据核字（2010）第 225361 号

营 销 中 心 电 话	010-58802181　58808006
北师大出版社高等教育分社网	http://gaojiao.bnup.com.cn
电 子 信 箱	beishida168@126.com

出版发行：北京师范大学出版社　www.bnup.com.cn
　　　　　北京新街口外大街 19 号
　　　　　邮政编码：100875

印　　刷：	北京中印联印务有限公司
经　　销：	全国新华书店
开　　本：	170 mm × 230 mm
印　　张：	19
字　　数：	330 千字
版　　次：	2010 年 12 月第 1 版
印　　次：	2010 年 12 月第 1 次印刷
定　　价：	39.00 元

策划编辑：毛　佳	责任编辑：毛　佳
美术编辑：毛　佳	装帧设计：天泽润
责任校对：李　菡	责任印制：李　啸

总 序

随着人类生存环境的复杂化、世界多极化和经济全球化,人类已进入全球风险时代。和平与发展仍然是当今时代的主流,但国际形势继续处于深刻复杂的变化之中,难以预料的全球性气候反常和难以控制的自然灾害(印度洋大海啸、美国飓风及海侵、巴基斯坦大地震、马来西亚大地震等)时有发生,恐怖事件接连不断,事故灾难频频发生,跨国性的重大疫情等不时出现,这一系列突发事件给人类带来的灾难是沉重的,世界各国都面临着新的风险和挑战。

在瑞士达沃斯刚刚闭幕的 2006 年国际减灾会议上,会议主席沃尔特·阿曼博士说,当今,世界面临多方面的复杂风险,涉及自然灾害、技术、生物化学、流行病、恐怖主义、气候变化和地方病等领域,各种风险的处理体系是相互联系的。在这种形势下,国际社会必须有一种新的风险处理观念,一种跨领域、跨部门的风险处理方式,以便更有效地抵御和减少世界所面临的最紧迫风险。

我国经济社会发展进入了一个关键时期,经济体制深刻变革,社会结构深刻变动,利益格局深刻调整,人们思想观念深刻变化。再加上国际上政治、经济、军事、安全等因素相互交织,地缘、宗教和文化冲突与政治经济矛盾相互作用,不稳定、不确定、不安全因素增加。

如何在这个复杂的、瞬息万变而又充满挑战和风险的时代确保人民生命安全和健康,如何确保经济社会可持续发展,已经成为各国政府必须回答的重大问题和检验政府是否对人民群众负责的试金石,同时也成为各国学者日益关注的重大课题和施展才干的舞台。

由中国灾害防御协会风险分析专业委员会组稿,北京师范大学出版社资助出版的《风险分析与危机反应》国际丛书,为国内外学者系统发表风险分析与危机反应的最新理论和研究成果、详实介绍风险分析及危机反应案例等,提供了难得的机会。

该丛书的出版,是在国内外面对诸多挑战和重大风险问题,风险分析与危机反应理论及方法快速发展的时代背景下进行的。希望该丛书的出版，能对加强风险管理和公共安全工作产生一定的推动作用，为构建和谐社会、和谐世界、和平发展做些努力和贡献。

国务院应急管理专家组组长(Leader of Emergency Rescue Plan Group under the Office of the State Council)

国家减灾委专家委员会副主任(Vice Director of Specialist Committee of the National Disaster Mitigation Commission)

国务院参事(Consultant from the State Council)

2007 年 7 月 25 日

内容简介

　　本书针对中国煤矿瓦斯事故发生频繁，但相关理论研究不足的现实，通过运用危机管理理论、层次分析法、可拓理论、粗糙集、属性数学、人工神经元网络和模糊数学等理论和方法，结合实证分析，对煤矿瓦斯重大灾害预警理论进行了深入而系统的研究，为煤矿实施瓦斯灾害预警系统提供理论基础和分析技术的支持。本书主要内容有：煤矿瓦斯重大灾害预警的理论框架和预警机制、煤矿瓦斯灾害预警的指标体系、预警模型和运行保障机制、煤矿瓦斯重大灾害预警系统的应用实例。

　　本书可作为安全技术及工程专业研究生教材和安全工程专业本科生参考教材，亦可作为采矿工程专业、安全管理人员、生产技术人员和研究人员的参考教材及参考书。

Introduction

In the last few years, gas accidents happen frequently in China. The theory related to gas accidents prevention was studied insufficiently. Early warning theory of great gas disasters in coal mines was studied deeply and systematically. In this research, some theories and methods such as crisis management, analytic hierarchy process (AHP), extension theory, rough set, attribute mathematics, artificial neural network and fuzzy mathematics, were used widely combined with demonstration analysis. This research can provide the theoretical basis and support of analytic technique for coal mines to implement gas disaster early warning system. This book consists of 4 sections and 9 chapters. The first section is theoretical framework of great gas disaster early warning and early warning mechanism. The second section is indices system and model of gas disaster early warning. The third section is operational mechanism and safeguard mechanism. The last section is the application of gas disaster early warning system.

This book can be adopted as postgraduates' textbook or undergraduates' reference for safety engineering major. It is also a reference for mining engineering major, safety manager, production technician and researchers.

前 言

中国煤矿生产绝大多数为井工开采，环境条件非常恶劣。随着时间的推移，开采深度日益增加，深部煤层瓦斯含量越来越大。随着科技的进步，开采强度日益增大，瓦斯已成为制约我国大型煤炭企业安全生产和提高经济效益的首要因素之一。加之中国煤矿一线作业工人绝大多数是文化程度非常低的农民工，机械设备机械化、自动化程度低。虽然我国煤炭工业一直在加强安全管理工作，强调"关口前移，重心下移"，但矿难频发是一个不争的事实，已经成为久治不愈的顽症。尤其是近几年较大、重大及特别重大事故频频发生，在国内外造成了极其恶劣的影响和巨大的经济损失。2005 年全国煤矿发生瓦斯事故 405 起，死亡 2 157人；2006 年 327 起，死亡 1 319 人；2007 年 272 起，死亡 1 085 人；2008 年 182起，死亡 778 人。据国家煤矿安全监察局统计，自 2001 年以来的煤矿重特大事故中，瓦斯事故始终占据了第一位，已经成为我国煤矿生产中首要的重大灾害。现有的矿山瓦斯监测、监控系统在一定程度上起到了减少事故发生的效果，但总的来说还存在很多不成熟、不完善的地方，特别是现有矿山安全保障系统的预警功能不强，基本上停留在报警而不是预警这样的一个水平上，虽然瓦斯灾害因子的监测和预报技术也有一定程度上的应用，但到目前为止还没有形成成熟的技术，没有成为一个完整预警系统的一部分。因此，如何将现在被动的事故后处理的安全管理方式转变为事前控制的管理方式是改变目前瓦斯事故多发局面、实现本质安全的根本出路所在。而瓦斯重大灾害预警系统则可以在事故萌芽阶段即发出警报，提示决策人员采取预控对策，以消除事故隐患，实现系统安全。因此，对采掘工作面瓦斯重大灾害预警理论及应用进行深入研究，具有重要的理论意义和重大的现实意义。

本书针对中国煤矿瓦斯重特大事故发生频繁、而有效的瓦斯灾害防治理论研究不足的现实，旨在通过运用预警理论和可拓理论等多学科交叉理论，理论分析与实证研究并重，对煤矿瓦斯重大灾害预警理论进行深入、系统的研究，为煤矿实施瓦斯灾害预警系统提供理论支持和技术支撑。本书主要研究了采掘工作面瓦斯爆炸和煤与瓦斯突出重大灾害预警系统的理论框架和预警机制、瓦斯重大灾害预警的指标体系和综合预警模型以及瓦斯重大灾害预警系统的运行保障机制。

　　本书的出版得到了北京师范大学出版社的大力支持和帮助，在此对北京师范大学出版社的支持和帮助表示由衷的感谢！对有益于本书编写的所有参考文献的作者们表示真诚的感谢！

　　由于作者的水平和时间所限，书中不当之处，敬请读者不吝指正！

杨玉中

2009.8

目录

第5章　煤矿瓦斯重大灾害预警的管理组织机制　/101

CONTENTS

Chapter 3　Early warning indices system of great gas disasters in coal mines　/54

Chapter 4   Early warning model of great gas disaster in coal mines   /72

Chapter 6   Control measures of great gas disaster in coal mines   /130

Chapter 9　Application of great gas disaster early warning system in coal mines　/217

Appendix Ⅰ　Introduction of the Authors　/236

Appendix Ⅱ　Ongoing and finished projects relating to this book　/238

Appendix Ⅲ　List of academic thesises and publications of the authors　/239

Appendix Ⅳ　Rule of prevention and treatment of coal and gas outburst　/243

第1章　煤矿瓦斯重大灾害预警概述

1.1　预警理论概述

预警（Early Warning）一词最早出现在军事领域，是指为了对付突然袭击的防范措施。当预警目标的构成模式和目标量接近或者超过设定的目标量阈值时，预示着即将发生突然袭击，因而预先发出警报，供预警主体作出相应对策性决定，由此出现了军事预警系统。近三十多年来，预警这一概念已延伸到社会和自然科学的诸多领域中，如地震预警、人口预警、农业灾害预警、粮食预警、地球环境预警、财务预警、宏观经济预警和行业预警等，并取得了丰硕的研究成果。

预警理论起源于西方发达国家，它的起源可以追溯到19世纪末期，目前在经济和军事领域运用得比较多。早在1888年，巴黎统计学大会上，就出现了以不同色彩作为经济状态评价的论文。20世纪初，西方经济统计学界开始了对建立景气指示系统的努力，尤其是频繁发生的经济危机更推动了这类研究的进行。当时，指示宏观景气的"晴雨计"风行一时。但是，真正对现代预警系统有直接影响的研究是从20世纪50年代开始的。1950年，美国经济学家穆尔从近千个统计指标的时间数列中选择了具有代表性的21个指标，构建了一个新的多指标综合信息系统——扩散指数（Diffusion Index）。扩散指数以宏观经济综合状态为测度对象，同时编制先行、同步、滞后三种指数，不再限定于经济运动的某一侧面。正因为如此，扩散指数的构成模式一直沿用至今。此后，预警理论不断发展和完善，新的理论和方法不断产生，例如：20世纪60年代美国经济统计学家希斯金的综合指数（Composite Index）理论、70年代美国经济学家摩尔的商业经济周期理论以及西方20多个工业国家组成的经济合作与发展组织（Organization for Economic Cooperation and Development，OECD）在 1978 年建立的先行指标系统等。美国商务部从 20 世纪 60 年代起就逐月发表以数据和图表两种形式提供宏观景气动向的信号，日本、加拿大、英国等国家也有相似的经济预警系统，中国从 1989 年起，也每月发表经济景气监测预警指数。从 20 世纪 80 年代开始，预警理论开始应用到管理领域，当时在美国兴起的企业危机管理震撼了管理界。此后，预警理论与方法的研究经历了一个从定性为主到定性与定量相结合、从点预警向状态预警转变的过程。目前，欧美发达国家在企业财务、商业银行、自然灾害等很多风险比较大的领域成功地实施了预警管理，有效地防范和减少了危机和风险。高风险行业的预警系统研究基本上达到了能够实用的程度，建立了相应的预警指标体系和预警模型。国际上，日本在自然灾害（地震、海啸、火山、恶劣天气（台风、降雨、降雪、洪水、泥沙））预警系统建设方面走在了前列，其所取得的成绩和所积累的经验对世界各国，特别是发展中国家有着重要的指导作用和借鉴意义。2006 年 3 月，日本政府发布了《日本自然灾害预警系统与国际合作行动》的报告，对日本自然灾害预警系统的建设以及参与国际合作的状况作了全面、系统的披露。但就检索到的文献来看，国外在煤矿重大灾害预警方面几乎没有进行研究，这是由于诸如美国、澳大利亚等产煤大国的煤炭开采业安全生产的水平很高，在各自的国内属于很安全的行业。

中国从 20 世纪 90 年代才开始在学术界研究预警理论，并逐渐成为理论界研究的热点，目前主要还停留在理论研究阶段，而且研究内容也主要局限在预警指标体系、预警模型和预警管理。其中，具有代表性的著作有：1990 年陈永昌教授的《经济周期与预警系统》、1993 年顾海兵教授的《未雨绸缪——宏观经济预警研究》、1999 年佘廉教授主编的预警管理丛书（包括技术创新风险管理、产品开发预警管理、企业营销预警管理等）、2004 年佘廉教授主编的灾害预警管理丛书（采掘业、水运交通灾害预警等）、2006 年文俊的《区域水资源可持续利用预警系统研究》、曹庆贵教授的《企业风险管理与监控预警技术》、2007 年葛晓立教授的《典型地区土壤污染演化与安全预警系统》、李毛的《煤矿地面系统预警管理：以煤矸石山灾害预警管理为例》、2008 年景国勋、杨玉中的《矿山重大危险源辨识、评价及预警技术》。

预警理论在煤炭行业的应用起步较晚，20 世纪 80 年代末 90 年代初开始研究预警理论，90 年代中后期开始出现单项作业预警和经济预警，如 1996 年在徐州矿务局开始使用的矿井通风安全管理预警提示系统，王慧敏等 1998 年进行的煤炭工业经济预警等，2002 年兖州矿业集团在实时监测系统的基础上，提出了利用监测数据二次开发进行安全预警的设想，2004 年太原理工大学的王汉斌等人开始研究煤矿安全预警系统，2004 年辽宁工程技术大学的王洪德博士利用基于粗集—神经网络的理论对通风系统可靠性进行预警，2005 年中国科学院合肥智能机械研究所主办的"煤矿安全智能预警系统"专家咨询会召开。国家自然科学基金委自 2002 年以来共支持了以下 4 项研究项目，其中包括两项重点项目，如表 1-1 所示。但就检索到的文献来看，仅见到葛运建主持的国家自然科学基金重点项目的 2008 年 1 月 17～18 日中期检查结果的报道，其研究成果主要包括：研制以纳米颗粒、纳米带材料为载体的催化传感元件，提高传感器灵敏度；研制基于 MEMS 工艺的催化瓦斯敏感阵列，提高传感器寿命和精度；提出并设计了适用于煤矿井下安装的微型吸收池和分布式检测技术；首次将含瓦斯煤岩流变破坏与快速拉裂破坏——层裂破坏统一起来，提出了流变—拉裂破坏的延时煤与瓦斯突出机理；首次提出了"分类指导、分级定标"的煤矿重大危险源辨识理论；提出了基于云理论和数据场理论的煤与瓦斯突出知识发现新方法；建立了煤矿瓦斯突出历史案例库，引入支持向量机方法及留一法进行最优特征属性组合寻找；提出了基于软交换的矿区通信网总体架构，深入研究煤矿井下通信主干环网的构建和矿区地面、井下多个环网互连的相关技术问题；研究井下物理自然环境的建模方法，提出了建立井下合成自然环境的概念模型；提出了信息采集和矿难救援复用型无线传感器网络架构；针对无线传感器网络在井下的若干典型应用完成了通信算法研究和硬件设计。此外，"十一五"国家科技支撑计划重点项目"煤矿瓦斯、火灾与顶板重大灾害防治关键技术研究"的八个课题中，有五个都是瓦斯治理方面的课题，这些课题在 2006 年年底开始启动，但到目前为止，尚未见到有关研究成果的报道。这几个课题的主要研究内容，如表 1-2 所示。

表 1-1　国家自然科学基金委资助的瓦斯预警项目情况

项目编号	项目名称	负责人	负责人单位	资助金额 /10^4 元	起止年份
50574005 /E041504	可调谐半导体激光光谱技术的煤矿瓦斯预警模型的研究	周孟然	安徽理工大学	23	2006～2008
50534060 /E04	煤矿瓦斯传感技术和无线与综合预警信息系统基础理论与关键技术研究	杨维	北京交通大学	150	2006～2009
50534050 /E04	煤矿瓦斯传感技术和预警系统基础理论与关键技术研究	葛运建	中国科学院合肥智能机械研究所	180	2006～2009
50274070 /E040105	煤与瓦斯突出的氢氮甲烷联测预警技术基础研究	梁汉东	中国矿业大学（北京）	19	2003～2005

表 1-2 煤矿瓦斯、火灾与顶板重大灾害防治关键技术研究

项目名称	主要研究内容
煤矿瓦斯灾害基础条件测定关键技术	研究地面钻孔煤层瓦斯含量与井下煤层瓦斯含量、瓦斯压力、煤层透气性系数和煤岩应力参数等主要参数的准确、快速测定技术与装备，煤与瓦斯突出危险区域综合判识技术，矿井瓦斯涌出规律、瓦斯涌出量预测关键技术，地质构造（破坏）带超前探测技术，构造煤发育区、瓦斯富集区探测技术
煤矿重大灾害综合监测预警关键技术	开发构建煤矿灾害综合监控的网络平台关键技术，CH_4、CO 的检测传感技术，煤矿主要灾害的连续实时监测系统，煤矿综合实时安全信息采集与管理系统及可视化技术，瓦斯突出动力学模拟技术，瓦斯突出、瓦斯煤尘爆炸、矿井火灾、冲击地压等重大灾害在线辨识、智能分析和预警技术，煤矿主要灾害的预防措施方案专家系统，研究采掘工作面非接触式突出预测及在线预测技术
煤与瓦斯突出防治及瓦斯抽放关键技术	研究采动区地面瓦斯抽采关键技术与装备，石门揭煤新技术，高压水射流顺层钻孔技术及装备、高压脉动注水防治煤与瓦斯突出技术与装备，远距离和薄煤层保护层开采强化抽放技术，低透气性煤层瓦斯强化抽放技术及装备
瓦斯煤尘爆炸预防及继发性灾害防治关键技术	研究多种可燃性气体（煤尘）共存情况下爆炸防治技术与装备，高瓦斯大风量采掘面煤尘治理技术，井下煤尘沉积强度测试装备，采掘机自动喷粉、喷水抑爆技术与装备，矿井新型阻爆、隔爆技术与装备，坚硬顶板、顶煤开采安全保障技术，煤矿继发性灾害的防范技术
典型矿井重大灾害综合防范技术集成与示范	选择一批具有典型性灾害的矿区，通过关键技术装备的试验和应用、先进适用技术的集成创新，进行灾害防治技术的综合示范。研究和建立煤与瓦斯突出预测与防治技术集成与示范、基于先抽后采的煤矿瓦斯抽放技术集成与示范、高瓦斯矿区瓦斯治理综合技术集成与示范、矿井火灾综合防治技术集成与示范、深部矿区煤岩动力灾害综合防治技术集成与示范

1.2　国内外研究现状

1.2.1　预警机制的研究现状

在煤矿瓦斯重大灾害预警系统的预警机制方面，国内外仅在矿山危险源辨识及评价方面取得了一定的成果，但尚未达到成熟应用的阶段。就目前检索到的文献来看，国内的相关研究，仅见佘廉教授在其 2004 年出版的灾害预警管理丛书中作了探讨，提出了预警机制、矫正机制和免疫机制作为预警管理系统的预警机制，对预警机制还作了简要分析。国外的研究偏重在技术层面而缺乏对预警系统基本理论的阐述，所以到目前为止，对煤矿瓦斯重大灾害的预警机制尚缺乏深入研究。

1.2.2　预警指标体系的研究现状

预警的关键是建立科学、系统、实用的预警指标体系。国内外许多学者根据其理论思考与实践经验构建了各自的指标体系，尤其是在财务预警系统方面。在其他方面，如火灾预警、地震预警、地质灾害、社会突发事件等，也已经建立了相对比较成熟的预警系统。但在煤矿灾害预警方面，由于发达国家煤矿安全管理水平比较高，煤矿事故率比其他生产行业还低，如美国的煤矿事故率远低于其余 20 种行业的事故率，日本则将煤矿事故率的目标定为 0，等等，所以在这方面没有深入的研究。

在国内，单一作业预警系统的指标体系基本上都是按照煤矿安全规程和国家的有关规定建立的，如矿井通风预警系统选取主干通风路线上的风机类、巷道类等 8 类统计指标构成指标体系、瓦斯监测预警系统采取瓦斯浓度超限作为预警指标等。关于煤矿整体安全预警系统的指标体系只有太原理工大学的王汉斌等人（2004）提出了一种初步的预警指标体系，该体系中包含井下监测指标体系、地面监测指标体系、外在环境监测指标体系三部分。景国勋、杨玉中在参考文献 [17] 中也初步建立了煤矿安全预警的指标体系，而在其他的相关文献中，没有发现有人建立瓦斯重大灾害预警的指标体系，仅见到关于煤与瓦斯突出预测的指标的研究。如澳大利亚利用直接测定煤层瓦斯含量的方法进行煤层突出预测，这一方法目前国内有些矿井已开始尝试。国内其他学者也提出了利用不同的指标进行突出预测，如孙继平等（2006）提出利用开采深度、煤层厚度等 15 项指标，郭德勇等（2007）提出用最大开采深度、煤层厚度等 9 项指标进行突出预测，其他学者也分别提出了不同的预测指标体系。

1.2.3 预警模型的研究现状

由于国内外关于煤矿灾害预警的研究很少，所以到目前为止，据检索的文献来看，几乎没有见到关于煤矿灾害预警的预警模型。但国内外在经济预警领域发展的相对成熟，目前预警模型的研究主要集中在以下几类模型。

(1) 单变量模型。该模型是运用单一变量、个别指标来预测企业危机的模型，即当模型中所涉及的几个指标趋于恶化时，通常是企业发生危机的先兆。最早的单变量模型是由美国的财务分析专家 William Beaver 于 1966 年提出的，他在对 1954~1964 年间出现失败迹象（破产、拖欠偿还债券、透支银行账户或无力支付优先股利四项中的任何一项）的 79 家企业进行分析后得出了如下结论：通过研究个别财务比率的长期走势可以预测企业所面临的危机状况。

中国学者对此模型也做出了不少可贵的探索，如陈静（1999）以 1998 年的 27 家 ST（Special Treatment）和 27 家非 ST 公司，利用其 1995~1997 年的财务报表数据，进行了单变量分析，提出在流动比率、负债比率、总资产收益率、净资产收益率 4 个指标中，前两者误判率最低。吴世农、卢贤义（2001）以 70 家 ST 和 70 家非 ST 上市公司为样本，应用单变量分析研究财务困境出现前 5 年内这两类公司 21 个财务指标各年的差异，最后确定 6 个预测指标。

单变量模型有两个基本特点：一是将若干项预警指标组合起来组成预警指标体系，并将各指标值与企业所处行业的平均数据或本企业的历史平均数据进行比较，以此来确定企业所面临风险的大小；二是所选中的预警指标对风险管理者来说处于同等重要的地位。

(2) 多变量统计分析模型。这类模型采用多个指标作为自变量，同单变量模型相比，它们能够更全面地反映出企业的状况，从而具有更强的辨别能力和实用性。这类模型还有一个共同的特点，那就是都是根据企业已有的历史数据作为样本来建立等式，而且在选取样本时一般是先选取一定数量的失败企业作为“失败组”，然后再选取与这些失败企业在行业和规模以及已生存年限上相匹配的、相同数量的非失败企业作为“非失败组”进行比较判别。

由于在建模时所使用的统计方法的不同，多变量统计分析模型又分为如下几种类型。

1) 多元回归分析模型。这类模型主要是运用现代统计学中回归分析的方法来建立预警指标变量与企业危机之间的因果关系。最早运用二元回归模型预警企业危机的学者是 Meyer 和 Pifer（1970），他们用二元回归分析模型来评价美国银行的失败风险。他们在研究了 1948~1965 年间失败的 30 家银行及与其相匹配的另外 30 家非失败银行后建立了模型，并且用由 9 对相匹配的银行组成的测试样本对模型进行了验证。1972 年，Edmister 专门针对小企业建立了危机预警的多元线性回归模型，但由于他一直未向外界公布该模型中 Z 值的最佳分界点，这使得该模型未被广泛用于小企业中。

2）多元判别分析模型。该模型作为一种统计分析方法，可用于对研究对象所属的类别进行判别。由于企业可分为两类："失败"企业与"非失败"企业，所以，当失败企业与非失败企业在预警指标上的差异比较显著时，可以运用判别分析法建立判别模型来对企业是否出现危机进行预警。这里的判别分析又可分三种具体的判别方法：一是距离判别。就是根据观测对象到"失败组"与"非失败组"两个总体的距离的不同来判定其归属。这两个组的特征向量分别为该组中所有样本企业的预警指标的平均值，如果某个企业到"失败组"的距离比到"非失败组"的距离近，则可判定该企业属于失败企业。二是费歇尔（Fisher）判别。就是通过将多维数据投影到某个方向上，然后再选择合适的判别规则，将待判的样本进行分类判别，判别的临界点一般是两个总体在投影方向上的中点。三是贝叶斯（Bayesian）判别。前两种判别没有考虑总体出现的概率与错判之后所造成的损失，贝叶斯判别法则弥补了上述缺陷，即该方法所要满足的条件就是在该法则下，将某个样本误分类为其他类别的总平均损失达到最小。

3）其他分析模型。如主成分分析、逻辑模型等，主成分分析也称为主分量分析，是由 Hotelling 于 1933 年首先提出来的，它是一种利用降维的思想，把多项指标转化为少数几个综合指标的多元统计分析方法。利用主成分分析法建立的模型中，较为典型的模型是 Diamand 模型。Diamand（1976）使用由 75 家失败公司与 75 家非失败公司组成的样本，运用主成分分析法来筛选比率指标，建立模型。最早将 Logit 模型运用到企业危机预警研究中的学者是 Martin（1977），他用该模型对美国的银行进行了评价。随后，Ohlson（1980）利用 1970～1976 年失败的 105 家美国破产企业与 2 000 家生存企业组成的样本重新构建了 Logit 模型。

许多学者根据各国的具体情况，建立了不同的多变量统计分析模型。如美国纽约大学的 Edward Altman 教授在 1968 年提出了 Z 记分法模型，后来在 1977 年 Altman，Haldeman 与 Narayanan 又在修正 Z 记分法的基础上建立了 Zeta 模型，由于该模型具有辨别能力强、使用成本低等特点，因此，它是目前在美国最受欢迎的预警模型；此外还有 Deakin 模型（1972）、Blum 模型（1974）、Taffler 模型（1974）、Diamand 模型（1976）、Logistic 模型（1977）、Marais 模型（1979）、Casey 模型（1985）、Bayesian 模型（2001）等，这些模型在一定程度上为各国的财务、金融预警发挥了重要作用。中国对多变量预警模型的研究还属于起步阶段，目前也有少数学者在借鉴国外的预警方法来开发适合中国企业操作的危机预警模型，如 F 分数模式（周首华，1996）、考虑企业未来发展潜力的预警模型（刘渝琳，1998）、考虑现金流量的预警模型（戴新民等，2000）、考虑"社会贡献率"的预警模型（张凤娜等，2001）等。

（3）神经网络预警模型。神经网络也称为人工神经网络，是一种从神经心理学和认识科学的研究成果出发，应用数学方法发展起来的并行分布模式处理系统。该模型利用大量非线性并行处理关系来模拟众多的人脑神经元，用处理器间错综复杂但灵活的关系来模拟人脑神经元的突触行为。

神经网络的发展始于 20 世纪 40 年代，McCulloch 和 Pitts（1943）建立了神经网络的第一个数学模型，目前较成熟的模型有三四十种之多，较为常用的有 BP 模型、Gaussian 模型、Hopfield 模型、ART 模型、SOM 模型、CPN 模型、LAM 模型、BAM 模型、TAM 模型等。将这些模型用于企业风险的预警则是 20 世纪 90 年代才发生的事，Lapedes 和 Fayber（1987）首次运用神经网络模型对银行的信用风险进行了预测和分析，Trippi 和 Turban 等学者（1992）运用神经网络分析法对美国银行的财务危机进行了分析。将该方法较早地用于公司财务危机预警的是 Coats 和 Altman 等人，他们分别运用神经网络分析法对美国公司和意大利公司的财务危机进行了预测。美国的 Susan L. Rose-Pehrsson（2003）在神经网络的基础上进行了改进，提出了随机神经网络模型用于火灾监测预警系统。在中国，黄小原（1995）、王春峰（1998）、杨保安（2001）等学者也在此领域进行了探索，杨保安参考有关财务评价准则并结合中信实业银行苏州分行的情况，选取 4 大类共 15 个财务指标，运用 BP 神经网络方法建立了一个可供银行用于进行授信评价的预警系统。辽宁工程技术大学的王洪德博士（2004）则将粗集理论和神经网络相结合，提出了基于粗集—神经网络的通风系统可靠性预警模型。此外，国内外还有许多研究人员基于某一问题建立了神经网络预警模型。

1.2.4 运行保障机制的研究现状

在煤矿瓦斯重大灾害预警系统的运行保障机制方面，国内外仅在矿山重大事故紧急救援体系及应急保障方面进行了研究，取得了一定的成果。就目前检索到的文献来看，仅见佘廉教授在其 2004 年出版的灾害预警管理丛书中作了探讨，对预警系统的运行保障机制也仅作了简要的分析，对重大灾害的运行保障机制尚缺乏深入研究。

1.2.5 瓦斯灾害预警系统的研究现状

罗新荣等（2008）选取井下瓦斯涌出峰值、瓦斯上升梯度、瓦斯超限时间和瓦斯下降梯度 4 个参数作为突出预测的特征指标，并开发了瓦斯预警系统。主要利用安全监测系统的实时数据库中的数据，根据瓦斯突出判断依据，对掘进系统单元中存在的瓦斯超限状态作出准确判断，从而实现瓦斯突出警报的功能。该软件系统具有自动读出监测点的实时数据，分析判断出测点瓦斯超限原因；并监视测点的实时数据，判断是否会发生瓦斯突出。

汪云甲等（2008）提出了基于数字矿山技术体系进行煤矿瓦斯监测、分析、显示、智能预警及救灾等方面的主要思路、关键技术、系统功能、应用效果及研究展望，从一个侧面说明了数字矿山对安全生产的推动作用及应用潜力。他们在数字矿山技术体系下的煤矿瓦斯智能预警研究主要集中在以下两个方面：煤与瓦斯突出区域预测和煤与瓦斯突出指标预测。

杨禹华等（2007）提出利用模糊模式识别技术对瓦斯涌出异常进行动态预警，通过对已知巷道的瓦斯含量监测数据和素描图进行分析，提取引起瓦斯涌出异常的前兆特征作为模式识别的特征向量，来对实时监测的巷道的工况进行判断，确定其是否存在瓦斯涌出异常的可能性。

郭德勇等（2007）针对煤矿瓦斯爆炸灾害问题，应用统计分析方法建立了以瓦斯浓度与着火温度为主要因素的瓦斯爆炸诱因预警模型，将瓦斯爆炸诱因预警划分为 4 个等级。在 GIS 技术支持下，开发了基于 Arc View GIS 的预警模块，结合瓦斯传感器及温度传感器建立了预警系统。

田水承等（2008）提出用案例推理方法预测瓦斯爆炸的思想，并给出案例推理的瓦斯爆炸预警系统的原型，研究了系统中的关键技术：案例的知识表达、案例检索和案例学习等。

煤炭科学研究总院重庆研究院于 2004 年开始，就煤与瓦斯突出预警技术、瓦斯赋存和突出区域预测智能分析技术、防突措施智能设计及动态管理技术、通风瓦斯智能管理技术、灾变预警及应急辅助决策技术等进行了深入的研究，目前已经研发出了以瓦斯灾害预警为核心的系列煤矿安全管理软件系统。

2005 年度国家自然科学基金重点项目"煤矿瓦斯传感技术和预警系统基础理论与关键技术研究"开展了对瓦斯信息的采集、处理、传输和智能化预警四大环节的系统研究，研制了催化传感元件，提高传感器灵敏度；提出了流变—拉裂破坏的延时煤与瓦斯突出机理；提出了基于云理论和数据场理论的煤与瓦斯突出知识发现新方法等。

1.3　当前研究中存在的问题

综上所述，到目前为止，国内外学者在煤矿重大灾害预警研究方面开展的工作都比较少，在预警系统的各个方面都需要进行深入分析和研究。2005 年度国家自然科学基金重点资助项目"煤矿瓦斯传感技术和预警系统基础理论与关键技术研究"也主要是系统研究瓦斯信息的采集、处理、传输和智能化预警四大环节。目前，关于瓦斯重大灾害预警的研究主要存在以下几个问题。

（1）预警机制和运行保障机制急需进行深入研究。国外在灾害预警研究上比较偏重技术层次，缺少对基本理论问题的系统阐述。正是由于现有理论的不成熟或是概念上的混乱，制约了预警的应用实践。只有加强灾害预警的理论研究，尤其是预警机制及运行保障机制的研究，实践中的预警研究才可能真正有所突破。此外，目前在理论研究上尚未突破一般危机理论。

（2）预警指标体系急需建立。预警指标体系的建立是预警系统建立的关键环节之一。到目前为止，尚未见到关于煤矿瓦斯重大灾害的预警指标体系，所以煤矿瓦斯重大灾害的预警指标体系急需建立，而且需要深入研究指标体系的合理性、科学性、实用性。

（3）适合煤矿瓦斯重大灾害的预警模型急需建立。预警模型对于预警系统而言是至关重要的，只有在客观、合理、有效的预警模型支持下，预警系统才可能不会发生误警、漏警。由前述国内外预警模型研究可知，目前绝大多数预警模型是基于财务预警、金融预警、宏观经济预警和自然灾害预警的，煤矿预警方面仅见到基于粗集—神经网络的矿井通风系统可靠性预警模型、基于模糊综合评价的预警模型和基于可拓理论的综合预警模型。所以需要深入研究适应煤矿瓦斯重大灾害特点的综合预警模型。

（4）瓦斯信息的智能化采集和处理手段急需研究。采掘工作面尤其是掘进工作面瓦斯信息的采集方式及传输手段需要有效配合，采集到的信息需要尽快准确的处理，以真正起到预警的作用。因此，需要建立由有效的数学模型支持的瓦斯预警信息处理系统。

1.4　研究煤矿瓦斯重大灾害预警的意义

煤炭是我国的基础能源，也是国家能源安全的基石，是关系国家经济命脉的重要基础产业，《国务院关于促进煤炭工业健康发展的若干意见》中进一步强调了煤炭工业在国民经济中的重要战略地位，而煤炭工业的可持续发展必须以保障煤矿安全生产为前提。同时中国煤矿地质条件复杂，是世界上灾害严重、事故多的国家。中国煤矿生产绝大多数属于井工作业，环境条件非常恶劣，所以很难吸引高素质工人就业，致使一线作业工人绝大多数是文化程度非常低的农民工，加之机械设备机械化、自动化程度低，虽然我国煤炭工业一直在加强安全管理工作，强调"关口前移，重心下移"，但矿难频发是一个不争的事实，已经成为久治不愈的顽症。尤其是近几年较大、重大及特别重大事故频频发生。煤矿严峻的安全生产形势造成了大量人员伤亡、重大财产损失和严重的社会影响，也引起了国际社会的广泛关注。2003 年 5 月 25 日，国际煤炭组织（ICO）谴责中国煤炭企业在没有劳动保护的条件下，强迫工人从事煤炭生产，以平均每天死亡 15 人的恶劣记录，名列世界各国煤炭行业事故死亡率榜首。该组织强烈要求中国政府尊重煤炭工人的基本人权，为他们提供必要的劳动保护措施，否则该组织将考虑呼吁世界各国抵制中国煤炭。

党中央、国务院历来高度重视煤矿安全生产工作，党的十六届五中全会确立了"坚持节约发展、清洁发展、安全发展，实现可持续发展"的战略方针，预防控制煤矿重特大事故已成为国家和政府急需解决的重大问题。开展煤矿安全科技攻关为实施"重大事故隐患治理"公共服务重点工程和"煤矿安全专项整治"工程提供保障。

针对煤矿重特大事故中瓦斯事故多发的事实，在"十五"研究的基础上，根据《国家中长期科学和技术发展规划纲要（2006～2020 年）》中确定的"矿井瓦斯、突水、动力性灾害预警与防控技术"优先主题的总体部署，"十一五"期间，按照"国家目标主导、整合多方资源，突破重点技术、加强集成应用，遵循科学发展、构建和谐社会"的指导思想，以防治瓦斯、火灾及煤岩动力等灾害为重点，攻克煤矿安全生产与管理中的重大技术难题，构建矿井灾害事故预警和煤矿重大灾害防治两个技术平台，突破瓦斯灾害防治、矿井火灾防治、煤岩动力灾害防治、煤矿安全管理四类关键技术，研究形成一批瓦斯爆炸、煤尘爆炸、煤与瓦斯突出、矿井内外因火灾及冲击地压等重大灾害防治的技术标准和管理规范，建立煤与瓦斯突出防治、瓦斯抽放、矿井火灾防治、冲击地压及顶板防治等技术示范工程。逐步提高我国煤矿安全科技自主创新能力和科技对煤矿安全工作的支撑能力，建立健全煤矿安全监管的长效机制，整体提升煤矿安全水平，逐步实现煤矿安全保障从"被动应付型"向"主动保障型"的转变。

虽然国家对煤矿重大灾害的治理投入了大量的人力、物力和财力，但由于安全投入效果显现的滞后性，到目前为止，中国煤矿的安全形势依然严峻，不容乐观。图 1-1～图 1-2 是近几年中国煤矿每年死亡人数和百万吨死亡率变化情况，图1-3和图 1-4 分别是近几年重特大事故起数和死亡人数。

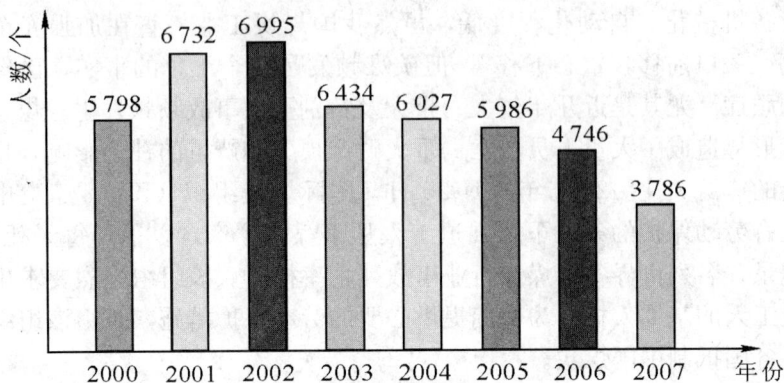

图 1-1　煤矿死亡人数分布（2000～2007 年）*

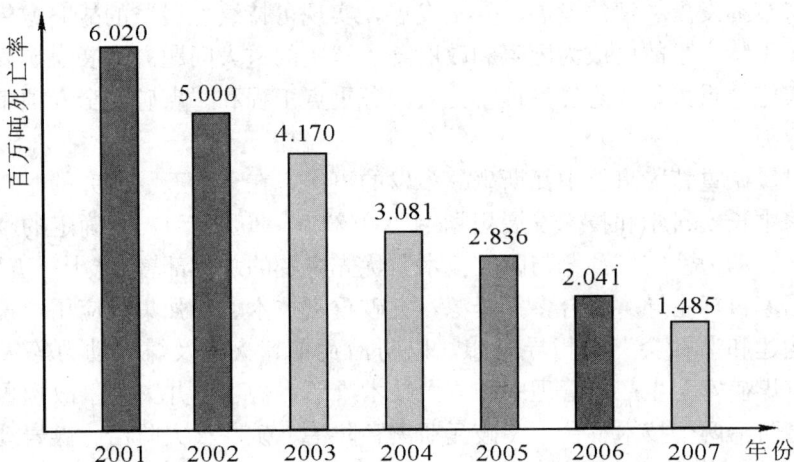

图 1-2　煤矿百万吨死亡率（2001～2007 年）

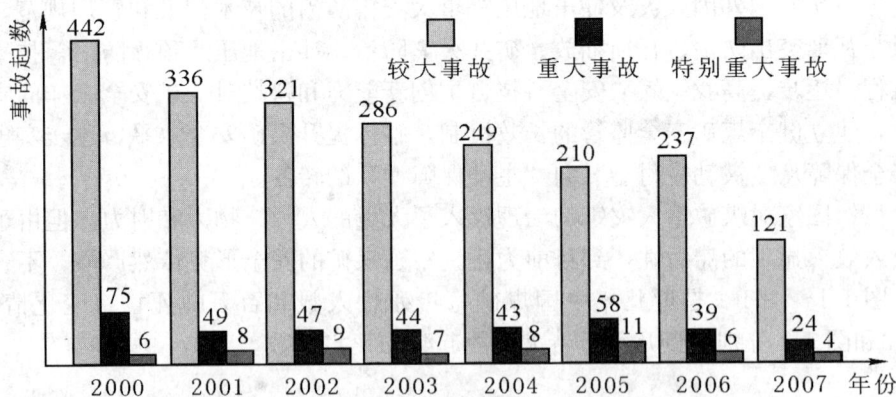

图 1-3　煤矿重特大事故起数分布（2000～2007 年）

＊　图 1-1～图 1-4 系作者根据国家安全生产监督管理总局的年度分析报告统计得出。

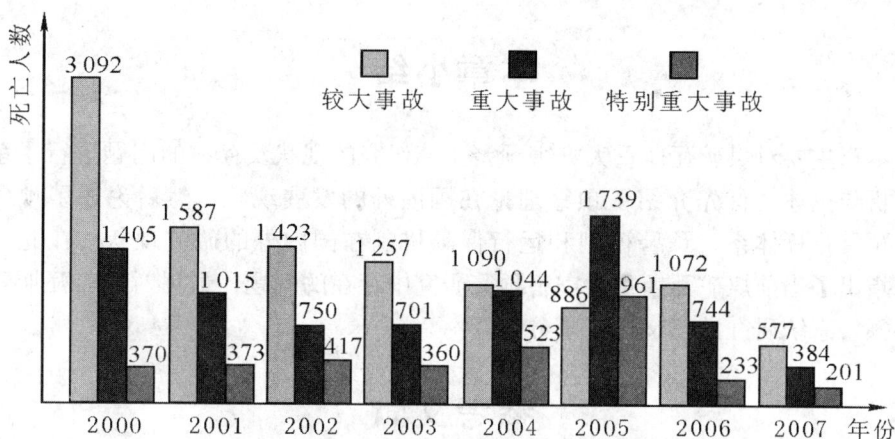

图 1-4　煤矿重特大事故死亡人数分布（2000～2007 年）

2000 年，在 3 人以上事故中，共发生瓦斯事故 337 起，死亡 2 600 人，占 3 人以上事故起数的 75.90%、死亡人数的 83.90%；其中 10 人以上瓦斯事故 69 起，死亡 1 319 人，分别占 10 人以上事故起数的 92.00%、死亡人数的 94.35%。2002 年，全国发生瓦斯事故 592 起，死亡 2 261 人。2003 年共发生瓦斯事故 596 起，死亡 2 118 人。2004 年全国煤矿重大瓦斯事故起数和死亡人数分别占重大事故起数和死亡人数的 54%，特大瓦斯事故起数和死亡人数分别占特大事故起数的 76% 和死亡人数的 86%。2005 年全国煤矿发生瓦斯事故 405 起，死亡 2 157 人，死亡人数居各类煤矿事故首位。2006 年全国煤矿共发生瓦斯事故 327 起，死亡 1 319 人。2007 年，全国煤矿发生瓦斯事故 272 起，死亡 1 085 人，其中重特大瓦斯事故起数和死亡人数，同比分别下降 15.4% 和 6.1%。

据国家煤矿安全监察局统计，自 2001 年以来的煤矿重特大事故中，瓦斯事故始终占据了第一位，已经成为中国煤矿生产的重大灾害之一。现有的矿山瓦斯监测监控系统在一定程度上起到了减少事故发生的效果，但总的来说还存在很多不成熟、不完善的地方，特别是现有矿山安全保障系统的预警功能不强，基本上停留在报警而不是预警这样的一个水平上。虽然瓦斯灾害因子的监测和预报技术也有一定程度上的应用，但到目前为止还没有形成成熟的技术，没有成为一个完整预警系统的一部分。因此，如何将现在被动的事故后处理的安全管理方式转变为事前控制的管理方式是改变目前瓦斯事故多发局面，实现本质安全的根本出路所在。而瓦斯重大灾害预警系统则可以在事故萌芽阶段即发出警报，提示决策人员采取预控对策，以消除事故隐患，实现系统安全。所以对煤矿瓦斯重大灾害预警理论及应用基础进行深入研究就具有重要的理论意义和重大的现实意义。

本章小结

本章主要对煤矿瓦斯重大灾害预警系统研究的现状及存在的问题进行了系统的分析与论述。首先介绍了预警理论在国内外的发展现状；然后论述了预警机制、预警指标体系、预警模型和运行保障机制在国内外的研究现状；在此基础上，指出了当前煤矿瓦斯重大灾害预警研究中存在的问题；最后对煤矿瓦斯重大灾害预警系统研究的意义进行了分析。

参考文献

[1] 曹庆贵. 企业风险管理与监控预警技术［M］. 北京：煤炭工业出版社，2006.

[2] 陈静. 上市公司财务恶化预测的实证分析［J］. 会计研究，1999，(4)：31-38.

[3] 代凤红，张振文，高永利，等. 基于模糊综合评判理论的瓦斯突出危险性预测［J］. 辽宁工程技术大学学报，2006，25 (supp)：79-81.

[4] 戴新民，魏立江. 关于企业财务失败预测模型的思考［J］. 华东冶金学院学报，2000，17 (4)：363-366.

[5] 范振平，林柏梁，李俊卫. 铁路局安全预警系统的研究［J］. 交通运输系统工程与信息，2006，6 (6)：149-152.

[6] 高雷，王升. 财务风险预警的功效系数法实例研究［J］. 南京财经大学学报，2005，1：93-97.

[7] 葛晓立. 典型地区土壤污染演化与安全预警系统［M］. 北京：地质出版社，2007.

[8] 宫清华，黄光庆，郭敏. 地质灾害预报预警的研究现状及发展趋势［J］. 世界地质，2006，25 (3)：296-302.

[9] 顾海兵，俞亚丽. 未雨绸缪：宏观经济问题预警研究［M］. 经济日报出版社，1993.

[10] 郭百平，宝力特，武称意. 日本的泥沙灾害监测预警体系及其启示［J］. 中国水土保持科学，2006，4 (3)：79-82.

[11] 郭德勇，范金志，马世志，等. 煤与瓦斯突出预测层次分析-模糊综合评判方法［J］. 北京科技大学学报，2007，29 (7)：660-664.

[12] 郭德勇，郑登锋，卫修君，等. 基于 GIS 的瓦斯爆炸诱因预警技术［J］.

煤炭学报，2007，32（12）：1287-1290.

[13] 胡千庭，邹银辉，文光才，等. 瓦斯含量法预测突出危险新技术 [J]. 煤炭学报，2007，32（3）：276-280.

[14] 华大川，刘树成. 经济周期与预警系统 [M]. 北京：科学出版社，1990.

[15] 黄小原，肖四汉. 神经网络预警系统 [J]. 预测，1995，（2）：63-68.

[16] 黄小原，肖四汉. 神经网络预警系统及其在企业运行中的应用 [J]. 系统工程与电子技术，1995，（10）：50-58.

[17] 景国勋，杨玉中. 矿山重大危险源辨识、评价及预警技术 [M]. 北京：冶金工业出版社，2008.

[18] 李爱兵. 基于 GIS 的金属矿山地质灾害预警系统研究与开发 [J]. 矿业研究与开发，2006，（10）：131-135.

[19] 李晋川. 对金融体系构建金融安全预警系统的探讨 [J]. 决策咨询通讯，2005，16（3）：31-33.

[20] 李毛. 煤矿地面系统预警管理：以煤矸石山灾害预警管理为例 [M]. 中国市场出版社，2007.

[21] 刘红霞. 企业财务危机预警方法及系统的构建研究 [D]（PhD）. 北京：中央财经大学，2004.

[22] 刘渝琳，朱丹. 关于国有企业的债务与破产风险预警探讨 [J]. 经济问题探索，1998，（2）：32-34.

[23] 罗新荣，杨飞，康与涛，等. 延时煤与瓦斯突出的实时预警理论与应用研究 [J]. 中国矿业大学学报，2008，37（2）：163-166.

[24] 罗云，宫运华，宫宝霖，等. 安全风险预警技术研究 [J]. 安全，2005，（2）：26-29.

[25] 牛强，周勇，王志晓. 基于自组织神经网络的煤矿安全预警系统 [J]. 计算机工程与设计，2006，27（10）：1752-1754.

[26] 佘廉，王超，陈胜军，等. 水运交通灾害预警管理 [M]. 石家庄：河北科学技术出版社，2003.

[27] 佘廉. 企业预警管理论 [M]. 石家庄：河北科学技术出版社，1999.

[28] 孙继平，李迎春，付兴建. 煤与瓦斯突出预报数据关联性的聚类分析 [J]. 湖南科技大学学报（自然科学版），2006，21（4）：1-4.

[29] 孙叶，谭成轩，孙炜锋，等. 煤瓦斯突出研究方法探索 [J]. 地质力学学报，2007，13（1）：7-14.

[30] 田高良. 上市公司财务危机实时预警系统研究 [D]（PhD）. 西安：西

安交通大学，2003.

[31] 田水承，魏权. 基于 CBR 在煤矿瓦斯爆炸预警应用探讨 [J]. 陕西煤炭，2008，4：19-21.

[32] 童玉芬. 人口安全预警系统的初步研究 [J]. 人口研究，2005，29 (3):58-62.

[33] 汪云甲，杨敏，张克. 数字矿山与煤矿瓦斯监测及预警 [J]. 地理信息世界，2008，5：26-32.

[34] 王宝山，黄志伟，谢本贤. 金属矿地下开采采场灾害预警系统的研究 [J]. 湖南科技大学学报，2006，21 (4)：5-9.

[35] 王超，佘廉. 社会重大突发事件的预警管理模式研究 [J]. 武汉理工大学学报，2005，18 (1)：26-29.

[36] 王春峰，万海晖，张维. 商业银行信用风险评估及其实证研究. 管理科学学报，1998，1 (1)：68-72.

[37] 王洪德. 基于粗集—神经网络的通风系统可靠性理论与方法研究 [D] (PhD). 辽宁阜新：辽宁工程技术大学，2004.

[38] 王慧敏. ARCH 预警系统的研究 [J]. 预测，1998，17 (4)：55-56.

[39] 文俊. 区域水资源可持续利用预警系统研究 [M]. 中国水利水电出版社，2006.

[40] 吴立云. 煤矿安全预警系统研究 [D]. 河南焦作：河南理工大学，2006.

[41] 吴世农，卢贤义. 我国上市公司财务困境的预测模型研究 [J]. 经济研究，2001，(6)：41-55.

[42] 肖全兴. 矿井通风安全管理预警系统的研究 [J]. 矿业安全与环保，1999，(3)：4-7.

[43] 许蔓舒. 国际危机预警研究综述 [J]. 国际论坛，2006，8 (4)：75-79.

[44] 颜晓. 煤矿安全预警系统方案设计 [J]. 煤矿现代化，2002，(6)：23-24.

[45] 杨保安，季海，徐晶. BP 神经网络在企业财务危机预警之应用 [J]. 预测，2001，20 (2)：49-54.

[46] 杨禹华，钟震宇，蔡康旭. 基于模糊模式识别的瓦斯含量指标异常预警技术 [J]. 中国安全科学学报，2007，17 (9)：172-176.

[47] 杨玉中，冯长根，吴立云. 基于可拓理论的煤矿安全预警模型研究 [J]. 中国安全科学学报，2008，18 (1)：1-6.

［48］由伟，刘亚秀，李永，等. 用人工神经网络预测煤与瓦斯突出［J］. 煤炭学报，2007，32（3）：285-287.

［49］于海鸿，孙吉贵，李泽海，等. 基于 GIS 的粮食管理预警决策支持系统［J］. 吉林大学学报，2006，24（4）：396-401.

［50］张凤娜. 现代企业财务管理模式探析［D］. 西北农林科技大学，2001.

［51］周首华. 论财务危机的预警分析—F 分数模式［J］. 会计研究，1996，（8）：8-11.

［52］A. Zolghadri. Early warning and prediction of flight parameter abnormalities for improved system safety assessment［J］. Reliability Engineering and System Safety，2002，76：19-27.

［53］Abdul de Guia Abiad. Early warning systems for currency crises A Markov-switching approach［D］. USA：University of Pennsylvania，2002.（PhD）

［54］Allen L. Jones. An analytical model and applications for ground surface effects for liquefaction［D］. USA：University of Washington，2003.（PhD）

［55］Altman E D. Financial ratios discriminant analysis and the prediction of corporate bankruptcy［J］. Journal of Finance，1968，23（9）：589-609.

［56］Ana-Maria Fuertes，Elena Kalotychou. Early warning systems for sovereign debt crises：The role of heterogeneity［J］. Computational Statistics & Data Analysis，2006，51（2）：1420-1441.

［57］Ana-Maria Fuertes，Elena Kalotychou. Optimal design of early warning systems for sovereign debt crises［J］. International Journal of Forecasting，2007，23（1）：85-100.

［58］Borcherding Jost. Ten years of practical experience with the Dreissena-Monitor，a biological early warning system for continuous water quality monitoring［J］. Hydrobiologia，2006，556（1）：417-426.

［59］Brent Tegler，Mirek Sharp，Mary Ann Johnson. Ecological monitoring and assessment network's proposed core monitoring variables：an early warning of environmental change［J］. Environmental Monitoring and Assessment，2001，67：29-56.

［60］Calles Jennifer，Gottler Randy，Evans Matthew. Early warning surveillance of drinking water by photoionization/mass spectrometry［J］. Journal of

American Water Works Association，2005，97 (1)：62-73.

[61] Cynthia A. Philips. Time series analysis of famine early warning systems in Mali [D]. USA：Michigan State University，2002. (PhD)

[62] Cynthia A. Philips. Time series analysis of famine early warning systems in Mali [D]. USA：Michigan State University，2002. (PhD)

[63] Friedemann Wenzel，Michael Baur，Frank Fiedrich et al. Potential of earthquake early warning systems [J]. Natural Hazards，2001，23：407-416.

[64] Fulai Huang，Feng Wang. A system for early-warning and forecasting of real estate development [J]. Automation in Construction，2005，14：333-342.

[65] G. S. Ng，C. Quek and H. Jiang. FCMAC-EWS：A bank failure early warning system based on a novel localized pattern learning and semantically associative fuzzy neural network [J]. Expert Systems with Applications，2006，31 (4)：673-683.

[66] George Mavrotas，Yannis Caloghirou，Jacques Koune. A model on cash flow forecasting and early warning for multi-project programme：application to the operational programme for the information society in Greece [J]. International Journal of Project Management，2005，23：121-133.

[67] George Mavrotas，Yannis Caloghirou，Jacques Koune. A model on cash flow forecasting and early warning for multi-project programme：application to the operational programme for the information society in Greece [J]. International Journal of Project Management，2005，23 (2)：121-133.

[68] Guido Cervone，Menas Kafatos，Domenico Napoletani. An early warning system for coastal earthquakes [J]. Advances in Space Research，2006，37 (4)：636-642.

[69] Hall P. Beck，William D. Davidson. Establishing an early warning system predicting low grades in college students from survey of academic orientations scores [J]. Research in Higher Education，2001，42 (6)：709-723.

[70] Helmut P. Frank，Detlev Majewski. Early warning capabilities of the global model GME of DWD—a case study [J]. Atmospheric Research，2003，67-68：215-229.

[71] Iervolino Iunio，Convertito Vincenzo，Giorgio Massimiliano. Real-time risk analysis for hybrid earthquake early warning systems [J]. Journal of Earthquake Engineering，2006，10 (6)：867-885.

[72] J. M. Renders, A. Goosens, F. de Viron et al. A prototype neural network to perform early warning in nuclear power plant [J]. Fuzzy Sets and Systems, 1995, 74: 139-151.

[73] Jamal EI Zarif. Deploying an ITS warning system for no-passing zones on two lane rural roads [D]. Virginia: Virginia Polytechnic Institute, 2001. (PhD)

[74] Jeffery W. Gunther, Robert R. Moore. Early warning models in real time [J]. Journal of Banking & Finance, 2003, 27: 1979-2001.

[75] John J. McLaughLin. Applications of operator theory to time-frequency analysis and classification [D]. USA: University of Washington, 1997. (PhD)

[76] Jose-Manuel Zaldivar, Jordi Bosch, Fernanda Strozzi. Early warning detection of runaway initiation using non-linear approaches [J]. Communications in Nonlinear Science and Numerical Simulation, 2005, 10: 299-311.

[77] Jose-Manuel Zaldivar, Jordi Bosch, Fernanda Strozzi. Early warning detection of runaway initiation using non-linear approaches [J]. Communications in Nonlinear Science and Numerical Simulation, 2005, 10: 299-311.

[78] Lee Hung-Ho, Misra Manish. Early warning of ship fires using Bayesian probability estimation model [A]. Proceedings of the American Control Conference [C], 2005, 1637-1641

[79] Lee J. H., Song C. H., Kim B. C Application of a muli-channel system for continuous monitoring and an early warning system [J]. Water Science and Technology, 2006, 53 (5): 341-346.

[80] LIU Qing, WU Yanzi. Establishment of the fore-warning management system of highway traffic safety [J]. Journal of Wuhan University of Technology, 2003, 27 (3): 421-424.

[81] Liu Xiaoqing, Kane Gautam, Bambroo Monu. An intelligent early warning system for software quality improvement and project management [J]. Journal of Systems and Software, 2006, 79 (11): 1552-1564.

[82] M. Erdik, Y. Fahjan, O. Ozel et al. Istanbul earthquake rapid response and the early warning system [J]. Bulletin of Earthquake Engineering, 2003, 1: 157-163.

[83] Matthieu Bussiere and Marcel Fratzscher. Towards a new early warning system of financial crises [J]. Journal of International Money and Finance,

2006, 25 (6): 953-973.

[84] Mostafa S. Amin Abdel Zaher. An integrated vibration-based structural health monitoring system [D]. Canada (Ottawa): Carleton University, 2002. (PhD)

[85] Murat Gunduz. Change orders impact assessment for labor intensive construction [D]. Madison: University of Wisconsin, 2002. (PhD)

[86] Oh Kyong Joo, Kim Tae Yoon, Kim Chiho. An early warning system for detection of financial crisis using financial market volatility [J]. Expert Systems, 2006, 23 (2): 83-98.

[87] Peijun Liu. Analysis, detection and early warning control of dynamic rollover of heavy freight vehicles [D]. Canada (Montreal): Concordia University, 1999. (PhD)

[88] Petya I. Ivanova, Todor D. Tagarev. Indicator space configuration for early warning of violent political conflicts by genetic algorithms [J]. Annals of Operations Research, 2000, 97: 287-311.

[89] Renee D. JiJi, Mark H. Hammond, Frederick W. Williams et al. Multivariate statistical process control for continuous monitoring of networked early warning fire detection (EWFD) systems [J]. Sensors and Actuators B, 2003, 93: 107-116.

[90] S. Newman, P. V. McCormick, J. G. Backus. Phosphates activity as an early warning indicator of wetland eutrophication: problems and prospects [J]. Journal of Applied Phycology, 2003, 15: 45-59.

[91] S. R. Biegalski, G. Shipman, L. R. Mason et al. Caribbean radiation early warning system (CREWS) [J]. Journal of Radio analytical and Nuclear Chemistry, 2001, 248 (3): 637-642.

[92] Salwa Ammar, William Duncombe, Bernard Jump et al. A financial condition indicator system for school districts: a case study of New York [J]. Journal of Education Finance. 2005, 30 (3): 231-258.

[93] Salwa Ammar, William Duncombe, Bernard Jump et al. A financial condition indicator system for school districts: a case study of New York [J]. Journal of Education Finance. 2005, 30 (3): 231-258.

[94] Singh Ramesh P. Early warning of natural hazards using space technology [J]. Advances in Space Research, 2006, 37 (4): 635.

[95] Sung Woo Shin, Kilic Suleyman Biljin. Using PCA-based neural net-

work committee model for early warning of bank failure [J]. Lecture Notes in Computer Science，2006，4221：289-292.

[96] Susan L. Rose-Pehrsson，Sean J. Hart，Thomas T. Street et al. Early warning fire detection system using a probabilistic neural network [J]. Fire Technology，2003，39 (2)：147-171.

[97] Susan L. Rose-Pehrsson，Sean J. Hart，Thomas T. Street et al. Early warning fire detection system using a probabilistic neural network [J]. Fire Technology，2003，39 (2)：147-171.

[98] Thomson M. C. ，Doblas-Reyes F. J. ，Mason S. J. Malaria early warnings based on seasonal climate forecasts from multi-model ensembles [J]. Nature，2006，439 (7076)：576-579.

[99] Vijendra Kumar. An early warning system for agricultural drought in an arid region using limited data [J]. Journal of Arid Environments，1998，40：199-209.

[100] W. L. Tung，C. Queka，P. Cheng. GenSo-EWS：a novel neural-fuzzy based early warning system for predicting bank failures [J]. Neural Networks，2004，17：567-587.

[101] W. L. Tung，C. Queka，P. Cheng. GenSo-EWS：a novel neural-fuzzy based early warning system for predicting bank failures [J]. Neural Networks，2004，17：567-587.

[102] William E. Sharpe，Michael C. Demchik. Acid runoff caused fish loss as an early warning of forest decline [J]. Environmental Monitoring and Assessment，1998，51：157-162.

[103] William J. de Groot，Johann G. Goldammer，Tom Keenan et al. Developing a global early warning system for wildland fire [J]. Forest Ecology and Management，2006，234 (S1)：101-110.

第2章 煤矿瓦斯重大灾害预警的基础理论

煤矿瓦斯重大灾害预警的基础理论是预警系统成功运行的理论基础。本章在介绍瓦斯重大灾害预警理论的基础上，主要建立煤矿瓦斯重大灾害预警的理论框架，包括瓦斯重大灾害预警系统的组成、瓦斯预警机制及系统目标、瓦斯灾害预警管理体系和瓦斯灾害预警系统的要求。

2.1 煤矿瓦斯重大灾害预警的理论基础

2.1.1 危机管理理论

不同的学者从不同的角度出发，给出了危机的定义，但到目前为止，尚没有一个统一的危机定义。简单的说，危机就是风险事故，是指组织因内、外环境因素所引起的一种对组织生存具有立即且严重威胁性的事件或情景。危机通常具有威胁性、破坏性、隐蔽性、公开性、复杂性、双重性、不确定性和扩散性。

虽然众多的学者给出了不同的危机管理的定义，但他们都强调了如下内容。危机管理是一个时间序列，既包括危机爆发前的准备管理，也包括危机爆发过程中的应急管理和危机爆发后的恢复和评估管理；危机管理的目的在于控制、减少乃至消除危机可能带来的危害。

早期的危机管理主要局限于军事和外交领域。20世纪80年代以来，随着企业竞争环境不确定性的增加，一些学者将危机管理理论扩展到研究经济及企业管理问题，探讨企业在遭遇危机以后如何实施紧急对策，危机管理才开始在企业中日益受到重视。1986年，史蒂文·芬克出版了《危机管理：为不可预见危机做计划》一书，对危机管理进行了比较系统的研究，建立了较为系统的危机管理分析框架。80 年代末至 90 年代初，日本开始研究企业危机管理问题，但重点在于自然灾害以及环境污染引发的企业危机，提出的解决措施主要是在危险费用化的基础上合理购买保险。

目前，发达国家的危机管理已基本实现了产业化。据统计，美国各公司雇佣了约 3 000 名专业的危机管理人员，美国、加拿大还有数十家独立的危机管理咨询公司，专门进行危机管理咨询工作。不仅如此，危机管理的教育也得到重视和发展，现在，美国、欧洲各知名大学的商学院都普遍讲授危机管理课程。许多大企业在经历了危机的生存考验之后，危机管理的意识越来越强，并将危机管理视为新的公司铁律（New Corporate Discipline）。伦敦证券交易所也提出新的规定，要求上市公司必须建立危机管理体制，并要求定期提交报告。

20 世纪 90 年代，企业危机管理的理论开始传入我国。90 年代初，国家自然科学基金曾先后资助佘廉等人从事《企业逆境管理——管理失误成因分析及企业滑坡对策研究》《企业危机的预警原理与方法》等研究项目，开始涉足危机管理的研究工作，并将危机管理理念开始应用于风险和灾害预警的研究。华为、海尔等一些企业开始树立危机意识，重视危机管理。

但总体而言，目前，国内企业的危机管理意识普遍不强，不仅表现为危机防范意识较差，更为严重的是不少企业即使在危机已经发生的情况下仍然漠然置之，缺乏有效的补救措施。近些年来出现的三株风波、伟哥风波、巨人危机等，无不都在提醒企业管理者正视危机管理。尤其是 2003 年春夏之交在中国爆发的SARS 疫情，给企业的危机管理敲了一记响亮的警钟。

到目前为止，绝大部分危机管理的理论都着重在个别公司面临危机应该如何处理方面，而忽略了对危机进行全面、系统的分析，尤其是产业总体层面的变化导致的个别公司的危机。由于外在客观环境通常不是个别公司所能掌控，所以对危机管理理论常略而不述。目前，关于危机管理的理论主要包括以下几个方面。

（1）危机系统论

危机系统论认为企业的危机发生与否取决于两个方面，环境的威胁和企业的危机决策。企业外环境危机的来源是企业重要的威胁。但企业究竟能否顺利处理、解决外环境的威胁，则完全依赖于内部组织结构的健全，以及是否能及时地做出正确的危机决策，以解决企业的危机。图 2-1 清晰地反映了系统论的思想，说明了企业决策与威胁企业的危机因子间的互动以及隐藏在决策背后的关键因素。

（2）危机结构论

一般来说，外在环境变化最多，是企业危机最主要的来源，所以常被称为企业不可控的变量（Uncontrollable Variables）。但外在环境同时也是企业生存与发展的空间，企业决策者应该了解该环境的现状特性，预测其可能发展的趋

剧烈发变（景气、政府法规……）◀———— 环境危机 ————▶ 威　胁

危机决策 ◀———— 管理因素 ————▶ 做决定

企业健全度 ◀———— 组织结构

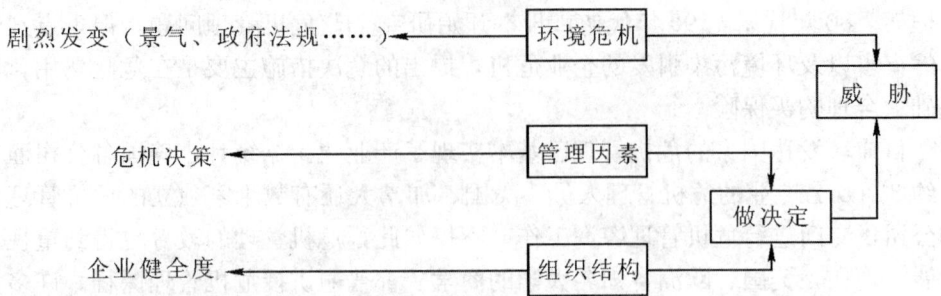

图 2-1　企业危机系统图

向，选择较有把握的环境，拟定各种发展战略。麦可·波特（Michael Porter）在其《竞争战略》（*Competitive Strategy*）一书中提到五力模式（five forces models）。其五力结构为：新竞争者的进入（the entry of new competitors）；替代品的威胁（the threat of the substitutes）；购买者的谈判能力（the bargaining power of buyers）；供给者的谈判能力（the bargaining power of suppliers）；同业的竞争（the rivalry among the existing competitors）。由于供给者及购买者的谈判能力，不足以立刻使企业陷入存亡之地，而原有供应商的叛离，反而常是企业危机的来源。所以波特的五力模式，在分析企业外环境危机时，有其不当之处。朱延智将波特的五力模式进行了调整，调整后的结构就成为分析企业外环境四大危机的主要因素：同业竞争的威胁、潜在竞争者的挑战、替代品的压力以及供应商的背离（图2-2）。由四大危机因素所建构的企业危机结构论，是从总体（macro）的角度，来观察及分析企业外环境的变化，使企业能清楚掌握其未来较有利的战略方向。

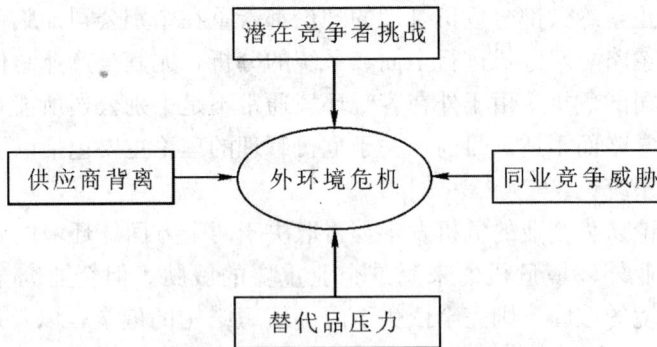

潜在竞争者挑战

供应商背离 ————▶ 外环境危机 ◀———— 同业竞争威胁

替代品压力

图 2-2　外环境"四力"危机结构

危机结构论不仅指出了企业外环境的危机来源，而且为企业的决策者在制订危机应急计划和预案及救援对策时指明了方向。

（3）企业危机生命周期理论

如何消除企业的危机，一直是企业界关心的重点。然而只有先了解危机，才能

真正掌握危机处理的关键。企业危机生命周期理论主要的内涵是指危机在不同阶段有不同的生命特征。企业危机从诞生（birth）、成长（growth-crisis）、成熟（maturity）到死亡（death），有其不同的生命特征。此过程可以分为五个阶段：危机酝酿期、危机爆发期、危机扩散期、危机处理期、危机处理结果与后遗症期（图 2-3）。

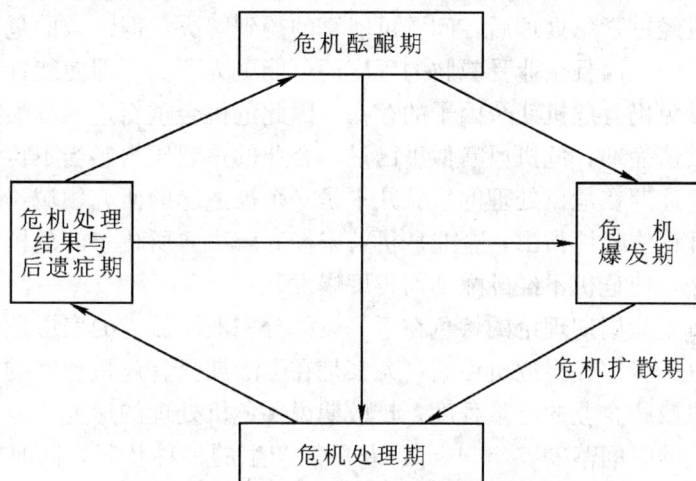

图 2-3　企业危机生命周期

企业危机究竟是如何酝酿的、以何种方式酝酿，是危机酝酿期的研究重点。基本上，人们认为危机是多因子动态发展的结果，是在多因子动态发展的运动过程中，所形成的结构性变化。在此时期，危机征兆虽然整体不很明显，但若能掌握警情并及时处置，将危机扼杀于无形，自然能消除危机风暴；反之，若忽略企业危机警情，丧失先机，那么小警情就有可能变成大危机。

当危机经过酝酿期而未被有效处理后，就进入了爆发阶段。由于危机酝酿期的疏忽，危机爆发时，常会出现企业对危机风暴的信息不足。由于危机爆发期会威胁到企业的重大利益，因此可能造成企业营收顿减、企业形象严重受损，甚至有瓦解的可能，使企业决策核心感受到心理强烈的震撼。企业危机直接威胁到企业的生存与发展。这也是研究危机的关键点，因为若不能立刻进行有效的处理，危机将会进一步升高，杀伤范围与强度也会变得更广、更大。

企业危机发生后，一般会对其他领域产生连带影响。有时还会冲击其他领域，对其他领域造成不同程度的危机。企业危机一旦爆发，因为它的爆发力与破坏力，会对这个企业产生威胁。危机的破坏力越大，对其他领域所形成的影响也就越大。

企业危机发展至处理期，已进入生命周期的关键阶段，后续发展完全取决于企业决策者的专业智慧。目前人们最希望建立的危机预警制度，就是针对祸起于未萌芽之际，即予以解决或发出警报作用，使其能及时得到控制，不致酿成大祸。在图 2-3 中，从危机酝酿期，有一条箭头直接指向危机处理期，这是最佳的危机处理途径。此时企业若能找出并利用企业本身具有的优势及掌握的外部可用机会，使优势发挥到极大化、外部机会扩大到最大化，并利用外部机会掩盖与化解企业本身的弱点，克服外在的威胁，就能使威胁极小化。

企业危机经过紧急处理后，问题可能真的得到解决，但无效的危机处理，不仅不能达到目的，而且企业受威胁的程度还可能更为严重。即使能针对问题来解决问题，但难免仍有危机残余因子的存在，因此危机会重新进入酝酿期。通常来说，在危机后遗症期，危机风暴似乎已过，企业的主观压力感受不再那么强。因此，以往后遗症期在危机处理的领域几乎是一个被遗忘的研究领域。然而企业危机生命周期理论清楚地指出，企业危机若未彻底解决，所疏忽的危机可能在后遗症期卷土重来，使危机不经酝酿期而再度爆发。

企业危机生命周期理论的特色在于，先区分一般所认为的表层危机与深层危机，然后再进一步地提出危机诊断，尤其是在酝酿期具有危机预警的功能；爆发期能识别危机威胁企业的严重程度；扩散期说明危机处理的速度与危机扩散的速度之间所产生的时间落差（time lag）及可能产生的种种状况，同时也探讨了企业危机扩散的方向和可能的发展结果。

该理论指出，无须等待企业危机爆发，酝酿期就可根据危机指数所显示的程度迅速加以处理，这才是第一等的危机处理。在危机处理结果与后遗症期中所凸显的特点是危机必须标本兼治，否则仍然表示危机未根本解决，必然会再度爆发，或有部分危机因子再度进入危机酝酿期。

（4）企业危机扩散理论

当企业发生危机且无法顺利解决时，危机就会扩散到总体层面。在牵一发而动全身的息息相关时代，不是只有企业危机会冲击社会总体面，其他国家或国际重大政治、经济事件，也同样会影响到企业的营运。

企业危机扩散理论是综合危机理论、经济学、大众传播理论、公共关系、社会心理学、企业避险等行为与理论所凝聚结合而成的，所以企业危机扩散理论是研究危机管理的新方向。企业危机背后一般有如下六项扩散动力与根源：危机杀伤力的强度、传播效果、认知结构、恐慌与从众行为、过去企业解决危机的能力表现和危机扩散与危机处理两者之间的时间落差。企业危机的扩散架构，如图 2-4 所示。

（5）危机变化的结构论

研究企业危机管理的国际学者 Ian I. Mintroff 提出企业危机管理最佳模式，此模式包含四大关键因素：危机形态与风险、危机管理机制、危机管理系统及利益关系人。企业对于这四大关键因素，必须在危机爆发前、中、后都有计划性的管理。这四项因素互动的结果，就会产生下列第五项——企业危机处理的发展结

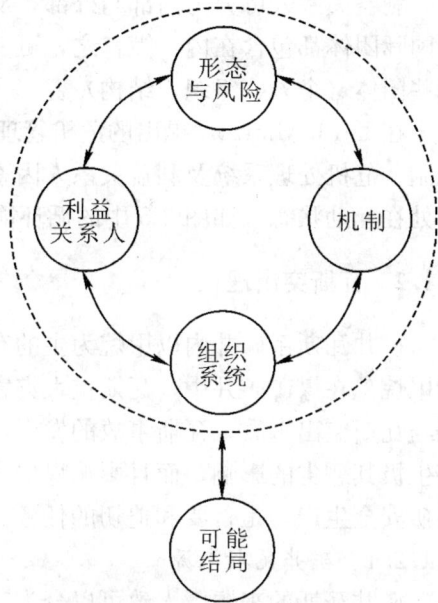

果。危机管理最佳模式架构，如图 2-5 所示。

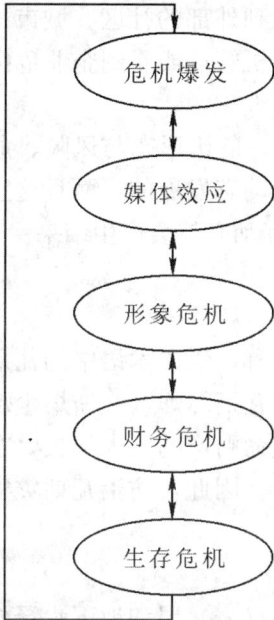

图2-4　企业危机扩散架构　　　图2-5　危机管理最佳模式架构图

　　企业危机林林总总，危险程度亦不相同。Ian I. Mintroff 从危机处理的研究中发现，在拟定危机计划时，应注意各种危机形态与危险程度，才能使危机处理更有胜算。

　　有效的危机管理机制不是在危机发生后才对危机进行回应，而是在危机发生前就已经做好了各项准备，诸如：预防危机的计划、探测危机的发展程度、抑制危机的伤害以及在危机结束后从危机覆辙中学习经验，并重新设计更有效的危机管理机制来处理危机。危机管理只有采用这种系统化方式进行处理，才可能取得较好的效果。

　　任何复杂的组织都可以运用多层次组织的洋葱模式（Onion Model）进行分析。这个模型主要分为五大层面：最表层的科技层面、第二层的组织结构、第三层的人为因素、第四层的组织文化、第五层的高级管理心理。这些层面都有其影响危机的因素，例如：科技是组织最常见的部分，从处理主要信息的电脑，到大型工厂的生产流程，科技都不是在真空中运作，而是由人来操作。既然是人来主导，就可能因为外在过大的压力或身体的疲劳、沟通不良等错综复杂的因素，而有错误存在的空间。至于组织结构与文化因素，主要是观察不同组织的次级系统如何互动；组织最内层的高级主管心理，是研究危机处理最不容易获得的资料，但也是企业危机处理表现的决定因素。因为高级主管心理如果有否认危机的心态，则不易未雨绸缪，更不容易主动找出企业的薄弱环节。

利益关系人可分为内部与外部，从内部的员工到外部的社区、城市、国家甚至国际团体都包含在内。简言之，可能影响企业危机管理或受到企业危机影响的那些团体（个人、组织、结构）皆属企业利益关系人。

在 Ian I. Mintroff 提出的危机管理最佳模式中，危机形态与风险、危机管理机制、危机处理系统及利益关系人因素本身不但是动态发展的，而且这些因素始终处在互动状态（如图 2-5 中的循环箭头），动态互动必然会产生结果。

2.1.2 瓦斯突出理论

矿井瓦斯系矿井内以甲烷为主的有害气体的总称。煤矿术语中的瓦斯有时专指甲烷。在煤矿矿井中，瓦斯重大灾害主要表现为瓦斯爆炸（瓦斯煤尘爆炸）和煤与瓦斯突出事故。瓦斯事故的发生，不仅造成生命财产的巨大损失，在国内外产生极其恶劣的影响，而且影响煤炭生产正常进行。因此，防治瓦斯灾害，保障煤矿安全生产，是首要和迫切的任务。

2.1.2.1 矿井瓦斯来源

矿井瓦斯的来源，大致可以分为三个方面：煤（岩）层和地下水释放出来的瓦斯；化学及生物化学作用产生的瓦斯；煤炭生产过程中产生的瓦斯。

煤层瓦斯涌出一般认为有如下三种形式（甘心孟等，2000）。

（1）正常式瓦斯涌出

从煤层、岩层以及采落的煤（矸石）中比较均匀地释放出瓦斯的现象，即为正常式涌出瓦斯，这是煤层瓦斯涌出的主要形式。

（2）喷出式瓦斯涌出

大量瓦斯在压力状态下，从肉眼可见的煤、岩裂缝及空洞中集中涌出，即为喷出式瓦斯涌出。一般认为，在正常通风条件下，短时间内很快使巷道瓦斯浓度严重超限，并持续一定时间（少则几十分钟，多则几年）的瓦斯涌出，属于瓦斯喷出。

（3）突出式瓦斯涌出

煤（岩）与瓦斯（甲烷或二氧化碳）突出是含瓦斯的煤、岩体，在压力（地层应力、重力、瓦斯压力等）作用下，破碎的煤和解吸的瓦斯从煤体内部突然向采掘空间大量喷出的一种动力现象。

上述三类煤层瓦斯涌出形式的流动性质、表现方式及管理防治措施是各不相同的。正常式瓦斯涌出可以用煤层瓦斯流动理论的有关数学模型来描述解算。大多数情况下，煤壁瓦斯涌出可以认为是属于平面单向不稳定瓦斯流动类型，防治的基本措施是采用通风的方法稀释风流中瓦斯浓度或用抽放方法减少瓦斯向巷道涌出。喷出式瓦斯涌出是一种局部性的异常瓦斯涌出，只要能及时正确地预见瓦斯积聚源，并把积聚的瓦斯控制引入回风系统或抽放瓦斯管路系统，就能消除瓦斯喷出的危害。突出式瓦斯涌出是一种极其复杂的瓦斯与煤一起突然喷出的现象，危害性极大，是导致瓦斯重特大事故的主要原因。

2.1.2.2　瓦斯爆炸

瓦斯爆炸（gas and explosion）是瓦斯和空气混合后，在一定的条件下遇高温热源发生的剧烈的连锁反应，并伴有高温高压的现象。在瓦斯爆炸过程中，火焰从火源占据的空间不断地传播到爆炸性混合气体所在的整个空间。

1. 瓦斯爆炸的原理和过程

（1）瓦斯爆炸的原理

瓦斯爆炸是一定浓度的甲烷和空气中的氧气在高温热源的作用下，发生的一种迅猛而激烈的氧化反应。最终的化学反应式为：

$$CH_4 + 2O_2 \rightarrow CO_2\uparrow + 2H_2O$$

如果煤矿井下氧气不足，最终的化学反应式为：

$$CH_4 + O_2 \rightarrow CO\uparrow + H_2\uparrow + H_2O$$

矿井瓦斯爆炸是一种热链反应过程（也称链锁反应）。当甲烷和氧气组成的爆炸性混合物吸收一定能量后，反应分子的链即行断裂，离解成 2 个或 2 个以上的游离基（也称自由基）。这类游离基具有很大的化学活性，成为反应连续进行的活化中心。在适合的条件下，每一个游离基又可以进一步分解，再产生 2 个或 2 个以上的游离基。这样不断循环，游离基越来越多，化学反应速度也越来越快，最后就可以发展为燃烧或爆炸式的氧化反应。

（2）瓦斯爆炸的过程

甲烷和氧气组成的爆炸性混合气体与高温火源同时存在时，就将发生瓦斯的初燃（初爆）。初燃产生以一定速度移动的焰面，焰面后的爆炸产物具有很高的温度，由于热量集中，使爆源气体产生高温和高压并急剧膨胀而形成冲击波。如果巷道顶板附近或冒落孔洞内积存着瓦斯，或者巷道中有沉落的煤尘，在冲击波的作用下，它们就能均匀分布，形成新的爆炸混合物，使爆炸过程得以继续下去。

甲烷和空气混合物被火源点燃后，由于热传导作用，使前焰面沿其法线方向在新鲜混合物中移动，即以点火源为中心，呈同心球面向外扩展。根据瓦斯和氧气混合气体燃烧或爆炸时的火焰传播速度及冲击波压力的大小，可把瓦斯的燃烧爆炸分为以下三种类型。

1）速燃：火焰传播速度在 10 m/s 以内，冲击波压力在 15 kPa 以内。它可以使人烧伤，引起火灾。

2）爆燃：火焰的传播速度在音速以内，冲击波的压力高于 15 kPa。它对人和设施具有较强的杀伤能力和摧毁作用。

　　3）爆炸（也叫爆轰）：火焰的传播速度超过音速，达到每秒数千米，冲击波的压力可达数兆帕。它对人和设施具有强烈的杀伤力和摧毁作用。爆炸波具有直线传播的性质，巷道拐弯、正面阻挡物等都可减弱其冲击力，所以被正面阻挡物挡住的物体可在一定程度上免遭破坏。这对防爆建筑物（如井下爆炸材料库）的设计和灾变时期人员避难是有意义的。

　　2. 瓦斯爆炸的效应及主要危害

　　瓦斯爆炸时，会产生三种危害：爆炸冲击波、火焰锋面及矿井空气成分变化，从而造成人员伤亡、巷道和设备被毁坏等恶果。

　　（1）爆炸冲击波

　　瓦斯爆炸后的高温高压气体，以极大的速度（每秒几百米甚至上千米）向外传播，形成冲击波。爆炸冲击波具有很大的破坏作用。

　　1）冲击波有很大的传播范围，一般为几千米，有时会波及地面。瓦斯爆炸产生冲击波有两种形式：一种是进程冲击，这是由于爆炸后产生的高温气体以很大的压力自爆源向外扩张而形成，进程冲击往往将积聚瓦斯冲出，使煤尘飞扬，给二次爆炸创造条件；另一种是回程冲击，这是爆炸时产生的大量水蒸气，由于温度降低而凝结，使爆源地区气压降低而引起的同爆炸方向相反的冲击。一般回程冲击较进程冲击的力量小，但因回程冲击是沿着刚刚受到破坏的巷道反冲击过来，所以破坏作用更大。回程冲击往往将未爆炸的瓦斯带回爆源地，遇火形成二次爆炸。在瓦斯涌出量大的矿井，如果瓦斯浓度在火源熄灭前又达到爆炸浓度，还会引起爆炸，如此循环出现，形成连续爆炸。如 2004 年 11 月 28 日陕西铜川陈家山煤矿发生特大瓦斯爆炸事故，事故造成 166 人死亡，45 人受伤，事故的直接原因是放炮产生明火引爆积聚瓦斯。这起事故发生后，井下瓦斯和有害气体严重超标，在救援工作进行中，井下灾区又接连发生了 4 次爆炸。

　　2）造成人体的创伤。多数情况这些创伤具有综合（创伤和烧伤综合）、多样的特征。

　　3）移动和破坏电气设备、机械设备，可能在冲击波通过的巷道中发生二次性着火。

　　4）破坏支架，引起巷道顶板岩石冒落，垮塌的岩石及支架堆积物可能导致通风系统的破坏，并使救灾措施大为复杂化。

　　（2）火焰锋面

　　火焰锋面是沿巷道运动的化学反应带和烧热的气体。当火焰锋面通过时，人员会被烧伤，电气设备会被烧坏，电缆尤甚，还会引起火灾。

　　（3）矿井空气成分改变

　　瓦斯爆炸可使矿井空气成分发生下列变化。

1）氧浓度降低。瓦斯的燃烧爆炸会消耗空气中的大量氧气，引起氧气浓度的下降，造成现场人员因缺氧而窒息。

2）释放对人身健康有害的气体。瓦斯爆炸会产生大量的二氧化碳、一氧化碳。高浓度的二氧化碳会引起现场人员因缺氧而窒息死亡；一氧化碳具有很强的毒性，实际上，在爆炸事故中一氧化碳是引起大量人员伤亡的主要原因。

另外，高浓度的水蒸气也是危险的，因为它有高的热容量而带有大量的热，并且水蒸气在呼吸器官的粘膜上凝结时会释放气化潜热（2.3×10^6 J/kg）。因此，吸入灼热的水蒸气会造成人体内脏器官的深度烫伤。

3）形成爆炸性气体。一氧化碳和氢气均是不完全燃烧的产物，因此瓦斯浓度达到爆炸上限的爆炸时，释放的一氧化碳和氢气数量最多，它们和甲烷混合后可使火焰锋面传播范围中6.3倍容积的空气达到爆炸下限浓度。因此，混合物具有更强的爆炸性。

3. 瓦斯爆炸的条件

瓦斯爆炸必须具备三个条件：一定浓度的瓦斯、一定温度的引燃火源及足够的氧气。

能使火焰锋面传播到爆炸性混合气体占据的全部容积的瓦斯的最低浓度称为爆炸下限，能使火焰锋面传播到爆炸性混合气体占据的全部容积的瓦斯的最高浓度称为爆炸上限。能最易（即在最小着火能量下）激发着火（爆炸），并且爆炸中能释放出最大能量的浓度称为最佳爆炸浓度，也即在最佳爆炸浓度下有最大的动力效应——最大的火焰锋面速度、最强的冲击波、最高的火焰锋面温度和最高的冲击波波峰压力。

瓦斯浓度只有在爆炸界限范围内才可能发生爆炸，瓦斯浓度低于爆炸下限时，遇高温火源不会爆炸，只能在火焰外围形成稳定的燃烧层，此燃烧层呈浅蓝或淡青色。浓度高于爆炸上限的瓦斯和空气混合物不会爆炸，也不燃烧，如有新鲜空气供给时，会在其接触面上进行燃烧。瓦斯浓度过高，相对来说氧的浓度就不够，不但不能生成足够的活化中心，氧化反应所产生的热量也易被吸收，不能形成爆炸。

发生最初着火（爆炸）的瓦斯浓度，见表2-1所列。

表2-1　瓦斯爆炸浓度

着火源	爆炸下限/%	最佳爆炸浓度/%	爆炸上限/%
正常条件下的弱火源	5	（最低着火能量0.28 MJ）	15
强火源	2	8.5～10	75

瓦斯爆炸的第二个条件是高温火源的存在。

弱火源不能形成冲击波，也不能使沉积煤尘转变为浮游状态；相反，强火源会产生冲击波,并把沉积煤尘转变为浮游状态。因此强火源引起的爆炸,往往既有瓦斯参加也有煤尘参加。

实际上,火源作用的强度标志是它们的温度。火源温度与瓦斯混合气体最低着火温度的比值有重要的意义,危险温度至少应当是最低着火温度的两倍。任何一个火源,只有当其作用延续时间超过感应期时才是危险的。

瓦斯爆炸的第三个条件是有足够的氧气。

在大气压力下,瓦斯混合气体的爆炸范围可用如图 2-6 所示的爆炸三角形 BCE 确定。图中的 A 点表示通常的空气,即含氧 20.93%,含氮和二氧化碳 79.07%;瓦斯空气温合气体用 AD 线表示(AD 线在 $CH_4=100\%$ 与横坐标相交);B,C 点分别表示爆炸下限与上限;BE 为混合气体爆炸下限线。在爆炸三角形 BCE 的范围内的混合气体均有爆炸性,BEF 线左边的 2 区为不爆炸区,BEF 线右边 3 区为补充氧气后可能爆炸区。

瓦斯爆炸范围随混合气体氧浓度的降低而缩小,当氧含量降低时,瓦斯爆炸下限缓缓地增高(BE 线),而爆炸上限则迅速下降(CE 线),E 点为爆炸临界点,即在氧含量低于 12% 时,混合气体即失去爆炸性。

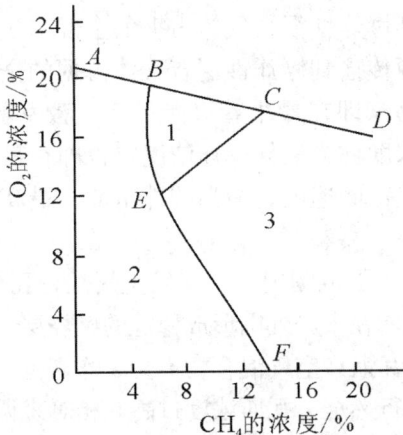

图 2-6 瓦斯空气混合气体爆炸界限与其中氧和瓦斯浓度的关系

2.1.2.3 煤与瓦斯突出 (coal-and-gas outburst)

煤与瓦斯突出是煤矿中一种极其复杂的动力现象,它能在很短的时间内,由煤体向巷道或采场突然喷出大量的瓦斯及碎煤,在煤体中形成特殊形状的空洞,并形成一定的动力效应;喷出的粉煤可以充填数百米长的巷道,喷出的瓦斯—粉煤流有时带有暴风般的性质,瓦斯可以逆风流运行,充满数千米长的巷道。因此,煤与瓦斯突出是威胁煤矿安全生产的严重自然灾害之一。

1. 煤(岩石)与瓦斯突出的一般规律

经计算资料分析表明,中国煤与瓦斯突出具有如下一些基本规律。

（1）突出危险性随采掘深度增加而增大

突出次数和强度随采掘深度增加而增加是突出的普遍规律。每个矿井、煤层都有一个发生突出的最小深度，当少于该深度时不发生突出，该深度简称为始突深度。

（2）突出危险性随突出煤层厚度增大而增大

突出煤层愈厚危险性愈大，表现为突出次数多，强度大，开始发生突出的深度浅。

（3）突出与巷道类别有关

统计资料表明，煤层平巷突出次数最多，约占突出总数的 45％，石门揭穿煤层的突出次数虽然不多，但其强度最大，且 80％以上的特大型突出均发生在石门揭煤时。

（4）突出前作业方式

统计资料表明，大多数突出发生在爆破时，约占总数的 2/3，突出的平均强度最大。风镐落煤和手镐落煤时发生的突出，一般占突出总次数的 12％～16％。近年来，随着机械化采煤的发展，机组采煤时的突出已跃居第 2 位。

（5）突出前大多数有预兆

突出虽然是突然发生的，但在突出前大都有预兆出现，可以出现一种预兆，也可以同时出现几种预兆。常见的有声预兆是：煤体中出现劈裂声、炮声、闷雷声；常见的无声预兆是：煤层层理紊乱、煤变软变暗、支架来压、掉碴、煤面外鼓、片帮、瓦斯浓度增大、瓦斯涌出忽大忽小以及打钻时顶钻、夹钻、钻孔喷孔等。

（6）突出大都发生在地质构造带

易发生突出的地质构造带有下列 8 种类型：向斜轴部地带；帚状构造收敛端；煤层扭转区；煤层产状变化区；煤包及煤层厚度变化带；煤层分岔处；压性、压扭性断层地带；岩浆岩侵入带。

2. 煤与瓦斯突出机理

煤与瓦斯突出机理，是指煤与瓦斯突出发生的原因、条件及其发生、发展过程。关于突出机理，迄今尚未得到根本解决，大部分是根据现场统计资料及实验室研究提出的各种假说。这些假说只能对某些现象给予解释，还不能得出统一的完整的突出理论。突出假说归纳起来有下列几种。

1）瓦斯为主导作用的假说

这类假说主要包括：①瓦斯包说；②粉煤带说；③煤透气性不均匀说；④突出波说；⑤裂缝堵塞说；⑥闭合孔隙瓦斯释放说；⑦瓦斯膨胀应力说；⑧火山瓦斯说；⑨瓦斯解吸说；⑩瓦斯水化物说；⑪瓦斯—煤固溶体说。

2）地压为主导作用的假说

这类假说主要包括：①岩石变形潜能说；②应力集中说；③剪应力说；④振

动波动说；⑤冲击式移近说；⑥顶板位移不均匀说；⑦应力叠加说。

3）化学本质说

这类假说主要包括：①"爆炸的煤"说；②重煤说；③地球化学说；④硝基化学物说。

4）综合假说

这类假说主要包括：①能量说；②应力分布不均匀说；③分层分离说；④破坏区说。

这些假说都是从某一角度看突出，各有一定的局限性和片面性。用地压为主导作用的假说，不能解释突出时煤的分选现象及生成大量的粉煤，并在突出时能喷出数十万乃至上百万立方米的瓦斯，可以逆风流运行并充满数千米长的巷道等现象。同样，用以瓦斯为主导作用的假说不能解释煤层的揭开和过煤门时的突出。

目前，中国大多数研究者认为，煤与瓦斯突出是地压、高压瓦斯和煤体结构性能三个因素综合作用的结果，是聚集在围岩和煤体中大量潜能的高速释放。高压瓦斯在突出的发展过程中起决定性作用，地压是激发突出的因素。有人认为："地质构造是引起突出的决定因素"，高压瓦斯是突出的主要动力，煤层破坏是突出的有利条件，采掘活动是突出的诱发因素。对国内外灾出事例的统计分析表明，煤与瓦斯突出在井田中的分布是不均匀的，比较集中地分布在某些地质构造带，称为区域性分布。

（3）突出发生的条件

煤与瓦斯突出是在地应力、包含在煤中的瓦斯及煤结构力学性质综合作用下产生的动力现象。在突出过程中，地应力、瓦斯压力是发动与发展突出的动力，煤结构及力学性质是阻碍突出发生的因素。因此，在研究突出发生条件时，必须首先研究地应力、瓦斯与煤结构条件。

具有较高的地应力是发生煤与瓦斯突出的第一个必要条件。当应力状态突然改变时，围岩或煤层才能释放足够的弹性变形潜能，使煤体产生突然破坏而激发突出。可以认为，发生突出的充要条件是：煤层和围岩具有较高的地应力和瓦斯压力，并且在近工作面地带煤层的应力状态发生突然变化，从而使得潜能有可能突然释放。

煤与瓦斯突出发展的另一个充要条件是：有足够的瓦斯流把碎煤抛出，并且突出孔道要畅通，以便在空洞壁形成较大的地应力梯度和瓦斯压力梯度，从而使煤的破碎向深部扩展。

煤结构和力学性质，与发生突出的关系很大，因为煤体和煤的强度性质（抵抗破坏的能力）、瓦斯解吸和放散能力、透气性能等，都对突出的发动与发展起着重要作用。一般来说，煤愈硬、裂隙愈小，所需的破坏功愈大，要求的地应力和瓦斯压力愈高；反之亦然。因此，在地应力和瓦斯压力为一定值时，软煤分层易被破坏，突出往往只沿软煤分层发展。

（4）煤与瓦斯突出的全过程

煤与瓦斯突出的全过程，一般可划分成三个阶段，即发动、发展和停止阶段。

在突出的发动阶段，由于外力作用（爆破、钻进等），使煤体应力状态突然改变，岩石和煤的弹性潜能迅速释放。这时，可先听到煤体或岩体中的破裂声，观察到煤层发生压缩变形，孔隙和裂隙中瓦斯压力急剧升高（可高达 10 MPa）。当瓦斯压力梯度及释放的岩石和煤的弹性潜能足够大时，即可破坏煤体，激发突出。当其释放的能量不足，或者煤较硬时，煤体只发生局部破坏，而不能破碎到突出的那种粉煤状态，突出就暂时不会发生，但煤体进入不稳定平衡（或称随遇平衡）状态。这时，外部表现为煤面外放、掉煤碴、煤挤出、支架压力增大、瓦斯忽大忽小、煤中出现劈裂声及闷雷声，即通常所说的突出预兆。此时如停止工作、减少外力对煤体的影响或加固煤体等，则可使得突出危险程度减少或免于突出发生。相反，如有外力作用（震动与冲击）的促进，补给部分能量，则破坏煤体的不稳定平衡状态，即激发突出。

在突出的发展阶段，依靠释放的弹性能和游离瓦斯的膨胀能使煤体破碎，并由瓦斯流把碎煤抛出。此时可观察到煤体的膨胀变形以及瓦斯压力的降低，随着碎煤被抛出，在突出空洞壁始终保持着一个较大的地应力梯度和瓦斯压力梯度，从而使煤的破碎过程由突出发动中心向周围发展。因此，煤与瓦斯突出得以发展的充要条件是：有足够的瓦斯流把碎煤抛出，保持孔道畅通，以便使空洞壁形成足够大的地应力梯度和瓦斯压力梯度，使煤的破碎不断向突出发动中心周围扩展。煤体的裂隙及弱面不但是应力集中的地点，也是易造成大的瓦斯压力梯度的地点。因此，突出最易沿着裂隙及弱面发展，并把裂隙及弱面两侧的煤体破碎和抛出。

由于地应力、瓦斯压力、煤结构和煤质的不均匀性以及通道阻力的变化，突出的发展速度也是不均匀的。煤与瓦斯突出过程，尤其是喷孔过程，均可显示脉冲式的特征。

随着煤的破碎和抛出，瓦斯压力降低，吸附瓦斯解吸，而大量解吸瓦斯的膨胀加剧了这一过程，又促使煤进一步破碎。如此反复进行，直到煤被破碎为粉煤并形成粉煤瓦斯流。这种粉煤瓦斯流具有很大的能量，可以把煤抛出数十以至数百米，能逆风流运动或沿揭露的巷道运动，以致推翻矿车、钻机、搬运岩石等，造成一定的动力效应。但是，当出现下列任一情况时，突出即告停止。

①激发突出的能量业已耗尽。

②继续放出的能量不足以粉碎煤。

③突出孔道受阻碍，不能继续在突出空洞壁建立大的地应力梯度和瓦斯压

力等。

突出停止后，碎煤及粉煤沉陷，其中的瓦斯继续解吸并涌向巷道。同时，由于煤的喷出，在煤体中形成某种特殊形状的空洞。空洞壁与洞口间的瓦斯压力梯度，虽然不能把煤抛出，但可以使空洞周围参与突出的煤体继续破碎，加剧瓦斯放散，这就是突出以后相当长一段时间内还存在瓦斯大量涌出的原因。

突出过程中，煤体变形变化的延续时间为 $0.1 \sim 64$ s，一般只有几秒。瓦斯压力延续时间一般只有 $2 \sim 7$ s。因此，煤与瓦斯突出的全过程，一般只延续几十秒，少数达 $1 \sim 2.5$ min。突出后，突出空洞周围的煤体由于受到残余弹性潜能及瓦斯膨胀能的作用，继续破坏并发生变形，使空洞压缩、体积变小，甚至堆满碎煤，直到空洞壁建立了新的应力平衡。

2.1.3　系统非优理论

系统非优理论（System Non-Optimum Theory，SNOT）是 1985 年提出来的系统科学理论，认为一切系统的实际状态都是由"优"和"非优"两状态组合而成的。系统非优具有客观性、特异性和多样性。"优"范畴包括最优和优，即成功的过程和结果；"非优"范畴包括失败和可以接受的不好过程的结果。系统非优理论指出，人类的认识和实践不仅表现在"优"范畴内探索和追求，而且在大部分领域内始终在"非优"范畴内徘徊，即人类在现实中所面临的急迫问题，并不总是寻求最优模式或实现最优化目标，而更多的是面临如何有效地摆脱大量严重非优事件的困扰和对系统非优因素的控制能力的问题。

非优概念的意义极为广泛。从系统的存在角度，意味着不可行、不合理；从系统的行为角度，意味着不理想、不好；从系统的功能角度，意味着失效和不正常；从系统的变化角度，意味着阻碍、干扰和影响。从系统的存在到系统的变化都对应着一系列非优问题，从而形成了一定的非优范畴。对于各种系统工程问题来说，既有独立的非优范畴，又有共同的非优范畴，所谓独立的非优范畴，是由系统的特征所决定的，而共同的非优范畴是一种客观存在。

系统非优理论认为，系统非优分析理论和追求最优化模式是对立的统一，是相互联系、相互贯通的。前者表现为从非优范畴的挣脱，后者表现为在优范畴内对最优化模式或过程的探索。就两大研究范畴的依存关系而言，非优范畴的形成及非优约束的确立是优范畴建立的基础，即只有当人们的研究真正跳出非优范畴之后，才有可能在实践中进入对最优化模式或过程的追求。

任何一个系统都存在于非优范畴之中，由于系统的需要，形成了一些基本确定的系统行为和功能，这些行为和功能都是伴随着非优范畴而确定的。现实系统的行为给出了系统所具有的非优现象。一般来说，这些非优现象含于非优征兆群之中，但有时却不是这样。如果系统在原先基础上有较大的发展，并且系统的现实行为远不同于过去行为，这样，现实系统的非优现象大部分将不含于非优征兆群中，但和非优征兆群有一定的关联。

由于系统的复杂性，所以，系统在任何条件下都具有一些不分明属性。所谓不分明属性就是系统具有一些未知的东西，系统未知的多少取决于系统的复杂程度。例如，煤与瓦斯突出的机理问题。正是这种不分明的属性，使得系统具有潜在的非优因素。

系统非优分析研究的关键是如何建立系统的非优征兆群。首先找出系统过去的非优范畴是前提。在过去的不同阶段，非优范畴的大小可能是不同的，但非优范畴并不是非优征兆群。所以，在非优范畴中，找出那种使系统行为发生变化的非优因素，并且使这些非优因素具有稳定域。这样，这些非优因素就构成了系统非优征兆群。系统在形成非优征兆群的过程中，有两个值得注意的问题：一是过程非优；二是结果非优。系统非优减小的数量实际上就是系统功能提高的数量，同时也就说明了系统不分明属性也在减少，所以，系统不分明属性的减少则是反映了系统的可控性和可观察性。从系统自身的特点来看，非优现象的最小化是创造系统功能最大化的条件。从系统的环境来看，不分明属性的减少决定了系统行为变化的方向性。另外，如果系统非优在增加，这种增加的原因有两方面：一是系统功能减少；二是系统不分明度增加。从而使系统可观察性和可控性减弱。系统非优变化的不确定性现象是对不稳定系统来说的，换句话说，如果系统的非优变化是确定的，那么这样的系统是稳定系统。

系统非优理论给瓦斯灾害预警提供了理论思想基础。系统非优思想表明，系统是由"优"和"非优"组成的。由于系统总是会受到外界环境的影响，总是在不断的运动之中，也就是说系统会在"优"和"非优"之间运动，而瓦斯灾害预警的功能在于，从系统"非优"的角度出发，在获得系统"非优"的成因、表现形式以及发展规律的基础上，制定反映系统"非优"的评价指标体系，然后通过预警管理手段，使系统"非优"状态回复到"优"状态，尽量使系统处于"非优"的状态缩短，减少事故发生概率。

2.1.4　系统控制论

系统控制论诞生于 20 世纪 40 年代，由美国著名的数学家诺伯特·维纳（Norbert Wiener）出版的《控制论》一书为代表。控制论是自动调节、通信工程、计算机和计算机技术以及神经生理学和病理学等学科在数学的联系下而形成的一门综合性学科。它在忽略了机器、生物以至社会的具体构造特征的前提下，研究它们作为控制系统与信息系统的共同规律和控制它们的方法。控制论跨越了机器与生命的局限，将自动机器和生物有机体进行类比，研究信息在它们中传递、变换、处理的共性问题；跨越了自然科学和社会科学的界限，将自动工厂、学习机和智能机、经济、社会系统等均视为自己的研究对象，探索怎样使这些复杂的系统按照人们的期望去工作、运转。

控制论认为，控制不论在哪个领域出现，作为一个过程都必须包括三个基本要素：作用者（施控主体）与被作用者（受控客体）以及将作用由施控主体向受控客体传递的介质，而这三个部分组成了相对于某种环境而具有控制功能与行为的控制系统。一般地，控制可被理解为"在获取、加工和使用信息的基础上，控制主体使被控客体进行合乎目的的动作的过程"。它具有三个特征：控制是控制主体对受控客体的作用、控制具有明确的目的性以及控制是获取、加工、使用信息的过程。控制的有效行使需要三个基本条件：必须能够为需要控制的可变因素规定标准、必须能够得到表示实际结果与标准结果间偏差的信息以及必须能够采取措施纠正实际工作结果与标准之间的偏差。

根据控制活动的重点，控制可分三种类型。

（1）预先控制：预先控制是面向未来的控制，是在对于可能出现的偏差有所估计并有所准备的情况下展开的控制。

（2）实时控制：实时控制是现场控制，监控实际正在进行的操作。

（3）反馈控制：反馈控制是通过对已得结果的分析来纠正组织将来的行为，是一种立足于历史而对未来进行的连续不断的控制。

在实际的应用中，很少孤立地用某一种类型控制方法的情况，一般控制类型多被有机地结合在一起，互为补充。

管理实质上是一个控制过程，是按照计划所确立的目标来衡量计划的完成情况，并纠正执行计划过程中所出现的偏差，最终保证计划目标的实施。预警管理实质上也是一个控制过程，只是预警管理不同于传统的管理控制。瓦斯灾害预警是立足于以防范发生事故或灾害为目标，从逆向角度防范不发生事故的情况下，使生产始终处于受控状态的管理行为。

2.1.5　安全科学理论

安全科学（Safety Science）的诞生是现代化生产和现代科技发展的需要与结果。有史以来，人类就离不开生产和安全这两大基本需要。然而，人类对安全的认识却长期落后于对生产的认识。随着生产力和科学技术的发展，保障安全的必要性、迫切性和实现安全的可能性都在同步增长。

安全科学虽然是 20 世纪 70 年代才开始在国内外兴起，但发展很快。它的诞生首先是以它的学科理论刊物出版和世界性学术会议召开为标志的。1973 年，美国最早出版《安全科学文摘》杂志；1981 年，德国安全专家库尔曼的专著《安全科学导论》出版（德文版）；1990 年 9 月，在德国科隆市举行了第一次世界安全科学大会；1991 年 1 月，中国劳动保护科学技术学会创办了《中国安全科学学报》并向国内外公开发行；1991 年 5 月，由 11 个国家 17 名编委共同编辑、并已出版了 14 年之久的国际性刊物《职业事故杂志》，在荷兰宣布改名为《安全科学》；1992 年 11 月，在中国的《学科分类与代码》中将"安全科学技术"列为一级学科。再就是高等院校三级学位学科、专业教育的确立；安全工程、卫生工程、职业卫生医学、安全系统工程以及安全管理工程等工程与技术科学，在国外也都已相当成熟并开始向基础科学和哲学层次升华。

安全科学研究技术应用中的可能危险产生的安全问题。安全科学的最终目的是将应用现代技术所产生的任何损害后果控制在绝对的最低限度内，或者至少使其保持在可允许的限度内。在实现这个目标的过程中，安全科学的独特功能是获取及总结有关知识，并将有关发现和获得的知识引入到安全工程中来。这些知识包括应用技术系统的安全状况和安全设计，以及预防技术系统内固有危险的各种可能性。

安全科学是研究安全问题的，它必须尽其所能地回答技术安全问题，并且尽力满足预防技术灾害的要求。安全科学认为，事故的发生只能看成是人与机器以及二者在一定环境中相互作用所形成的"人—机—环境系统"内出现异常状况的结果。人—机—环境系统分析必须揭示事故的原因，必须有可能对给定的允许危及度和实际危险进行评价比较。

尽管灾害和事故的发生是随机的、偶然的，具有很大的不确定性，但也遵循着一定的必然性和规律性。当人们掌握了这种必然性和规律性，就可以有效地预防和控制灾害以及事故的发生，把灾害和事故控制在最低限度或允许的范围内。这是因为灾害和事故具有可预见性及可防性的特征。灾害和事故的可预见性，首先在于灾害和事故的发生背景及发生、发展过程可以被观测；其次在于灾害和事故的发生具有因果规律性。由于生产过程本身就是一种规范性、规律性的活动过程，这种规范性、规律性的活动过程被破坏，必然就会产生灾害或事故，而这种与灾害或事故有直接关联的因果关系可以被发现、分析和观测。灾害和事故的可防性，是指在预见灾害和事故的基础上，可以实现预防措施或回避手段的可能性。

瓦斯灾害预警的基本原理是，预警管理人员依照瓦斯灾害预警目标确定不同预警监测指标及其标准，并用这些标准对预警管理对象实施控制。信息通道是这个控制系统的反馈机制，通过预警机构或人员获得的监测信息，将预警管理人员的预警指标的实际状况反馈回去，为预警管理人员实施预控对策提供参照的依据。预警管理人员将反馈回来的实际效果信息与预警目标加以比较之后，根据两者的差距纠正标准、改善措施，重新开始新一轮的预警控制过程。通过这样一轮一轮连续不断地调整、控制，预警规律中的预先控制得以实现，最终使实际状况逼近计划预警目标，从而使管理对象始终处于安全状态之中。

2.2　煤矿瓦斯灾害预警系统的组成

2.2.1　煤矿瓦斯灾害预警的管理对象

根据事故致因理论可知，事故的发生是偶然的、随机的，但在偶然性的背后有它的必然性。人们在控制事故时，只能尽量降低事故的发生概率，使其发生概率达到最小。

煤矿事故的发生，主要是人、机、环境三因素不相适应而导致的，也就是说，煤矿事故主要涉及人的因素、机的因素和环境的因素。所以，在煤矿生产过程中，人的不安全行为、物的不安全状态以及环境因素的不良，是煤矿瓦斯灾害预警的管理对象。

（1）对人的管理

人是生产过程的主体，是创造财富，实现既定目标的关键，但也是激发事故的主要因素。人的生理、心理和行为、能力方面的失误都可能导致事故的发生。人的不安全行为是事故控制的主要方面。控制人在采掘生产过程中的行为，使之符合生产安全的规定，是瓦斯灾害预警管理的重要环节。

（2）对机的管理

在人－机－环境系统中，人是决定因素，机是重要因素。随着机械化水平的提高，机在系统中发挥着越来越重要的作用。机是生产过程中的物质基础，包含工具、设备、原材料等。因工具、设备、原材料等因素的缺陷导致生产过程中不安全的隐患的存在，对事故的发生有着极大的关联作用。控制机的管理工作，主要是从工具、设备的设计、制造、安装、使用、维修、报废等全过程进行管理。使"机"正常作业，没有任何隐患的存在，如电火花、安全防护装置等。

（3）对环境的管理

环境是人、机在生产过程中共同面临的条件因素，环境因素的不良或突变，可以引起人的生理、心理和行为的变化，也可以引起工具、设备缺陷的显现。在采掘生产过程中，环境管理主要是针对环境中的事故预兆、瓦斯浓度、毒、尘、声、围岩稳定性、热等环境因素来进行的。

瓦斯灾害预警从逻辑上一般包括四个阶段：明确警义、寻找警源、分析警兆与预报警度。明确警义就是明确监测预警的对象，警义就是指警的含义。明确警义一般从两个方面考察，一是警素，即构成警情（灾害）的指标是什么；二是警度，即警情的程度。寻找警源，即寻找警情发生的根源。分析警兆，即分析警素发生异常变化导致警情发生的预兆。预报警度，即预报警情发生的程度。

瓦斯灾害预警主要是对预警对象的监测与评价，重点在于预警指标的建立和评价方面。而预警管理的重点在于在获得预警信息基础上，如何采用预控的管理手段防范灾害的发生以及发生后的应急管理措施。

2.2.2 煤矿瓦斯灾害预警的目标体系

为了达到煤矿瓦斯灾害预警的有效性目的，煤矿瓦斯灾害预警系统必须建立以下目标体系。

（1）对煤矿瓦斯灾害状况的监测与评价

煤矿瓦斯灾害问题包括采掘工作面煤（岩）与瓦斯突出、喷出、瓦斯爆炸等。采掘系统安全是采掘生产得以顺利进行的基础。煤矿瓦斯灾害预警系统应能有效控制采掘生产各个环节的安全度，发现煤矿生产各种瓦斯灾害情况与煤矿人—机—环境系统缺陷之间的关系，分析煤矿人—机—环境系统与煤矿生产各种瓦斯灾害之间的关系，从而提高和加强对煤矿生产人—机—环境系统的监测，减少或避免瓦斯事故的发生。

（2）煤矿瓦斯灾害预警活动的综合评价指标体系

煤矿瓦斯灾害预警机制的实现必须依靠预警评价指标才能进行，否则，预警系统的活动将是经验性的、随机的、非统一的过程，所以要建立对煤矿生产中瓦斯灾害状况与管理状况的具体评价指标体系，通过对指标的监测，来获得煤矿采掘生产实际的安全状况和规律状况。

（3）煤矿瓦斯灾害预警管理组织结构的构建

管理组织是预警职能得以发挥的基础，预警职能的实现必须以管理组织来保证。预警管理组织具有监测、识别、诊断、采取预控对策以及紧急援救的职能，为避免新设组织结构，可在原有的煤矿安全管理体系中增加预警管理的职能和相应的机构来完成煤矿瓦斯灾害预警管理的各项职能。

（4）建立煤矿瓦斯灾害预警对策库

通过综合评价指标的监测与评价，发现煤矿采掘生产系统中的瓦斯隐患，然后从瓦斯灾害预警对策库中寻找相对应的对策，以实现事故预防智能化和防灾专家系统的作用。

2.2.3 煤矿瓦斯灾害预警的基本内容

为了实现和完成煤矿瓦斯灾害预警的职能，煤矿瓦斯灾害预警活动可由两个方面构成，一是预警分析，即对诱发煤矿瓦斯事故或灾害的各种现象进行识别、分析和评价，并由此作出警示的管理活动；二是预控对策，即根据预警分析的输出结果，对煤矿生产致灾因素的早期征兆进行及时矫正、避防与控制的管理活动。

1. 预警分析的内容

（1）监测

监测是瓦斯灾害预警的前提，就是确定煤矿采掘生产活动中的重要致灾因素为监测对象。监测环节的任务有两个，一是过程监测；二是信息处理。过程监测是对被监测对象的全过程、全方位的监视，如采掘工作面瓦斯浓度的监测、区域突出预测和采掘工作面接触式预测，对监测对象同技术条件和生产关系进行监测。信息处理是对大量的监测信息进行分类、存储、传播，建立信息档案，进行历史的和条件的比较。这个信息档案中的情报，是整个预警管理系统所共享的，是整个预警管理活动的基础。

（2）识别

提高对监测信息的分析，可以识别煤矿采掘生产活动中可能发生的瓦斯灾害与事故的主要诱因或致灾因素。识别的主要任务是判断煤矿采掘生产活动过程中的某些环节是否正在异变，即现实的事故诱因。识别的另一任务，就是判断煤矿采掘生产活动或安全管理活动中的一个或几个环节是否已经发生异变以及可能导致连锁的反应，即致灾现象的动态发展趋势。

（3）诊断

诊断是对已识别的现实事故诱因，进行综合分析，以明确哪个致灾因素（现象）是主要的危险源。诊断的主要任务是在致灾环境的诸多问题与现象中，提出危险性最高、危险程度最严重的主要因素，并对其成因进行分析。例如瓦斯爆炸的诸多因素中，瓦斯浓度达到爆炸范围和高温火源的存在是致灾的主要因素，而在这两者中，危险性最高的则是高浓度瓦斯的存在，因此就要认真地分析瓦斯浓度增高的原因，诊断出瓦斯浓度增高的成因。

（4）评价

评价是根据监测、识别、诊断的结果对煤矿采掘生产过程、设备及环境存在的危险进行定性或定量的判断，明确问题所在，得出发生危险的可能性及严重程度的评价，从而提出预防、回避的措施与方案，纠正和排除致灾诱因，防止或减少事故的发生。

（5）监测、识别、诊断和评价的关系

监测、识别、诊断和评价这四个预警分析环节是前后承接的因果联系。监测活动是整个预警活动开展的前提，没有明确和准确的监测信息，整个预警活动就是盲目的，甚至是无意义的。识别活动，可以使预警管理活动在复杂的致灾因素中确立预警警度。诊断是对整个过程危险源和危险度的确认，使预警管理活动能够抓住主要问题并做到追根溯源。评价是进一步用量的概念来明确危险所在，并提出解决危险的措施和方案，以有效地控制和消除危险。四个环节前后继承，其中监测活动中的监测信息系统为整个预警管理系统所共享，识别、诊断、评价的活动结果都以实时方式输入到监测信息系统之中。预警分析四个环节的分析结果，将被表征为煤矿采掘生产的预警信号，是煤矿实施预控对策活动的前提。

2. 预控对策的内容

煤矿瓦斯灾害预警的目标，是实现煤矿瓦斯灾害或事故的早期预防和控制，并能在煤矿瓦斯灾害或事故发生时实施危机管理方式。这种预控对策活动包括组织准备、日常监控和应急管理三个活动环节。

(1) 组织准备

组织准备是为开展煤矿瓦斯灾害预警管理活动的组织保障活动。它包括对煤矿安全及事故的对策制定与实施，以及相对应的安全规章、制度、标准，目的在于为预控对策活动和整个预警管理提供有保障的组织环境。组织准备有两个特定任务，一是规定预警管理系统的组织结构（机构、职能设定）和运行方式，它亦涵括煤矿安全管理体系的活动；二是为煤矿发生瓦斯灾害或事故状态下的应急管理提供组织训练与对策准备，即对策库。

(2) 日常监控

日常监控是指对预警分析活动所确定的煤矿瓦斯灾害诱导现象进行专门监控的管理活动。由预警分析活动所确立的"危险诱因"，不仅诱发煤矿瓦斯灾害与事故的危险性很大，而且它所诱发的瓦斯事故所连带的其他灾害，有可能造成难以迅速控制的局面。所以，在日常监控过程中，还要预测瓦斯灾害现象扩散发展的严重程度及可能导致的危险结果，以防患于未然。因此，日常监控活动有两个主要任务，一是日常对策；二是危险模拟。日常对策，即对煤矿瓦斯灾害致灾现象进行防范或在煤矿发生瓦斯灾害后采取紧急救援活动，使煤矿生产恢复到正常状态的对策；危险模拟，是在日常对策活动中发现煤矿瓦斯灾害处于失控状态难以有效控制，对有可能陷入更大灾害的危险状态的假设与模拟活动，以此提出对策方案，为未来一旦进入危险状态做好对策准备。

(3) 应急管理

当日常监控活动无法有效制止与避免因煤矿瓦斯灾害的发生与发展而将陷入灾难性危险时，管理者所采取的一种特别应急管理方式。应急管理是一种"例外"性质的管理，只有在特殊境况下才采取的特别管理方式。它包括特别应急计划、应急领导小组、紧急应对措施以及救助方案等。一旦煤矿安全状态恢复到正常可控状态，应急管理的任务便告完成，由日常监控继续执行预控对策的任务。

（4）组织准备、日常监控、应急管理的关系

组织准备、日常监控活动是执行预控对策任务的主体，应急管理活动是特殊状态下对日常监控活动的一种扩展。组织准备活动不但连接预警分析与预控对策活动的环节，也为整个煤矿瓦斯灾害预警系统提供组织运行规范。

3. 预警分析与预控对策的关系

预警分析的活动内容主要是识别和评价危险因素；预控对策的活动内容主要是矫正和预控。两者的内在联系非常确定。

（1）预警分析系统与预控对策系统的基本关系。预警分析活动的四个环节和预控对策活动的三个环节，在时间顺序关系和逻辑顺序关系上是明确的。预警分析是煤矿瓦斯灾害预警系统完成其职能的基础，预控对策是其职能活动的目标，两者是预警系统不可或缺的两个方面。缺少任何一个方面，瓦斯灾害预警管理系统的职能便不能成立。两种活动中的所有环节（除应急管理环节外）是煤矿生产过程中进行预警管理活动不可缺少的。缺少任何一个，其活动过程就是不完整的，其职能实现就是残缺的。

预警分析活动的对象，是煤矿在采掘生产过程中出现的各种现象，而预控对策活动的对象，则是已被确认的主要的致灾因素，两个活动对象是有差异的。如果煤矿生产已处于危险状态，那么，预警分析的对象和预控活动的对象都是处于极度危险环境中的致灾因素。不论煤矿生产是安全的还是危险的，预警分析的活动对象总是包容预控的活动对象，或者说，预控的活动对象总是预警活动对象中的主要矛盾。

（2）预警分析与预控对策的沟通方式。在预警分析活动中，监测活动环节所建立的监测信息系统，既是预警活动各环节所共享的，也是整个预警系统所共享的。在预控对策活动中，组织准备活动环节所确立的运行方式与对策库，既是预控活动各环节所共享的，也是整个预警系统所共享的。而且，预控活动中的对策库（对策包括预备应用的对策方案和已采用对策的实施结果的总结评价）要纳入预警系统的监测信息库，它为监测过程中对监测结果进行科学分类、处理、储存提供判识的背景。两个活动之间的信息沟通主要是监测信息系统的运行。而这个信息系统，又是煤矿企业整体管理信息系统的一个有机组成部分，它使预警管理系统的活动同企业整体的管理活动联为一体。

预控对策活动中的组织准备环节，是联结两个系统活动的组织手段。两大系统内各自活动的程序、方式与手段，以及两大系统联结的方式与手段，都由"组织准备"环节所设定的组织运行方式所确定。而且，企业预警管理系统同企业内部其他职能系统的关系也由"组织运行"方式所规定。组织运行方式，实际上是整个大系统的活动关系，它规定了两大活动环节的任务、目标与主要内容。总

之，瓦斯灾害预警管理系统的活动是被程序、制度、标准所规定的统一化的连续管理过程。

2.3　煤矿瓦斯灾害预警机制及系统目标

煤矿瓦斯灾害预警的职能主要是对煤矿瓦斯灾害或事故的监测、识别、诊断、评价和预控。整个活动过程都有自己独立的规律、活动计划、执行过程、信息网络及程序规范。它寻求的是灾害及事故现象与生产运行之间的关系，不仅要指导现有的煤矿安全管理组织如何保证和改善其常规职能，而且还要产生新的管理职能以形成防错纠错的新机制。

2.3.1　煤矿瓦斯灾害预警的基本机制

（1）预测机制

预测机制是对煤矿煤层、采区或工作面在采掘生产开始之前进行的灾害预测，以判断本煤层、本采区或工作面是否有灾害发生的可能以及可能性大小。预测是消除煤矿瓦斯重大灾害发生的基础，可以有力地保障煤矿后期的安全生产。例如，对煤层和采区进行的瓦斯区域突出预测及区域划分，对工作面进行的声发射技术及钻孔法等预测工作面前方是否会发生突出。

（2）报警机制

报警机制是对煤矿瓦斯灾害的致灾征兆进行监测、识别、诊断与报警的一种机制。它通过设立在煤矿采掘生产组织中可能产生失误的界限区域，对可能出现的各种灾害征兆和危机诱因进行识别和警告，以保证煤矿采掘生产的安全，使安全管理状况处于良好、有效的状况。例如，对煤矿瓦斯爆炸灾害的报警，就是通过在采掘工作面及各主要回风巷道中瓦斯易积聚的地方安装瓦斯传感器，通过对瓦斯浓度的连续监测，以识别和诊断是否达到瓦斯爆炸的浓度范围，根据诊断结果，决定是否发出报警以及采取联动控制措施，以防止瓦斯爆炸事故的发生。

（3）矫正机制

矫正机制是对煤矿采掘生产过程中的不安全征兆的不良发展趋势进行预控和纠错的一种机制，它能促成管理过程在非均衡状态下的自我均衡。例如，在有突出危险性的工作面，根据监测、识别、诊断出的突出预兆，可采取相应的防突措施，诱导其中的瓦斯安全释放或利用，以防止不可控突出的发生，造成重大灾害事故。

（4）免疫机制

免疫机制是对同质性造成煤矿不安全状况的诱因进行预测或迅速识别并提出对策的一种机制，在安全管理过程中出现同质性征兆或诱因时，能准确预测并及时采用规范化手段回避或有效制止。例如，在煤矿开采中，对突出危险性的煤层，在准备开拓巷道之前，通常会采取瓦斯抽放的手段进行预抽，这样可以极大地降低开掘过程中突出的危险性。煤与瓦斯突出的区域预测及预抽放措施亦属于免疫机制。

2.3.2　煤矿瓦斯灾害预警系统的目标

煤矿瓦斯灾害预警系统的建立与运行，应以下述四个目标的实现为基础。

（1）对人的行为进行监测与评价，以此明确并预控人的生产行为或管理行为的过程与结果。监测对象主要是管理者的个人行为或部门（群体）管理行为以及生产者的操作行为。同时监测行为与事故之间的因果关系和转化关系，并提供提高行为管理的优化模式。人的行为是在各种不同情况下决定事故发生频率、严重程度和影响范围的一个重要因素。由于在许多情况下的行为是事故发生的一个重要因素，因而可能通过人的行为的改变而造成事故发生率的增减，并影响错误造成的后果。人之所以会发生不安全的行为，其原因是多方面的，有人的生理、心理问题，也有技术水平、生产环境问题，等等。显然，要减少事故或灾害的发生，就必须要提高人的安全行为频率，缩小不安全行为频率，研究对人的行为的有效控制方法。特别是在煤矿采掘工作面工作的工人，不仅要及时察觉采掘生产过程中的灾害预兆，而且在观测到预兆后，不可盲目采取行为，必须立即汇报并采取有效的预防措施，才能防止重大灾害的发生。

（2）对设备状态进行监测与评价，以此明确并预控设备的运行过程与结果。监测对象主要是设备的故障率与安全设施完好情况以及设备运行状况，同时监测、分析设备可靠性与事故之间的相互关系，提出设备安全检查、维修和使用的规范。长期以来，生产设备伤害事故相当频繁的主要原因之一，就是没有很好地从治"本"上解决安全防护措施，以致很多带有隐患的生产设备不断投入使用。有些企业为了降低生产成本，按规程规定该配的安全装置不配，带有缺陷的机械零部件该报废的不报废，有些生产设施从投入使用就带有安全隐患而得不到治理，设备的不可靠性，影响到生产系统的安全性。因此，提高设备的可靠性程度，有助于提高生产系统的安全性。特别是煤矿采掘工作面及主要回风巷道中使用的设备，必须是本质安全型的，在使用过程中不会引爆瓦斯。

（3）对生产环境进行监测与评价，以此明确生产面临或可能面临的不安全、不卫生的环境因素。生产环境监测的范畴主要是生产场所的毒、尘、声、光、围岩的稳定性等因素。特别值得一提的是围岩的监测，无论是采煤工作面还是掘进工作面，煤壁呈现出的很多现象是突出发生的征兆，如煤层层理紊乱、煤变软变暗、支架来压、掉碴、煤面外鼓、片帮、瓦斯涌出忽大忽小以及打钻时顶钻、夹钻、钻孔喷孔等，都是突出的无声预兆。而煤体中出现的劈裂声、炮声、闷雷声则是突出的有声预兆。监测与评价的目标主要是掌握、了解生产环境因素对人体的影响以及和瓦斯灾害、事故发生之间的关系，提出控制和改进生产环境的标准与方法。在生产过程中，人们必然面临着种种不同的环境条件，所有这些环境条件都直接或间接地影响着人们的生产操作，轻则降低工作效率，重则影响整个生产系统的运行和危害人体健康与安全。因此，监测、评价、控制生产环境因素对于减少事故、保证生产安全，具有十分重要的作用。

（4）建立瓦斯灾害预警活动的评价指标体系。以上三个目标任务的实施，必须依靠特别的预警评价指标才能进行，否则，预警系统的工作将是经验性的、随机的、不系统的过程。为此，瓦斯灾害预警系统要建立对人的操作行为、管理行为的评价指标，对生产设备可靠性、安全性的评价指标，对生产环境因素安全性的评价指标。这三个评价指标体系，构成灾害预警管理活动的评价指标体系。

以上四个目标实际上就是瓦斯灾害预警系统模型建立的内容和建模原则。

2.4　煤矿瓦斯灾害预警管理体系

灾害与事故的发生，是人、机、环境三者相互作用并互不适应的结果。因此，在考虑瓦斯灾害预警管理体系时，应当针对灾害和事故的成因来设计瓦斯灾害预警管理体系。同任何管理活动运行一样，煤矿瓦斯灾害预警管理活动也需要专业的技能与工作程序来支撑。一般来说，预警管理工作应由两级组成，一是执行；二是监督。根据预警管理理论，瓦斯灾害预警管理体系可以考虑由预警监测系统、预警管理系统和预警信息系统三部分组成。

1. 预警监测系统

瓦斯灾害预警管理运作的关键在于对灾害预兆的监测与识别。由于对灾害的监测与识别是面向生产过程的，所以应具有易操作性和规范性。经分析和比较，采用科学的评价指标体系是最好的方式。

评价指标对生产安全状况应具有敏感性，并且指标之间应具有独立性。评价指标体系一般应包括四个部分：一是对人员行为的监测指标，主要使用不安全行为检查表进行实地观察，由训练有素的观察员按表所列项目对每个操作人员定时进行观察，确定他们的行为（操作）安全与否。每次观察后要计算出操作人员在充分安全状况下操作的百分率。在观察时，只有操作者的各项动作都是安全的，才能认为行为是安全的，否则只要违反了其中任何一项，其行为便不是安全的。二是对设备、材料等的故障率及可靠性评定。可根据国标 GB5083-1999《生产设备安全卫生设计总则》来进行。特种设备应由国家指定的安全监察机构审批设计图纸及有关技术文件。常用的有安全检查表、预先危险性分析法、故障模式影响和致命度分析法、事件树分析法及事故树分析法等。三是对生产环境的监测与评价，生产环境监测主要依靠有关仪器进行，环境监测的关键在于采样必须符合统计学的要求。环境检测仪器大致可以分为三大类：第一类是便携直读式快速测试仪器，由于其能快速直读，在实际工作中非常实用；第二类是连续、自动监测系统；第三类是实地监测采样仪器和实验室检测所用的仪器。四是对安全生产管理工作的检测与检查，包括管理运作、制度建立、教育指导及信息沟通等指标。

预警监测值的获取主要源于两个途径：一是对现有的资料分析，包括各种标准、规范、制度以及历年的事故档案等；二是来源于预警人员及检测设备和仪器对现场的监测、观察和调查。

在预警管理过程中，识别也是一个难点，因为每一起事故的表现情况是不一样的，经验指标的区域值也是不一样的。例如煤与瓦斯突出预兆很多，但不是每次出现预兆都会发生突出，因此对预兆和突出之间的关系识别也就成了一个研究的难点。因此对指标的识别可采用德尔菲法，利用专家来对指标进行评判。

2. 预警管理系统

预警管理系统履行预警工作的执行职能，与安全管理系统职能形成分工合理、职能互补的良性运行关系。预警管理系统专门对安全生产的波动情况组织监测、识别、诊断及预控工作，协调预警各子系统的运行，负责整个预警预控工作的组织协调和指挥。此外，还要设置"预警工作档案"，建立对策库以及进行各种危机的预测和模拟，设计"危机管理方案"，以在特别状态时供决策机构采纳。预警管理系统一般的工作流程是：安全生产预警的各种初始化信息直接流向预警信息系统中，经过该信息系统分离处理，提出是否报警以及报警内容的提示，并制定相对应的对策方案，以保证重大事件发生的征兆和紧急情况能够及时得到快速反应和处理。

3. 预警信息系统

预警信息系统是专用于预警管理活动的现代信息系统，是集电子计算机技术与专家系统技术的智能化系统，它必须符合瓦斯灾害预警的技术与管理要求。

（1）预警信息管理的内容：根据瓦斯灾害预警管理的目标及煤矿安全生产的内容，主要是监测安全生产过程中人—机—环境系统信息变动情况，以及信息变动所导致的不确定性后果的信息。预警信息管理的主要目的是增强灾害预防能力。

预警信息的管理包括信息收集、处理、辨伪、存储、推断等。①获取预警信息，应采取多渠道组合策略，通过对多种信息来源进行组合和相互印证，以使零散信息转变为整体化的、具有预报性的可靠信息。②处理各种监测信息，要进行分类、整理与统计分析，使之成为可用于预警的有用信息。③信息辨伪在预警管理中非常重要。伪信息所导致的风险比信息不全所导致的风险更严重，它会导致预警活动中的误警和漏警现象。因此，一般来说，对原始信息不能直接应用，必须加以辨伪，去伪存真。④进行信息存储的目的是进行信息积累以供备用。信息存储应不断更新与补充。⑤能否对已有信息作出准确的推断，对于预警管理是很重要的。在进行信息推断时，要注意两个问题：一是要善于用现在的信息判断未来，善于用某一部分信息推断另一部分信息；二是要善于从信息中捕捉机会，或者利用信息来创造机会。

（2）预警信息系统的建立：在煤矿采掘生产管理活动中，瓦斯灾害预警信息是对安全生产人—机—环境系统波动的反映，建立预警信息系统，必须认真研究安全生产中的信息结构、信息流程、信息流量、处理环境、处理结果等，要对安全生产中的各种信息高度敏感，迅速收集、分析，作出正确的处理并及时作出相应的对策。而这一切离开了计算机和通信技术的支撑是不可能实现的。因此，预警信息系统的建立必须具备计算机管理信息系统（Management Information System，MIS）、办公室自动化系统（Office Automation，OA）、决策支持系统（Decision Supporting System，DSS）和专家系统（Expert System，ES）。有了这些基本条件，预警信息系统建立的实现就不言而喻了。

（3）预警信息管理工作的基础：要想使预警信息系统取得成功，安全基础管理工作必须要做好以下工作。①规范化：安全管理的每个工作岗位都必须有明确的任务和定量的要求，各项管理工作都应有符合安全生产规律的业务流程。②标准化：安全生产过程中设备要求、人员行为和环境条件都应有明确的标准和规范。③统一化：各类安全报表、安全台账和事故报告都要进行统一整理，统一格式、内容和分类编码。④程序化：数据的采集、传递和整理应有明确的程序、期限和责任者。

总之，预警信息管理系统的建立将使预警管理功能的实现更加方便、直接和高效。

2.5　煤矿瓦斯灾害预警系统的要求

瓦斯灾害预警系统为了能保证有效地实施其功能，就必须要保持其地位上的相对独立性、预警指标的有效性、结构上的完整性、信息传输的及时性和信息甄别的有效性等要求。下面我们就建立煤矿瓦斯灾害预警系统必须要满足的这些要求分别加以论述。

（1）瓦斯灾害预警系统的相对独立性

煤矿瓦斯灾害预警系统的相对独立性是确保其系统有效运行并完成其预警目标的关键。作为一个发挥独特监控职能的预警系统，它应该是在一个经过对煤矿生产安全做出深入研究和调查的基础上，所建立的一个只用数据和指标说话，而不受任何权力制约或操纵的客观评估系统。当然，在建立和完善预警控制系统的初期，企业的最高领导和各个职能部门等，都应积极参与，并提出具有针对性的建议和意见，不断促使其预警系统的有效和完善。但一旦该预警系统建立完成并成为一个公认的监控系统，那么它应该具有绝对的权威性和相对的独立性，不能因为某些高层领导的好恶或涉及责任的划分，而随意改变预警标准。通过预警系统反映出来的问题，应由相关领导和职能部门承担应有的责任，并及时制定有效的整改措施。当然之所以称其为相对独立，是因为预警系统的独特控制，要求最高管理层应该针对煤矿生产环境和安全状况的变化，及时作出修正和完善，确保瓦斯灾害预警系统始终保持合理和高效。

（2）瓦斯灾害预警系统预警指标的有效性

预警系统的合理和高效，首先离不开所设置的预警指标的有效性。预警依赖于监测，监测离不开与安全相关的指标，指标的内容就是煤矿在采掘过程中涉及安全问题的表现。所以，瓦斯灾害预警系统所确定的预警指标必须与煤矿采掘生产和安全管理的发展规律有内在的联系。另外，预警指标的有效性还体现在能否全面地掌握这些预警指标在不同的生产条件和安全管理体制中可能发生差异的表现形式，它们主要有如下三种形式：首先，从单一指标看，指标在不同的煤炭生产条件和安全管理体制中的取值和走势会发生改变；其次，从全体指标综合的角度看，综合指标的特征在不同的煤炭生产条件和安全管理体制中的取值和走势也会不同；再次，从指标间数量关系特征和变动倾向上看，它们在不同的煤炭生产条件和安全管理体制中的取值和走势也会不同。然而，目前已有的煤矿瓦斯灾害预警系统对这些差异并没有给予高度关注，而且也没有作全面、细致、深入的考虑，所以就有可能大大影响预警指标的有效性和整个预警系统的合理高效。因此，煤炭企业在建立瓦斯灾害预警系统时必须对其预警指标的有效性进行深入的研究，特别要对这些指标在不同环境和特定状况下，可能出现的表现差异作仔细的分析，只有这样才能真正使预警系统准确合理。

（3）瓦斯灾害预警系统结构的完整性

虽然煤矿瓦斯灾害预警系统的最终评判可能主要表现在其关键的预警指标

上。但实际上，作为一个有效的预警系统，它必须在结构上具有完整性，才能最终确保其预警结果的合理性。所谓瓦斯灾害预警系统的结构的完整性，主要反映在过程的完整性、数据的完整性、指标的完整性和分析的完整性等几个方面。

过程的完整性是指作为预警系统，不仅是简单地说明某些预警指标是否超越了警限，而是应该能说明这种危机产生的原因、发展的过程、目前的状态和未来发展的趋势，这样才能真正为高层领导或决策者提供有用的和完整的预警信息。

数据的完整性是指该预警系统所作出的最后预警评判的结论，是依据了充分数据的积累和比较所得出的。这些数据包括历史的和预测的、计划的和实际的、本企业的和同行业的、目标的和平均的，等等。只有通过完整数据检验，才能真正得出正确合理的瓦斯灾害预警结论。

指标的完整性是瓦斯灾害预警系统中最重要的一点，因为不同的安全指标都具有其一定的侧重点，但无一例外，都具有一定的不全面性。因此，任何只注重某一类指标，而忽视另一类指标，都可能导致预警评判的偏差。所以在瓦斯灾害预警指标体系建立时，必须要充分注意其完整性，各种相关和对应的指标都应该在其指标体系中占据必要的份额，并通过完整指标的比较分析，才能最终得出正确合理的预警结论。

分析的完整性是建立在前面的过程完整性、数据完整性和指标完整性的基础之上的。在进行瓦斯灾害预警信号和判别标准确定时，必须要进行全面和综合的分析研究，而且预警信号和判别标准之间的对应关系必须经过反复实践的检验，正反两方面的情况都要分析，不能只见树木不见森林，或一叶障目不见森林。只有进行深入细致的全面分析，才能真正确保预警系统的合理和高效。

（4）瓦斯灾害预警系统信息传递的及时性

瓦斯灾害预警系统的有效性，很重要的一点在于其信息传递的及时性。因为与其讲瓦斯灾害预警系统是一个风险评判系统，还不如说是一个风险信息的传递系统，如果一旦失去了其及时性，将会失去其生命力所在。如果等到煤矿采掘生产中瓦斯隐患的状况已经发展到无法收拾的境地，瓦斯灾害预警系统方才作出预示警告，那就变得毫无意义了。谁都知道信息的价值在于其合理判断和决策之前，否则就可能给煤矿造成巨大的损失，而瓦斯灾害预警系统在这方面表现得更为突出。所以，要建立有效的瓦斯灾害预警系统就必须要考虑建立一套及时有效的信息保障系统，煤矿企业的安全管理信息化系统必须要达到一定的要求。若企业安全管理信息系统不发达，必然会在一定程度上影响其瓦斯灾害预警系统的及时和高效。

（5）瓦斯灾害预警系统信息甄别的有效性

在瓦斯重大灾害的不同形式中，除了瓦斯爆炸主要靠监测瓦斯浓度外，瓦斯喷出和突出都是非常复杂的动力现象，特别是煤与瓦斯突出。到目前为止，人们尚未研究清楚煤与瓦斯突出的机理。只是在生产实践的基础上，总结归纳出了煤与瓦斯突出的一些预兆和预防措施，但突出预兆的信息和煤与瓦斯突出不具有一一对应关系。因此，如何有效地甄别突出预兆信息是准确预警煤与瓦斯突出的关键。在有突出危险性的煤层中回采或掘进巷道时，只有 $5\%\sim10\%$ 的地段有可能突出，其余地段一般不会突出。所以，瓦斯灾害预警系统要准确、有效地进行预警的话，就必须有有效的预兆信息甄别手段作支撑，否则，误警率就会很高。

本章小结

本章首先介绍了瓦斯重大灾害预警的基础理论，主要包括危机管理理论、瓦斯突出理论、系统非优理论、系统控制论和安全科学理论，重点介绍了危机管理理论和瓦斯突出理论。其次分析了煤矿瓦斯灾害预警系统的组成，主要分析了瓦斯灾害预警的管理对象、目标体系和预警的基本内容。再次分析了瓦斯预警机制及系统目标，主要提出了瓦斯灾害预警的预警机制、预测机制、矫正机制和免疫机制；分析了瓦斯灾害预警系统的四个主要目标。然后分析了煤矿瓦斯灾害预警管理体系，该体系主要包括预警监测系统、预警管理系统和预警信息系统三部分。最后分析了煤矿瓦斯灾害预警系统应满足预警系统的相对独立性、预警指标的有效性、预警系统结构的完整性、预警系统信息传递的及时性和预警系统信息甄别的有效性等要求。

参考文献

[1] 北京新华信商业风险管理有限责任公司. 危机管理 [M]. 北京：中国人民大学出版社，2004.

[2] 程伟. 煤与瓦斯突出危险性预测及防治技术 [M]. 徐州：中国矿业大学出版社，2003.

[3] 程五一，张序明，吴福昌. 煤与瓦斯突出区域预测理论及技术 [M]. 北京：煤炭工业出版社，2005.

[4] 董传仪，危机管理学 [M]. 北京：中国传媒大学出版社，2007.

[5] 冯爱红. 论系统非优的普遍性. 系统科学学报 [J]，2008，16（2）：55-60.

[6] 甘心孟，沈斐敏. 安全科学技术导论 [M]. 北京：气象出版社，2000.

[7] 高民杰，袁兴林. 企业危机预警 [M]. 北京：中国经济出版社，2003.

［8］何平. 系统非优分析理论及方法［J］. 中国工程科学，2003，5（7）：40-46.

［9］何平. 系统非优理论的现实源泉与应用展望［J］. 系统工程，1989，2（7）：1-5.

［10］何平. 系统非优判别指导系统［J］. 控制与决策，1989，3（4）：18-21.

［11］景国勋，杨玉中. 矿山重大危险源辨识、评价及预警技术［M］. 北京：冶金工业出版社，2008.

［12］景国勋，杨玉中. 煤矿安全管理［M］. 徐州：中国矿业大学出版社，2007.

［13］李红杰，吴荣俊，许永胜，等. 采掘业灾害预警管理［M］. 石家庄：河北科学技术出版社，2004.

［14］林柏泉，崔恒信. 矿井瓦斯防治理沦与技术［M］. 徐州：中国矿业大学出版社，1998.

［15］刘刚. 危机管理［M］. 北京：中国经济出版社，2004.

［16］王凯，俞启香. 煤与瓦斯突出的非线性特征及预测模型［M］. 徐州：中国矿业大学出版社，2005.

［17］王凯全，邵辉. 事故理论与分析技术［M］. 北京：化学工业出版社，2004.

［18］于不凡. 煤矿瓦斯灾害防治及利用技术手册［M］. 北京：煤炭工业出版社. 2000.

［19］张丽，吴廷瑞. 论系统非优的性质、特征及类型［J］. 系统辩证学学报，2004，12（3）：24-27.

［20］张丽. 试析系统之优与非优转化的动力与机制［J］. 系统科学学报，2006，14（3）：44-47.

［21］张鸣，张艳，程涛. 企业财务预警研究前沿［M］. 北京：中国财政经济出版社，2004.

［22］张铁岗. 矿井瓦斯综合治理技术［M］. 北京：煤炭工业出版社，2001.

［23］周士宁，林柏泉，沈斐敏. 安全科学与工程导论［M］. 徐州：中国矿业大学出版社，2005.

［24］朱延智. 企业危机管理［M］. 北京：中国纺织出版社，2003.

［25］He Ping. Non-optimum system theory and methods［A］. Fuzzy Sets and System［C］. First Joint IFSA-EC Workshop Press，1986. 58-62.

第3章 煤矿瓦斯重大灾害预警的指标体系

预警指标体系的建立是预警系统的关键之一，而煤矿瓦斯重大灾害涉及面很广，影响因素非常多，尤其是煤与瓦斯突出的机理尚不十分清楚，因此，如何建立一套科学、系统、实用的指标体系是煤矿瓦斯重大灾害预警系统有效运转的关键之一。

3.1 预警指标体系建立的原则

由于煤矿采掘生产系统的复杂性，瓦斯灾害或事故成因的复杂性，对其进行预警，单靠一个或几个指标往往难以科学测度其系统安全方面存在的问题，因此需要建立综合预警指标体系。指标体系是建立在涉及煤矿采掘生产中瓦斯灾害各要素基础上的各方面指标的集合，是一个有机的统一体。预警指标体系的建立需要遵循以下几个原则。

（1）全面性与代表性相结合

煤矿采掘生产的复杂性要求预警指标体系应具有足够的涵盖面。根据指标的内容与特点，可将其分为综合性指标与单项要素指标，同时要求指标体系内容简单、明了与准确，并具有代表性。指标往往是经过加工处理后的，通常以效率、百分比、增长率等表示，要求指标能准确、清楚地反映问题，能全面、综合地反映构成煤矿瓦斯灾害或事故系统指标体系的各种要素。

（2）定性分析与定量分析结合

指标体系应尽量选择可量化指标，对难以量化的重要指标可以采用定性描述指标，然后进行定量化转化，以定量为主。

（3）科学性与可操作性相结合

煤矿瓦斯灾害预警系统指标的构成应以理论分析为基础，建立在科学、合理分析的基础之上，但在实际应用中必须考虑数据和信息的可获得性，尽可能多利用现有经过甄别的统计数据并进行加工处理。

（4）动态性与静态性相结合

煤矿采掘生产系统是一个动态的系统，是一个不断变化的动态过程。煤矿安全不只局限于过去、现状，要着眼于未来，关注系统在未来时间和空间上的发展潜力和趋势。因此，对系统的动态变化过程进行监测评价，积累时间系列信息，建立煤矿瓦斯灾害数据库，并依据监测信息的分析对系统总体变化趋势进行评价和调控，将是实现煤矿安全的关键。这就要求指标体系的构建必须充分考虑动态与静态相结合，要求评价指标及其评价标准应充分考虑动态性，因此，评价指标体系也应该是动态与静态的统一，既要有静态指标，也要有动态指标。

（5）规范性

所设计的指标体系中的各项指标应尽量与行业惯例接轨，便于比较、交流。要求所设计的指标尽量采用国内外权威机构发布的规范化统计数据。

（6）时效性与预见性

所选指标，有关部门应能及时统计或预测出来，不可与报告期时差太大，以免使决策失去有利时机。预见性，要求预警指标真正起到领先的警示信号和预控功能的作用。

在指标预警系统中，决策者（专家）可以根据各种信息及经验、直觉来确定这些参数：各个警兆指标的报警区间；各个警情指标的安全警限；各个警兆指标的重要程度。但在确定的过程中，应尽可能地减少人为因素，使指标的客观性尽量得以保证，科学、合理地选定警情、警兆指标系统，确定其综合处理方法，为计算机处理打好基础。

3.2　瓦斯爆炸灾害预警的指标体系

煤矿瓦斯重大灾害主要表现为瓦斯爆炸和煤与瓦斯突出两种主要形式。在有煤尘爆炸危险性的矿井中，瓦斯爆炸还有可能引发煤尘爆炸或瓦斯、煤尘混合爆炸。因此，瓦斯重大灾害预警指标体系的建立将分为瓦斯爆炸预警的指标体系和煤与瓦斯突出预警的指标体系两大部分。

3.2.1　瓦斯爆炸的条件

瓦斯爆炸必须同时具备三个条件，即：一定浓度的甲烷（5％～16％）、一定温度的引燃火源（650～750℃）及足够的氧含量（不低于12％），三者缺一不可。

3.2.2 影响瓦斯爆炸发生的因素

1. 瓦斯浓度

瓦斯浓度只有在爆炸界限范围内才可能发生爆炸。瓦斯浓度在低于爆炸下限时，遇高温火源不会爆炸，只能在火焰外围形成稳定的燃烧层，此燃烧层呈浅蓝或淡青色。浓度高于爆炸上限的瓦斯和空气混合物不会爆炸，也不燃烧，如有新鲜空气供给时，会在其接触面上进行燃烧。瓦斯浓度过高，相对来说氧的浓度就不够，不但不能生成足够的活化中心，氧化反应所产生的热量也易被吸收，不能形成爆炸。

在矿井空气中，氧的浓度较地面新鲜空气低，但《煤矿安全规程》规定不得低于20%。如以20%计算，则在井下反应完全的甲烷最佳爆炸浓度应为（1/11）×100%≈9.1%，即当矿井空气中的甲烷浓度为9.1%时，甲烷爆炸反应最完全，产生的动力效应最强。

瓦斯的爆炸界限不仅仅决定于甲烷的浓度，它还受其他许多因素的影响，其中主要有：

（1）其他可燃气体的存在。当甲烷、空气混合气体中存在有其他可燃气体时，多种可燃气体混合物的爆炸界限由下式求得：

$$N = \frac{1}{\frac{\varphi_1}{N_1} + \frac{\varphi_2}{N_2} + \cdots + \frac{\varphi_n}{N_n}} \times 100\%$$

式中，φ_1，φ_2，$\cdots$，φ_n 分别为混合气体中各可燃气体组分占可燃气体总和的体积百分比（且 $\varphi_1 + \varphi_2 + \cdots + \varphi_n = 100\%$），%；$N_1$，$N_2$，$\cdots$，$N_n$ 分别为混合气体中各可燃气体组分的爆炸上限或下限，%；N 为多种可燃气体同时存在时的混合气体的爆炸上限或下限，%。

煤矿井下常见可燃气体的爆炸上限和下限，如表3-1所示。

表3-1　矿井下常见可燃气体的爆炸界限

气体名称	化学符号	爆炸下限/%	爆炸上限/%
甲烷	CH_4	5.00	15.00
乙烷	C_2H_4	3.12	13.00
丙烷	C_3H_8	2.37	9.50
一氧化碳	CO	12.5	75.00
氢	H_2	4.10	74.20
硫化氢	H_2S	4.32	45.50
乙烯	C_2H_2	2.75	28.60

（2）煤尘的混入。浮游在空气中的具有爆炸性危险的煤尘，不仅能增加瓦斯爆炸的猛烈程度，还可降低甲烷的爆炸下限。这是因为在温度为300℃～400℃

时，煤尘会干馏出可燃气体。试验表明，当煤尘浓度达 68 g/m³ 时，CH_4 的爆炸下限降低到 2.5%。

（3）混合气体的初温和初压。甲烷的爆炸界限随混合气体的初温和初压的增加而扩大。因此，当井下发生火灾时，高温会使原来不具备爆炸条件的瓦斯爆炸。

（4）惰性气体的混入。惰性气体的混入起着阻碍爆炸的作用。例如，在甲烷、空气混合气体中加入氮或二氧化碳气体，可使爆炸下限提高、上限降低。氮气每增加 1%，爆炸下限提高 0.017%，上限下降 0.54%。二氧化碳每增加 1%，其爆炸下限提高 0.33%，上限下降 0.26%。如果氮气含量超过 81.69% 或二氧化碳含量超过 22.8%，则任何浓度的甲烷都不会爆炸。

2. 氧气浓度

甲烷爆炸是一种迅猛的氧化反应，没有足够的氧含量，甲烷是不会发生爆炸的。甲烷的爆炸界限随混合气体中氧气浓度的降低而缩小。当氧浓度降低时，甲烷的爆炸下限缓慢地增高，而爆炸上限则迅速下降。当氧气浓度降到 12% 时，含甲烷的混合气体便会失去爆炸性。

氧气浓度与引燃甲烷温度之间的关系，如图 3-2 所示。氧气的浓度增加时，引燃温度急剧降低。

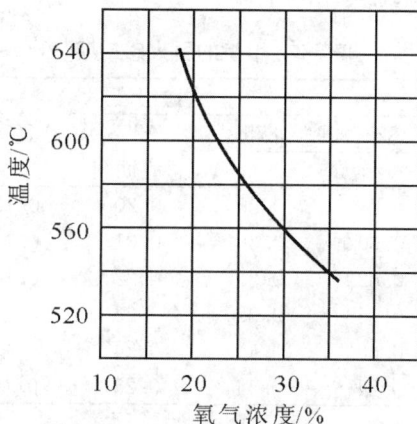

图 3-2　氧气的浓度与引燃甲烷温度之间的关系

3. 高温火源

一般把井下引起瓦斯爆炸的火源分成弱火源和强火源两类。弱火源不能形成冲击波，也不能使沉积煤尘转变为浮游状态；相反，强火源会产生冲击波，并把沉积煤尘转变为浮游状态。因此，强火源引起的爆炸往往既有瓦斯的参加，也有煤尘的参加。

高温火源对发生爆炸所起的作用主要有两方面的特性，一方面是火源的温度；另一方面是火源作用的持续时间。

点燃甲烷所需的最低温度叫做引火温度，火源的温度达到引火温度才能点燃甲烷。引火温度与空气中的甲烷浓度、氧含量及混合气体的初压和火源的性质有关。

表 3-2 甲烷浓度与引火温度的关系

甲烷浓度/%	2.0	3.4	6.5	7.6	8.1	9.5	11.0	14.7
引火温度/℃	810	665	512	510	514	525	539	565

从表 3-2 可见，甲烷最容易点燃的浓度为 7%～8%。混合气体的压力对引火温度的关系为：在 101.3 kPa 时，引火温度为 700℃；在 2 836.4 kPa 时，其引火温度降低为 460℃。当混合气体在绝热条件下被压缩到原体积的 1/20 时，自身的压缩热便能使其发生爆炸。煤矿井下的明火、煤炭自燃、电气火花、赤热的金属表面，甚至撞击或摩擦产生的火花，都可能引燃瓦斯。实验证明，电火花最易引爆甲烷的浓度为 8.3%～8.6%。

甲烷与高温热源接触时，并不立即燃烧或爆炸，而需经过一个很短的作用持续时间，这种现象叫做引火延迟性；这段作用持续时间称为感应时间或感应期。任何一个火源，只有当其作用延续时间超过感应期时才是危险的。火源温度、甲烷浓度与感应期的关系，见表 3-3 所示。

表 3-3 甲烷的引火感应期

瓦斯浓度 /%	火源温度/℃						
	775	825	875	925	975	1 075	1 175
	感应期/s						
6	1.08	0.58	0.35	0.20	0.12	0.039	
7	1.15	0.60	0.36	0.21	0.13	0.041	0.010
8	1.25	0.62	0.37	0.22	0.14	0.042	0.012
9	1.30	0.65	0.39	0.23	0.14	0.044	0.015
10	1.40	0.68	0.41	0.24	0.15	0.049	0.018
12	1.64	0.74	0.44	0.25	0.16	0.055	0.020

当加入其他可燃性气体时，这种延迟性有可能减弱。如混合气体的可燃组分中含有 30% 的氢气，延迟现象便不存在了。

甲烷的引火延迟性，对煤矿的安全生产有着重要的意义。如在井下使用安全炸药进行爆破作业，虽然炸药爆炸产物的温度高达 2 000℃，但这一高温存在的时间极短，仅为几毫秒，小于甲烷的引火感应期，所以不会引起瓦斯爆炸。但必须注意，如果炸药质量不合格或炮泥充填不当，都有可能延长爆破火焰的存在时间，甚至出现高温的炸药或雷管的残渣微粒，当这类高温爆破火焰或微粒的存在时间超过感应期时，就会引起瓦斯的燃烧或爆炸。

　　另外，硝铵炸药爆炸后产生的二氧化氮，再加上爆破冲击波对气体的冲击压缩作用，都能使甲烷的引火感应期缩短，所以在井下爆破作业中，瓦斯的实际感应期将比表 3-3 中所列时间要短。因此，在爆破工作中，必须严格遵守《煤矿安全规程》中有关爆破作业的规定。

3.2.3　瓦斯爆炸灾害预警的指标体系

　　根据对瓦斯爆炸影响因素的分析可知，一般情况下，氧气浓度不低于 12% 是必然条件，是永远都能够满足的条件。所以瓦斯爆炸重大灾害的预警指标应主要包括以下几个指标。

　　（1）瓦斯浓度

　　瓦斯浓度达到爆炸界限，这是瓦斯爆炸的必要条件之一。所以，瓦斯浓度是瓦斯爆炸预警的主要指标之一。

　　（2）煤尘浓度

　　煤尘的混入不仅会极大地降低瓦斯爆炸的下限，而且一旦参与瓦斯爆炸，将使事故后果更为严重，所以必须监测采掘工作面的煤尘浓度，尤其具有爆炸危险性的煤尘。

　　（3）一氧化碳浓度

　　一氧化碳的存在会降低瓦斯爆炸的下限，而且一氧化碳对人体的危害极大，所以应监测一氧化碳的浓度。

　　（4）高温火源

3.3　煤与瓦斯突出灾害预警的指标体系

　　国内外开采突出煤层的实践表明，突出的发生具有区域性分布或带状分布的特点，突出危险带的面积一般还不到突出煤层总面积的 10%。2009 年 8 月 1 日开始实施的《防治煤与瓦斯突出规定》中，把煤层突出危险性预测分为区域突出危险性预测（简称区域预测）和工作面突出危险性预测（简称工作面预测）。经区域预测后，突出煤层划分为突出危险区和无突出危险区。

3.3.1　煤与瓦斯突出区域预测

　　区域预测分为新水平、新采区开拓前的区域预测（以下简称开拓前区域预测）和新采区开拓完成后的区域预测（以下简称开拓后区域预测）。区域预测一般根据煤层瓦斯参数结合瓦斯地质分析的方法进行，也可以采用其他经试验证实有效的方法。《防治煤与瓦斯突出规定》中第43条规定，根据煤层瓦斯参数结合瓦斯地质分析的区域预测方法，应当按照下列要求进行。

(1) 煤层瓦斯风化带为无突出危险区域。

(2) 根据已开采区域确切掌握的煤层赋存特征、地质构造条件、突出分布的规律和对预测区域煤层地质构造的探测、预测结果，采用瓦斯地质分析的方法划分出突出危险区域。当突出点及具有明显突出预兆的位置分布与构造带有直接关系时，则根据上部区域突出点及具有明显突出预兆的位置分布与地质构造的关系，确定构造线两侧突出危险区边缘到构造线的最远距离，并结合下部区域的地质构造分布，划分出下部区域构造线两侧的突出危险区；否则，在同一地质单元内，突出点及具有明显突出预兆的位置以上20 m（埋深）及以下的范围为突出危险区，如图3-3所示。

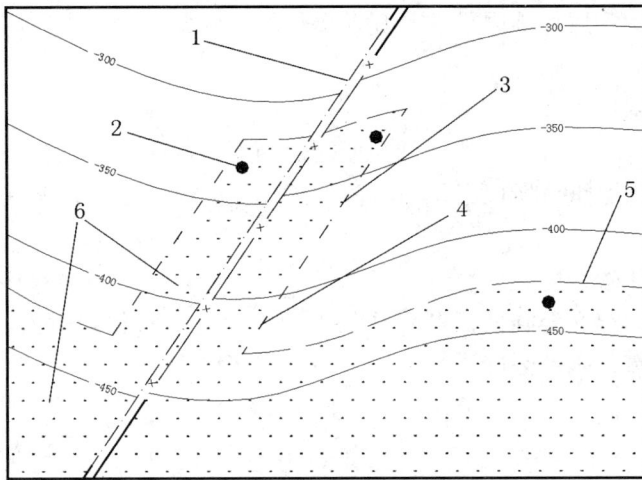

图3-3　根据瓦斯地质分析划分突出危险区域示意图

1——断层；2——突出点；3——上部区域突出点在断层两侧的最远距离线；4——推测下部区域断层两侧的突出危险区边界线；5——推测的下部区域突出危险区上边界线；6——突出危险区（阴影部分）

(3) 在上述（1）、（2）项划分出的无突出危险区和突出危险区以外的区域，应当根据煤层瓦斯压力 P 进行预测。如果没有或者缺少煤层瓦斯压力资料，也可根据煤层瓦斯含量 W 进行预测。预测所依据的临界值应根据试验考察确定，在确定前可暂按表3-4所列的值进行预测。

表3-4　根据煤层瓦斯压力或瓦斯含量进行区域预测的临界值

瓦斯压力 P/MPa	瓦斯含量 W/（m³/t⁻¹）	区域类别
$P<0.74$	$W<8$	无突出危险区
除上述情况以外的其他情况		突出危险区

目前，区域预测方法主要有指标预测法、瓦斯地质单元法和物探法。

（1）指标预测法

指标预测法包括单项指标法和综合指标法。单项指标法是根据煤的破坏类型、瓦斯放散初速度 Δp、坚固性系数 f、煤层瓦斯压力 P 等指标进行综合判定，其判断煤层突出危险性的临界值应根据矿井实测资料确定，如无实测资料时，可依据《防治煤与瓦斯突出规定》所列数据，如表 3-5 所列。只有全部指标达到或超过其临界值时，方可划为突出煤层。

表 3-5　突出煤层鉴定的单项指标临界值

煤层	破坏类型	瓦斯放散初速度 Δp	坚固性系数 f	瓦斯压力（相对压力）P/MPa
临界值	Ⅲ、Ⅳ、Ⅴ	≥10	≤0.5	≥0.74

煤炭科学研究总院抚顺分院与一些突出矿区合作，提出了突出预测的综合指标 K 和 D。它们被列入我国《防治煤与瓦斯突出规定》，并得到了广泛应用。煤层区域性突出危险性，可按下列两个综合指标判断：

$$D=\left(\frac{0.007\ 5H}{f}-3\right)(P-0.74)$$

$$K=\Delta p/f$$

式中：D，K——煤层突出危险性综合指标；H——开采深度，m；f——煤的平均坚固性系数；P——煤层瓦斯压力，MPa；Δp——煤的瓦斯放散初速度。

综合指标 D，K 的突出临界值，应根据矿井实测资料确定。如无实测资料时，可参考表 3-6 所列临界值来确定煤层的突出危险性。

表 3-6　综合指标法预测煤层突出危险性的临界值

煤层突出危险性综合指标 D	煤层突出危险性综合指标 K	
	无烟煤	其他煤种
0.25	20	15

注：①若 $D=(0.007\ 5\ H/f-3)(P-0.74)$ 式中两个括号内的计算值都为负时，则不论 D 值大小，都为突出威胁区域；②地质勘探或新井建设时期进行煤层突出危险倾向性预测时，突出威胁视为无突出危险煤层。

（2）瓦斯地质单元法

河南理工大学（原焦作工学院）课题组通过对湘、赣、豫三省的 12 个矿区 61 对突出矿井进行研究，提出了瓦斯地质区划论，认为突出的分布是不均衡的，具有分区带的特点；瓦斯突出的分区带与地质条件有密切的关系，地质因素的分区分带控制突出的分区分带；进而通过地质因素的区域划分来预测突出区带。彭立世等（1985）在瓦斯地质区划的基础上提出了用地质观点进行突出预测的方法，即瓦斯地质单元法。这种方法根据地质构造、煤层厚度及其变化、煤体结构和煤层瓦斯等瓦斯地质参数，把煤层按照突出危险程度划分为不同的瓦斯地质单元，从而实现突出的区域预测。

（3）物探法

无线电波透视技术用于探测地质小构造领域已取得了较好的效果。研究表明，突出煤层与非突出煤层的物理性质不同，煤层突出危险区域对电磁波能量的吸收作用大，使得电磁波穿越该区域时衰减系数较大，其能量损失也较大。基于这一原理，煤炭科学研究总院重庆分院等单位（1986）进行了借助无线电波透视技术探测突出构造带与突出危险区的研究。

3.3.2　工作面突出危险性预测

工作面突出危险性预测（以下简称工作面预测）是预测工作面煤体的突出危险性，包括石门和立井、斜井揭煤工作面、煤巷掘进工作面和采煤工作面的突出危险性预测等。采掘工作面经工作面预测后划分为突出危险工作面和无突出危险工作面。工作面预测的任务是确定掘进或回采工作面前方煤体的突出危险性。统计表明，煤巷掘进时期发生的煤与瓦斯突出次数占矿井突出总次数的首位，因此煤巷掘进工作面又是突出预测的重点。工作面预测依其与煤体的关联程度分为接触式预测与非接触式预测。

1. 接触式预测

我国从20世纪70年代末开始对工作面突出危险性预测进行研究，至20世纪80年代后期基本形成了以钻屑量、钻孔瓦斯涌出初速度和钻屑瓦斯解吸特征等指标进行工作面预测的方法，另外也有利用钻屑温度、钻孔内壁温度和钻孔涌出瓦斯中He、Ar同位素含量等参数预测突出的方法，但应用不太广泛。我国现行《防治煤与瓦斯突出规定》第74条规定，进行煤巷掘进工作面突出危险性预测时，可采用钻屑指标法、复合指标法、R值指标法以及其他经试验证实有效的方法。钻屑指标法、复合指标法和R值指标法等，由于这些方法都是在向煤层打钻的基础上进行的，因此也统称为钻孔法。

（1）钻屑量法

打钻时排出钻屑量的多少在某种程度上综合反映了煤层应力状态、煤的力学性质和瓦斯三个方面的因素，这三个因素在打钻时以煤体位移、挤出、摩擦、破碎等方式所释放的潜能通过钻屑增量的形式表现出来。世界各国都较为普遍地应用钻屑量指标预测井下动力现象（冲击地压和煤与瓦斯突出）的危险性，并进行了一定的理论研究。在相同的打钻工艺条件下，煤层应力越大，瓦斯压力越大，煤的强度越小，所产生的钻屑量就越多，从而间接地反映出突出危险性也越大。钻屑量的大小通常用单位孔长排出的钻屑量或钻屑倍率来表示，并以此作为衡量突出危险性的指标。关于钻屑倍率，煤炭科学研究总院抚顺分院（1995）按排出的钻屑体积与钻孔空间之比来计算，而重庆分院（1986）则是按排出的钻屑体积与正常钻孔钻屑体积之比来计算，其中正常钻孔钻屑体积约为按钻头直径得出的钻孔体积的 1.3 倍。

《防治煤与瓦斯突出规定》第 75 条规定，各煤层采用钻屑指标法预测煤巷掘进工作面突出危险性的指标临界值应根据试验考察确定，在确定前可暂按表 3-7 的临界值确定工作面的突出危险性。

表 3-7　钻屑指标法预测煤巷掘进工作面突出危险性的参考临界值

钻屑瓦斯解吸指标 Δh_2/Pa	钻屑瓦斯解吸指标 K_1 / (mL·g^{-1}·min$^{1/2}$)	钻屑量 S	
		(kg/m)	(L/m)
200	0.5	6	5.4

如果实测得到的 S、K_1 或 Δh_2 的所有测定值均小于临界值，并且未发现其他异常情况，则该工作面预测为无突出危险工作面；否则，为突出危险工作面。

国内外对利用钻屑量指标预测突出危险性的现场研究较多。德国（于不凡，1987）采用钻屑量及钻屑特征作为预测指标，认为当钻屑量超过下列极限值或者出现某种征兆时，有突出危险：①直径 50 mm 的钻孔为 8 L/m，直径 95 mm 的钻孔为 50 L/m，直径 140 mm 的钻孔为 90 L/m。②突出危险的征兆是：粗钻屑增多，煤粉和瓦斯喷出等（彭立世，1985）。法国学者认为钻屑倍率大于 8 时，煤体有突出危险；日本后藤研在夕张新矿研究指出当钻屑倍率大于 5 时有突出危险，而外尾善次郎则认为钻屑倍率为 3 时就有突出危险。煤炭科学研究总院抚顺分院和北票矿务局于 20 世纪 80 年代初期对钻屑量作为预测突出的指标进行过研究，初步提出危险临界值为钻屑倍率大于等于 4；煤炭科学研究总院重庆分院等单位在一些矿区进行了钻屑量测定，得出钻屑量大于正常钻屑量的 3 倍时，最易出现倾出或压出，如果瓦斯压力增大，则会发生较大的突出；其他矿区在进行煤巷突出预测时也把钻孔的最大钻屑量作为预测突出危险性的主要参数之一。另外，煤炭科学研究总院重庆分院等单位还把最大钻屑量与产生最大钻屑量时的钻孔深度之比 SL 作为预测指标，认为产生最大钻屑量的位置距工作面的距离越近，突出倾向性越大，并通过对鱼田堡矿和梅田二矿的实际测定分析，得出当 $SL>1.25$ 时，煤层的突出倾向性将会明显增加。

钻屑量的测定方法很简单，钻孔每钻进一定深度，用简易收尘器收集一次钻屑量，用弹簧秤或量具测定其重量或体积。钻屑量测定的准确性与部分人为因素关系很大，例如钻进速度、钻孔的弯曲程度与钻杆的连接方式、司钻人员的操作水平、钻屑量收集不全或钻孔钻进与钻屑收集不同步等原因，均可造成钻屑量指标测定不准。

（2）钻屑瓦斯解吸量和解吸特征指标法

应用钻屑瓦斯解吸量或解吸特征指标预测突出危险性在国内外都较为广泛。研究表明，钻屑瓦斯解吸指标值能正确反映煤层的破坏程度和瓦斯含量的综合作用，但不能反映采掘工作面附近煤层的受力情况。煤层中瓦斯含量和瓦斯压力的大小、煤体的力学性质以及煤层遭受构造破坏的严重程度将直接影响到该煤层的钻屑瓦斯解吸特征，因此钻屑瓦斯解吸指标的大小在一定程度上反映了煤层突出危险性的大小。德国学者 H. Janace 等人（1981）提出，煤样的解吸瓦斯量与解吸时间的关系可以用指数函数的形式表示，并把解吸衰减指数作为突出预测指标，其值可由 EL·KD—02 型电容栅式瓦斯解吸仪测定。澳大利亚、法国等其他一些国家直接把煤样的解吸强度和解吸量作为突出预测指标，只是使用的测定仪器和方法有所不同，如澳大利亚采用的是 Hargraves 等压解吸仪，法国采用的是阿普蒂解吸测量仪，波兰采用的是 DMC 型压力计式解吸仪，等等。

我国《防治煤与瓦斯突出规定》中也规定了采用每米钻孔最大钻屑量和钻屑解吸指标（Δh_2，K_1）预测工作面突出危险的方法，并得到广泛应用，在确定前可参照如表 3-8 所列的指标临界值预测突出危险性。煤炭科学研究总院抚顺分院于 1980 年研制了 MD—1 型煤钻屑瓦斯解吸仪，提出以钻屑瓦斯解吸指标 Δh_2、衰减系数 C 预测工作面突出危险性，1983～1984 年煤炭科学研究总院重庆分院研制出 CMJ—1 型解吸仪并提出相应的解吸指标 K_1 值；之后煤炭科学研究总院抚顺分院在 MD—1 型的基础上又研制了 MD—2 型解吸仪，煤炭科学研究总院重庆分院在 CMJ—1 型的基础上研制成功 ATY 型瓦斯突出预报仪，湖南省煤研所、焦作矿务局科研所等单位也研制了不同型式的瓦斯解吸仪。20 世纪 90 年代后，煤炭科学研究总院重庆分院又开发出新一代主要用于测定钻屑瓦斯解吸指标的 WTC 突出参数仪，煤炭科学研究总院抚顺分院则研制出试验用 MJL—1 型钻屑解吸指标临界值确定测定仪。

表 3-8　钻屑瓦斯解吸指标法预测石门揭煤工作面突出危险性的参考临界值

煤样	Δh_2 指标临界值/Pa	K_1 指标临界值/（mL·g^{-1}·min$^{1/2}$）
干煤样	200	0.5
湿煤样	160	0.4

通过近几年的现场应用和理论研究表明，对于结构破坏程度比较严重、瓦斯压力和含量较大的突出煤层，利用钻屑瓦斯解吸指标预测其突出危险性的准确率较高。但在实测中，人为因素对钻屑瓦斯解吸指标有较大的影响，主要表现在暴露时间的长短、钻屑煤粒的大小、煤样重量、仪器漏气以及 K_1 值的定点测定的

准确性和测定点数的多少等方面。

（3）钻孔综合指标法

综合指标在一定程度上可以克服单项指标的局限性和片面性，多考虑一些因素的影响，使预测突出的准确率有所提高，因此我国许多矿井都采用综合指标来预测突出，但不同矿区所提出的综合指标的形式差别较大。

我国《防治煤与瓦斯突出规定》第 76 条规定，各煤层采用复合指标法预测煤巷掘进工作面突出危险性的指标临界值应根据试验考察确定，在确定前可暂按表 3-9 的临界值进行预测。

如果实测得到的指标 q、S 的所有测定值均小于临界值，并且未发现其他异常情况，则该工作面预测为无突出危险工作面；否则，为突出危险工作面。

表 3-9　复合指标法预测煤巷掘进工作面突出危险性的参考临界值

钻孔瓦斯涌出初速度 q / （L・min^{-1}）	钻屑量 S	
	（kg/m）	（L/m）
5	6	5.4

苏联东方煤矿安全研究所于 1969 年提出了瓦斯涌出初速度结合钻屑量的综合指标法，该方法同时考虑了煤层的应力状态、物理力学性质、瓦斯含量、透气性和煤层的放散能力。我国《防治煤与瓦斯突出规定》中规定的 R 值指标法基本与此相同，具体测定方法是：在煤巷掘进工作面的煤层软分层中打直径为 42 mm、深为 5.5～6.5 m 的钻孔，钻孔每打 1 m 测定 1 次钻屑量和钻孔瓦斯涌出初速度，测定钻孔瓦斯涌出初速度时，测量室的长度为 1.0 m，根据钻孔的最大钻屑量和最大瓦斯涌出初速度按下式确定 R 值：

$$R = (S_{max} - 1.8)(q_{max} - 4)$$

式中，S_{max}——钻孔沿孔深的最大钻屑量，L/m；q_{max}——钻孔沿孔深的最大瓦斯涌出初速度，L/min。

判定各煤层煤巷掘进工作面突出危险性的临界值应根据试验考察确定，在确定前可暂按以下指标进行预测：当所有钻孔的 R 值有 $R < 6$ 且未发现其他异常情况时，该工作面可预测为无突出危险工作面；否则，判定为突出危险工作面。

波兰的古尔凯维奇根据钻孔周围的力学特性和瓦斯特性，通过现场实测也总结出了综合指标 R（程伟，2003），其表达式如下：

$$R = zm_c SQ/L$$

式中：S——钻屑量，L/m；Q——瓦斯涌出强度，L/min；m_c——煤层厚度，m；L——测点距煤壁的距离，m；z——系数，波兰诺瓦卢达矿打 φ42 mm 钻孔时，$z = 11$；且当 $R \geqslant 80$ 时有突出危险。

国内北票矿务局与煤炭科学研究总院抚顺分院提出了预测突出的综合瓦斯解吸指标 G 和综合指标 F，分别为：

$$G=（\Delta h_{2max}-15）（C_{max}-1.7）$$

$$F=（S_{max}-4）（\Delta h_{2max}-15）$$

式中：Δh_{2max}——最大瓦斯解吸指标 Δh_2 的值，mmH_2O；C_{max}——与 Δh_{2max} 相对应的 C 值；S_{max}——最大钻屑量，L/m。

当 $G \geqslant 0.1$，$F \geqslant 1.7$ 时，有突出危险。

焦作矿务局科研所在九里山矿提出了预测突出的综合指标 B_1 和 B_2，分别为：

$$B_1=（q_{max}-4）（S_{max}-4）$$

$$B_2=（\Delta h_{2max}-30）（S_{max}-4）$$

当 $B_1 \geqslant 3$，$B_2 \geqslant 18$ 时，有突出危险。

煤炭科学研究总院重庆分院在对鱼田堡矿和梅田二矿的研究中，综合钻屑量和钻屑瓦斯解吸指标 K_1 值，分别提出了预测突出的综合指标 S_1R、S_2R、S_3R 和 R_m，涟邵也提出了综合指标 R_{mi}。

2. 非接触式预测

当前采用的接触式工作面预测方法虽然已比较简单，但仍需要一定的工程量，预测作业时间仍需 2～3 小时，对生产有一定的影响，因此非接触式预测的研究正日益引起人们的重视。

（1）V_{30}（V_{60}）及 K_v 指标法

V_{30}（或 V_{60}）是指掘进煤巷炮后 30 min（或 60 min）内的吨煤瓦斯释放量。德国研究表明，如果 V_{30} 值达到崩落煤可解析瓦斯量的 40%，则说明存在突出可能性；如果达到 60%，则表示有突出危险。国内重庆、抚顺分院利用 WTC 瓦斯突出参数仪和矿井环境监测系统，通过对煤巷掘进工作面瓦斯动态涌出的连续观测和分析，用掘进煤巷炮后 V_{30}（或 V_{60}）来反映瓦斯涌出量的上升幅值，并将其作为一项突出预测指标。俄罗斯斯阔钦斯基矿业研究院根据连续监测掘进煤巷每个落煤循环的瓦斯涌出量数据，采用相对均方根偏差公式计算瓦斯涌出变动系数 K_v，表征瓦斯涌出增、减或"忽高忽低"的变化幅度。K_v 是采用数理统计法得出的反映连续测定值动态变化幅度的一个敏感指标，是均方根对平均值的相对变化量，当工作面瓦斯涌出量偏离正常值时，K_v 将敏感地反映它的异常变化。

K_v 可反映如下三种动态变化特征：①放炮循环的瓦斯涌出量与给定循环数的平均瓦斯涌出量的相对变化；②放炮循环的瓦斯涌出量与炮前给定区间内的平均瓦斯涌出量的相对变化；③无作业时某一时间的瓦斯涌出量与给定时间间隔内平均瓦斯涌出量的相对变化。国内将 V_{30}（或 V_{60}）和 K_v 两个指标相结合，在部分矿区进行了突出预测试验，并取得了一定的效果。

（2）声发射监测法

根据 Griffith 理论，煤和岩石内部存在大量的裂隙，煤岩破坏的根本原因是这些裂隙的扩张、传播导致的最后贯通。研究表明，裂隙的扩张和传播都将产生能量辐射，这就是声发射。早在 20 世纪 40 年代初，美国就将声发射技术监测系统用于岩爆预测。法国的研究人员也做了很多这方面的研究工作。声发射用于煤与瓦斯突出预测在前苏联的顿巴斯煤田进行的研究工作比较多，1974 年突出严重的中央区有 121 个工作面采用了这项技术。20 世纪 80 年代初，澳大利亚研究了一种双声道声发射突出预测系统；英国的声发射突出预测系统从 1983～1987 年在南威尔士煤田的 Cynheidre 矿进行了试验，但在试验过程中没有发生过突出。其他国家如美国、德国、日本和波兰等在这方面也有不同程度的研究。我国煤炭科学研究总院抚顺分院和重庆分院在"八五"期间开发了声发射监测系统，对将声发射监测技术用于工作面突出预测进行了研究，取得了一些成果。

（3）电磁辐射监测法

国内外理论研究和实践表明，煤岩受力破坏过程中会产生电磁辐射，电磁辐射的强弱和脉冲数取决于外加载荷的大小和煤岩体的力学特性。苏联和德国在井下对岩石破裂电磁辐射特征进行了观测试验，国内中国矿业大学和煤炭科学研究总院重庆分院也对煤岩变形破坏电磁辐射特征、电磁辐射法预测工作面突出危险技术及装备进行了研究。

3.3.3　突出预测敏感指标及其临界值确定方法

突出预测研究的另外一项重要内容，就是研究合理确定突出预测敏感指标及其临界值的方法。所谓敏感指标，从数学和优化的角度分别有两种说法，数学的描述认为敏感指标是对某一矿井煤层工作面进行预测时，能够明显区分出突前出危险和非突出危险的预测指标，该指标的值在突出危险和非突出危险工作面应无交叉或交叉区域较少；从优化的角度定义则认为敏感指标是能够最准确地预测突出危险性，且所需采取的防突措施工程费用最为经济的指标。能够确定突出是否发生的敏感指标的最小值即称为它的临界值，通常同时确定敏感指标及其临界值。

既然地应力、瓦斯和煤的物理力学性质对突出的综合作用已被人们普遍认识，突出预测的主要参数就仍需从这几个方面的因素进行考察，但是反映这些因素的一系列基本参数，其中有很大一部分在现场是难以准确测定的，譬如地应力、瓦斯压力等。于是人们转而寻找能够间接反映这些因素并且容易进行测量的参数，如钻屑量、钻孔瓦斯涌出初速度和钻屑瓦斯解吸指标等。《防治煤与瓦斯突出规定》中规定用于工作面突出预测的参数共有三类，即最大钻屑量（S_{max}）、钻孔瓦斯涌出初速度 q（q_{max}）、钻屑瓦斯解吸指标（Δh_2 和 K_1），近年来我国突出矿井大多采用了这些预测指标。

在实践中发现，有些指标对预测突出危险性比较敏感，而有些指标不甚敏感，即指标的适用性是不同的。因而在选用预测突出危险性指标的过程中，经历了从单项指标到复合指标，又向综合指标发展的过程。

根据北票、鱼田堡等矿区对突出预测指标的分析表明，用单项指标预测工作面突出危险性时，对于不同的矿井，其预测准确程度不同，有的误差较大。鱼田堡矿用单项指标预测不突出的准确率为 100%，但误报突出率也为 100%。北票矿区预测突出的结果表明：用单项指标 Δh_2 预测时，虽然预测突出率最低（34.5%），但预测突出准确率（51%）和预测突出威胁准确率（94%）也较低，至于钻屑量指标，不仅预测突出率比 Δh_2 要高，而且还有两次漏报。这意味着根据单项指标预测突出时，本来不需采取防突措施的区段也要采取措施，增加了防突工程量，没有发挥出预测的作用。以上情况说明单项指标难以准确预测突出危险。

为了提高预测突出的准确率，在单项指标的基础上，有些矿区提出了多项指标复合法来预测突出危险。焦西矿用复合指标 f，P（煤的坚固性系数和煤层残余瓦斯压力）预测突出的结果表明，安全性比较可靠，但预测工程量大，且该指标临界值系人为推断而定，缺乏充分的依据，难以推广。而焦作九里山矿采用复合指标的预测结果甚至并不比单项指标的结果好。因此，可以认为单纯地增加预测指标，并不能取得满意的效果。

综合指标是近几年来在对突出进一步认识的基础上提出的。突出既然是地应力、瓦斯和煤的物理力学性质三种因素相互作用产生的结果，那么利用主要表现这三种因素的指标参数进行有机的结合则表明了它们之间的相互作用。因而，在单项指标、复合指标的基础上，各局、矿提出了适合于本地条件的综合指标，如北票矿的 G 值、F 值，焦作矿的 B_1 和 B_2 值，鱼田堡矿的 S_1R 值，梅田矿的 R_m 值，涟邵的 R_{mi} 值等。从焦作和北票采用综合指标预测突出的结果看，预测突出的准确率和不突出的准确率都高于单项指标，这些综合指标目前在各局矿预测突出中均起着重要的作用。

国外对于突出预测指标的敏感性和临界值研究较少，在这方面我国的研究较为深入（程五一，2005）。

3.3.4　煤与瓦斯突出预警指标体系

根据前述可知，区域突出预测通常在准备回采工作面之前即已完成，所以对于区域突出预警可采用综合指标法的 D、K。

根据煤与瓦斯突出机理，借鉴国内其他研究人员的研究结论，对于工作面突出预警可采用如下几个指标：最大开采深度、煤层厚度、煤层倾角、煤的最小坚固性系数、地质构造、软分层厚度、最大钻孔瓦斯涌出初速度、打钻时动力现象、最大瓦斯压力。

本章小结

本章主要讨论了煤矿瓦斯重大灾害（爆炸、突出）预警的指标体系。首先介绍了预警指标体系建立的原则；然后在介绍瓦斯爆炸的条件及影响因素的基础上，给出了瓦斯爆炸预警的指标体系；最后在分析煤与瓦斯突出区域预测和工作面预测以及突出敏感指标确定方法的基础上，给出了煤与瓦斯突出预警的指标体系。

参考文献

[1] И. М. 佩图霍夫. 煤矿冲击地压 [M]. 王佑安译. 北京：煤炭工业出版社，1980.

[2] 蔡成功，王魁军. MD—2 型煤钻屑瓦斯解吸仪 [J]. 煤矿安全，1992，(7)：16-18.

[3] 蔡书鹏. 煤层钻孔卸压范围的确定和钻粉量解析表达式的探讨 [J]. 煤炭工程师，1987，(6)：24-29.

[4] 程伟. 煤与瓦斯突出危险性预测及防治技术 [M]. 徐州：中国矿业大学出版社，2003.

[5] 程五一，邓全封. 确定工作面突出预测指标临界值方法的研究 [J]. 煤矿安全，1996，(10)：12-16.

[6] 程五一，张序明，吴福昌. 煤与瓦斯突出区域预测理论及技术 [M]. 北京：煤炭工业出版社，2005.

[7] 程五一. 突出预测指标钻屑倍率的动力分析 [J]. 煤矿安全，1994，(5)：18-22.

[8] 窦林名，何学秋. 冲击矿压防治理论与技术 [M]. 徐州：中国矿业大学出版社，2001.

[9] 国家安全生产监督管理总局. 防治煤与瓦斯突出规定 [M]. 北京：煤炭工业出版社，2009.

[10] 何学秋，刘明举. 含瓦斯煤岩破坏电磁动力学 [M]. 徐州：中国矿业大学出版社，1995.

[11] 何学秋，王恩元，聂百胜，等. 煤岩流变电磁动力学 [M]. 北京：科学出版社，2003.

[12] 胡千庭，文光才. WTC 瓦斯突出参数仪及其应用. 煤炭工程师，1994，(4)：2-6.

[13] 胡千庭. 关于煤巷掘进时几个突出预测指标的讨论.〔硕士学位论文〕. 重庆：煤炭科学研究总院重庆分院，1985.

[14] 华福明，胡千庭. 突出预测指标 $S_{\max}$、K_1 临界值确定方法的探讨 [J]. 煤炭工程师，1992，(1)：12-15.

[15] 华福明. 突出预测及防突措施效果检验 [J]. 煤炭工程师，1988，(6)：38-49.

[16] 林柏泉，崔恒信. 矿井瓦斯防治理论与技术 [M]. 徐州：中国矿业大学出版社，1998.

[17] 煤炭科学研究总院抚顺分院，北票矿务局. 北票综合防突措施研究 [D]. 国家"七五"科技攻关项目技术鉴定资料，1990.

[18] 煤炭科学研究总院抚顺分院等. 工作面突出预测敏感指标及临界值的确定 [D]. 国家"八五"科技攻关项目研究报告，1995.

[19] 煤炭科学研究总院抚顺分院等. 关于煤层和区域突出危险性预测方法的建议 [D]. 煤炭科学研究总院重庆分院编，煤与瓦斯突出机理和预测预报第三次科研工作及学术交流会议论文选集，1983.

[20] 煤炭科学研究总院重庆分院瓦斯突出预测小组. 煤与瓦斯突出预测预报的研究 [J]. 煤炭工程师，1986，(4)：14-25.

[21] 彭立世. 用地质观点进行瓦斯突出预测 [J]. 煤矿安全，1985，(12)：6-11.

[22] 彭立世. 用地质观点进行瓦斯突出预测研究 [M]. 煤炭科学研究总院重庆分院编. 煤与瓦斯突出预测资料汇编，1987.

[23] 宋元明. 钻孔排出物预测预报煤和瓦斯突出的试验研究 [M].〔硕士学位论文〕. 徐州：中国矿业大学，1988.

[24] 苏文叔. 利用瓦斯涌出动态指标预测煤与瓦斯突出 [J]. 煤炭工程师，1996，(5)：2-8.

[25] 王凯，俞启香. 煤与瓦斯突出的非线性特征及预测模型 [M]. 徐州：中国矿业大学出版社，2005.

[26] 王日存，王佑安. 钻孔钻屑量测定及其与突出危险性关系 [J]. 煤矿安全，1983，(9)：1-5.

[27] 王显政. 煤矿安全新技术 [M]. 北京：煤炭工业出版社，2002.

[28] 王佑安，王魁军. 工作面突出危险性预测敏感指标确定方法探讨 [J]. 煤矿安全，1991，(10)：9-14.

[29] 王佑安，杨其銮. 煤和瓦斯突出危险性预测 [M]. 煤炭科学研究总院重庆分院编. 煤与瓦斯突出预测资料汇编，1987.

[30] 王佑安. 关于煤和瓦斯突出预测一些指标的讨论 [M]. 煤炭科学研究总院重庆分院编. 煤与瓦斯突出预测资料汇编，1987.

[31] 杨其中. 煤与瓦斯突出预测预报发展方向的探讨 [M]. 煤炭科学研究总院重庆分院编. 煤与瓦斯突出预测资料汇编，1987.

[32] 姚宝魁，孙广忠，罗信华，等. 煤与瓦斯突出的防治 [M]. 北京：中国科学技术出版社，1993.

[33] 于不凡. 苏联防治煤和瓦斯突出技术近况 [J]. 煤炭工程师，1987，(4)：49-54.

[34] 于不凡. 国内外煤和瓦斯突出日常预测研究综述 [M]. 煤炭科学研究总院重庆分院编. 煤与瓦斯突出预测资料汇编，1987.

[35] 于不凡. 煤矿瓦斯灾害防治及利用技术手册 [M]. 北京：煤炭工业出版社，2000.

[36] 于不凡. 煤矿瓦斯防治技术 [M]. 北京：中国经济出版社，1987.

[37] 张铁岗. 矿井瓦斯综合治理技术 [M]. 北京：煤炭工业出版社，2001.

[38] 中国矿业大学. 钻孔排出物预报煤和瓦斯突出机理. 煤炭科学基金项目研究报告，1992.

[39] G. H. Carson, J. Gravina and L. N. Arnold. A Dual Microseismic Monitor for Usein Gassy Coal Mines. Report No. 51. Commonwealth Scientific and Industrial Research Organization, Institute of Energy and Earth Resources, Division of Geomechanics, 1983.

[40] K. Y. Haramy, et al. Control of Coal Mine Bursts. Mining Engineering, 1988, (4)：212-225.

[41] K. 温特尔，H. 杨纳斯. 煤的解吸沼气量和瓦斯涌出情况 [J]. 李建英译. 煤炭工程师，1981，(1)：62-69.

[42] L. J. Jackson. Outbursts in Coal Mines [J]. IEA Coal Research, 1984.

[43] T. Hirota, et al. Disaster of Coaland Gas Outburst at Yurari Shin Colliery. In: 20th Int. Conference of Safety in Mines. Research Institutes, Sheffield, United Kingdom, October, 1983.

第4章　煤矿瓦斯重大灾害预警模型

　　预警模型对于预警系统而言是至关重要的，只有在客观、合理、有效的预警模型支持下，预警系统才可能不会发生误警、漏警。由前述国内外预警模型研究可知，目前绝大多数预警模型是基于财务预警、金融预警和宏观经济预警的，煤矿预警方面仅见到基于粗集—神经网络的矿井通风系统可靠性预警模型和基于模糊综合评价的预警模型。所以，研究适合煤矿瓦斯重大灾害预警的预警模型，对于建立煤矿瓦斯重大灾害预警系统具有重要的理论意义和现实意义。

4.1　基于 AHP—可拓理论的动态预警模型

4.1.1　利用 AHP 确定预警指标的权重

　　目前权重确定方法很多，如基于专家评分的专家评分法、德尔非法、熵权系数法，层次分析法等，每种方法各有自己的特点，有不同的适用条件。如熵权系数法（杨玉中，2006）要求评价对象必须不止 1 个，专家评分法和德尔非法的主观性比较强等。在该模型中预警指标权重的确定采用层次分析法。

　　层次分析法（the Analytical Hierarchy Process，AHP）是美国著名运筹学家、匹兹堡大学教授 T. L. Satty 在 20 世纪 70 年代初提出的。它是处理多目标、多准则、多因素、多层次的复杂问题，进行决策分析、综合评价的一种简单、实用而有效的方法，是一种定性分析和定量分析相结合的系统分析方法（吴祈宗，2003）。

　　1. 层次分析法的基本原理

　　利用层次分析法分析问题时，首先将所要分析的问题层次化，根据问题的性质和所要达到的总目标，将问题分解为不同的组成因素，并按照这些因素间的相互关联影响以及隶属关系将因素按不同层次聚集组合，形成一个多层次分析结构模型，最后将该问题归结为最底层相对最高层（总目标）的比较优劣的排序问题，借助这些排序，最终可以对所分析的问题作出评价或决策。

层次分析法简化了系统分析和计算，把一些定性的因素进行定量化，是分析多目标、多准则、多因素的复杂系统的有力工具。它具有思路清晰、方法简便、适用面广、系统性强等特点，便于普及推广，可成为人们工作和生活中思考问题、解决问题的一种方法。

2. 层次分析法的步骤

运用层次分析法分析问题时一般需要经历以下四个步骤：

（1）建立层次分析结构模型；

（2）构造判断矩阵；

（3）层次单排序及一致性检验；

（4）层次总排序及一致性检验。

以下对各主要步骤进行详细讨论。

（1）建立层次分析结构模型

利用层次分析法分析问题时，首先就是建立系统的递阶层次结构模型。这一步是建立在对所分析问题及其所处环境的充分理解、分析的基础之上的，所以这项工作应由运筹学工作者与管理人员、专家等密切合作完成。

对于一般的系统，层次分析法模型的层次结构大体分为以下三类。

最高层：又称为顶层、目标层，表示系统的目的，即进行系统分析要达到的总目标，一般只有一个。

中间层：又称为准则层，表示采取某些措施、政策、方案等来实现系统总目标所涉及的一些中间环节，这些环节通常是需要考虑的准则、子准则。这一层可以有多个子层，每个子层可以有多个因素。

最底层：又称为措施层、方案层，表示为实现目标所要选用的各种措施、决策、方案等。

在层次分析结构模型中，用线标明上一层因素与下一层因素之间的联系。如果某个因素与下一层次的所有因素都有联系，这种关系叫做完全层次关系。而更多的情况是上一层因素只与下一层因素中的部分因素有联系，这种关系叫做不完全层次关系。

（2）构造判断矩阵

层次分析的信息主要是人们对于每一层次中各因素的相对重要性作出的判断。这些判断通过引入合适的标度进行定量化，就形成了判断矩阵。判断矩阵表示相对于上一层次的某一个因素、本层次有关因素之间相对重要性的比较。

一般情况下，直接确定有关因素的相对重要性是很困难的。因此，层次分析法提出用两两比较的方式建立判断矩阵。

设与上层因素 z 关联的 n 个因素为 x_1，x_2，$\cdots$，x_n，对于 i，$j=1$，2，$\cdots$，n，以 a_{ij} 表示 x_i 与 x_j 关于 z 的影响之比值。于是得到这 n 个因素关于 z 的两两比较的判断矩阵 A。

$$A = \begin{bmatrix} a_{11} & a_{12} & \cdots & a_{1n} \\ a_{21} & a_{22} & \cdots & a_{2n} \\ \vdots & \vdots & & \vdots \\ a_{n1} & a_{n2} & \cdots & a_{nn} \end{bmatrix}$$

为了便于操作，Satty 建议使用 $1\sim9$ 及其倒数共 17 个数作为标度来确定 a_{ij} 的值，习惯上称为 9 标度法。9 标度法的含义如表 4-1 所示。

表 4-1　9 标度法的含义

含义	x_i 与 x_j 同样重要	x_i 比 x_j 稍重要	x_i 比 x_j 重要	x_i 比 x_j 强烈重要	x_i 比 x_j 极重要
a_{ij} 取值	1	3	5	7	9
	2	4	6	8	

表 4-1 中的第 2 行描述的是从定性的角度，x_i 与 x_j 相比较重要程度的取值，第 3 行描述了介于每两种情况之间的取值。由于 a_{ij} 描述了两因素重要程度的比值，所以 $1\sim9$ 的倒数分别表示相反的情况，即 $a_{ij}=1/a_{ji}$。

显然，两两比较形成的判断矩阵 A（亦称为正互反矩阵）具有下列性质：

对于任意 i，$j=1$，2，$\cdots$，n，$a_{ij}>0$，$a_{ji}=1/a_{ij}$，$a_{ii}=1$。

（3）层次单排序及一致性检验

所谓层次单排序，是指根据判断矩阵计算出某层次因素相对于上一层次中某一因素的相对重要性权值。可以用上一层次各个因素分别作为其下一层次各因素之间相互比较判断的准则，即可做出一系列的判断矩阵，从而计算得到下一层次因素相对上一层次因素的多组权值。

在给定准则下，由因素之间两两比较判断矩阵导出相对排序权重的方法有许多种，其中提出最早、应用最广、又有重要理论意义的特征根法受到普遍的重视。

特征根法的基本思想是，当矩阵 A 为一致性矩阵时，其特征根问题 $Aw=\lambda w$ 的最大特征值所对应的特征向量归一化后即为排序权向量。

最大特征根及其特征向量的精确算法可以用线性代数中求矩阵特征根的方法求出所有的特征根，然后再找一个最大特征根，并找出它对应的特征向量。当判断矩阵的阶数较高时，此方法就要求解 A 的 n 次方程且要把所有的 n 个特征根都找到，才能比较其大小，这给计算带来了一定的困难。鉴于判断矩阵有它的特殊性，一般情况下采用比较简便的方根法近似计算。

方根法的基本过程是将判断矩阵 A 的各行向量采用几何平均，然后归一化，得到排序权重向量。计算步骤如下：

1) 计算判断矩阵各行元素乘积的 n 次方根。

$$M_i = (\prod_{j=1}^{n} a_{ij})^{1/n}，i=1,2,\cdots,n \tag{4-1}$$

2) 对向量 M 归一化。

$$w_i = M_i / \sum_{j=1}^{n} M_j，i=1,2,\cdots,n \tag{4-2}$$

$W=(w_1,w_2,\cdots,w_n)^{\mathrm{T}}$ 即为所求的特征向量。

3) 计算判断矩阵的最大特征值。

$$\lambda_{\max} = \frac{1}{n} \sum_{i=1}^{n} \frac{(Aw)_i}{w_i} \tag{4-3}$$

式中，$(Aw)_i$ 为 Aw 的第 i 个分量。

容易证明，当正互反矩阵 A 为一致性矩阵时，方根法可得到精确的最大特征值与相应的特征向量。

利用两两比较形成判断矩阵时，由于客观事物的复杂性及人们对事物判别比较时的模糊性，不可能给出精确的两个因素的比值，只能对它们进行估计判断。这样判断矩阵中给出的 a_{ij} 与实际的比值有偏差，因此不能保证判断矩阵具有完全的一致性。于是 Satty 在构造层次分析法时，提出了满意一致性概念，即用 $\lambda_{\max}$ 与 n 的接近程度作为一致性程度的尺度（有定理可以保证一致性矩阵的最大特征值等于矩阵的阶数）。

对判断矩阵进行一致性检验的步骤为：

1) 计算判断矩阵的最大特征值 $\lambda_{\max}$。

2) 计算一致性指标 $C.I.$（Consistency Index）

$$C.I. = \frac{\lambda_{\max} - n}{n-1} \tag{4-4}$$

3) 查表求相应的平均随机一致性指标 $R.I.$（Random Index）。

平均随机一致性指标可以预先计算制成表，其计算过程为：取定阶数 m，随机取 9 标度数构造正互反矩阵求其最大特征值，计算 m 次（m 足够大）。由这 m 个最大特征值的平均值可得随机一致性指标：

$$R.I. = \frac{\tilde{\lambda}_{\max} - n}{n-1} \tag{4-5}$$

Satty 以 $m=1\,000$ 得到表 4-2。

表 4-2

矩阵阶数	3	4	5	6	7	8	9	10	11	12	13
$R.I.$	0.58	0.90	1.12	1.24	1.32	1.41	1.45	1.49	1.51	1.54	1.56

4）计算一致性比率 $C.R.$（Consistency Ratio）：

$$C.R. = \frac{C.I.}{R.I.} \tag{4-6}$$

5）判断。

当 $C.R. < 0.1$ 时，认为判断矩阵 A 有满意一致性；反之，当 $C.R. \geqslant 0.1$ 时，认为判断矩阵 A 不具有满意一致性，需要进行修正。

（4）层次总排序及一致性检验

所谓层次总排序，是指某一层次的所有因素相对于最高层（总目标）的重要性权值。依次沿递阶层次结构由上而下逐层计算，即可计算最底层因素（如待选的项目、方案、措施等）相对于最高层（总目标）的相对重要性权值或相对优劣的排序值。

设已计算出第 $k-1$ 层 n_{k-1} 个因素相对于总目标的权值向量为：

$$w^{(k-1)} = (w_1^{(k-1)}, w_2^{(k-1)}, \cdots, w_{n_{k-1}}^{(k-1)})^T \tag{4-7}$$

再设第 k 层的 n_k 个因素关于第 $k-1$ 层的第 j 个因素的层次单排序权重向量为：

$$w_j^k = (w_{1j}^k, w_{2j}^k, \cdots, w_{n_k j}^k)^T, j=1, 2, \cdots, n_{k-1} \tag{4-8}$$

上式对第 k 层的 n_k 个因素是完全的。当某些因素与 $k-1$ 层第 j 个因素无关时，相应的权重为 0，于是得到 $n_k \times n_{k-1}$ 矩阵：

$$W^k = \begin{bmatrix} w_{11}^k & w_{12}^k & \cdots & w_{1n_{k-1}}^k \\ w_{21}^k & w_{22}^k & \cdots & w_{2n_{k-1}}^k \\ \vdots & \vdots & & \vdots \\ w_{n_k 1}^k & w_{n_k 2}^k & \cdots & w_{n_k n_{k-1}}^k \end{bmatrix} \tag{4-9}$$

于是可得到第 k 层 n_k 个因素关于最高层的相对重要性权值向量为：

$$w^{(k)} = W^k \times w^{(k-1)} \tag{4-10}$$

将上式分解可得：

$$w^{(k)} = W^k \times W^{k-1} \times \cdots \times W^3 \times w^{(2)} \tag{4-11}$$

把式（4-11）写成分量的形式有：

$$w_i^{(k)} = \sum_{j=1}^{n_{k-1}} w_{ij}^k w_j^{(k-1)}, i=1,2,\cdots,n_k \tag{4-12}$$

层次总排序得到的权值向量是否可以被满意接受，需要进行综合一致性检验。设以第 $k-1$ 层的第 j 个因素为准则的一致性指标为 $C.I._j^k$，平均随机一致性

指标为 $R.I._j^k$（$j=1, 2, \cdots, n_{k-1}$）。那么第 k 层的综合指标分别为：

$$C.I.^{(k)} = (C.I._1^k, C.I._2^k, \cdots, C.I._{n_{k-1}}^k)w^{(k-1)} = \sum w_j^{(k-1)}C.I._j^k \quad (4-13)$$

$$R.I.^{(k)} = (R.I._1^k, R.I._2^k, \cdots, R.I._{n_{k-1}}^k)w^{(k-1)} = \sum w_j^{(k-1)}R.I._j^k \quad (4-14)$$

$$C.R.^{(k)} = \frac{C.I.^{(k)}}{R.I.^{(k)}} \quad (4-15)$$

当 $C.R.^{(k)} < 0.1$ 时，认为层次结构在第 k 层以上的判断具有整体满意一致性；反之，当 $C.R.^{(k)} \geqslant 0.1$ 时，认为层次结构在第 k 层以上的判断不具有整体满意一致性，需要修正判断矩阵。

在实际应用中，整体一致性检验常常不必进行，主要原因是对整体进行考虑是很困难的；另外，若单层次排序下具有满意一致性，而整体不具有满意一致性时，判断矩阵的调整非常困难。因此，一般情况下，可不予进行整体一致性检验。

综上所述，层次分析法计算过程的流程图，如图 4-1 所示。

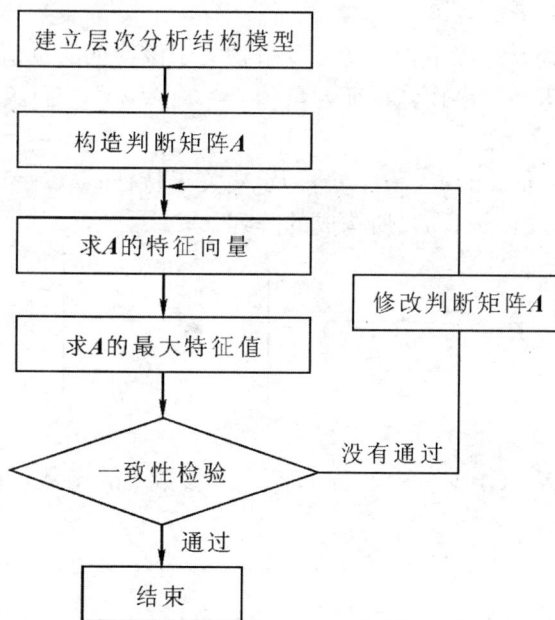

图 4-1　AHP 的流程图

4.1.2　煤矿瓦斯重大灾害预警的可拓模型

可拓理论是广东工业大学的蔡文研究员于 1983 年将物元理论和可拓集合理论相结合提出的一门新兴学科，它用形式化工具，从定性和定量的角度研究解决复杂问题的规律和方法。

可拓理论的理论基础有三个：一个是研究基元（包括物元、事元和关系元）

及其变换的基元理论；一个是作为定量化工具的可拓集合理论；还有一个是可拓逻辑。它们共同构成了可拓论的理论内涵。这三个理论与其他领域的理论相结合，产生了相应的新知识，形成了可拓论的应用外延。以可拓论为基础，发展了一批特有的方法，如物元可拓方法、物元变换方法和优度评价方法等。这些方法与其他领域的方法相结合，产生了相应的可拓工程方法。可拓论与管理科学、控制论、信息论以及计算机科学相结合，使可拓工程方法开始应用于经济、管理、决策和过程控制中。

可拓理论中的物元模型是一个动态模型，参变量既可以是时间，也可以是其他变量，如压力、风速等。动态模型能够很好地拟合现实系统，尤其是像煤矿生产这样复杂的、动态变化的系统。所以，应用可拓理论来建立煤矿瓦斯重大灾害预警综合模型较目前的财务、经济预警模型更合理，更能反映煤矿的实际安全状况。

1. 可拓理论的基本概念

（1）物元

在可拓学中，物元是以事物、特征及事物关于该特征的量值，三者所组成的有序三元组，记为 $R=$（事物，特征，量值）$=(N, C, V)$。它是可拓学的逻辑细胞。

把物 N，n 个特征 c_1，c_2，$\cdots$，c_n，及 N 关于特征 c_i（$i=1, 2, \cdots, n$）对应的量值 v_i（$i=1, 2, \cdots, n$）所构成的阵列

$$\boldsymbol{R}= (N, C, V) = \begin{bmatrix} N, & c_1, & v_1 \\ & c_2, & v_2 \\ & \cdots & \cdots \\ & c_n, & v_n \end{bmatrix}$$

称为 n 维物元。

在物元 $R=(N, C, V)$ 中，若 N, V 是参数 t 的函数，称 R 为参变量物元，记作：

$$R(t) = (N(t), C, v(t))$$

（2）可拓集合

设 U 为论域，K 是 U 到实域（$-\infty$，$+\infty$）的一个映射，T 为给定的对 U 中元素的变换，称

$$\tilde{A}(T) =\{ (u, y, y') \mid u \in U, y=K(u) \in (-\infty, +\infty),$$
$$y'=K(Tu) \in (-\infty, +\infty)\}$$

为论域 U 上关于元素变换 T 的一个可拓集合，$y=K(u)$ 为 $\tilde{A}(T)$ 的关联函数。

（3）距

为了描述类间事物的区别，在建立关联函数之前，规定了点 x 与区间 $X_0 = <a, b>$ 之距为：

$$\rho(x, X_0) = \left| x - \frac{a+b}{2} \right| - \frac{b-a}{2} \tag{4-16}$$

（4）关联函数

设 $X_0 = <a, b>$，$X = <c, d>$，$X_0 \subset X$，且无公共端点，令：

$$K(x) = \frac{\rho(x, X_0)}{D(x, X_0, X)}$$

则

1）$x \in X_0$，且 $x \neq a, b \leftrightarrow K(x) > 0$；

2）$x = a$ 或 $x = b$，$\leftrightarrow K(x) = 0$；

3）$x \notin X_0$，$x \in X$，且 $x \neq a, b, c, d$，$\leftrightarrow -1 < K(x) < 0$；

4）$x = c$ 或 $x = d$，$\leftrightarrow K(x) = -1$；

5）$x \notin X$，且 $x \neq c, d$，$\leftrightarrow K(x) < -1$。

称 $K(x)$ 为 x 关于区间 X_0，X 的关联函数。

式中，$D(x, X_0, X)$ 为点 x 关于区间套的位值：

$$D(x, X_0, X) = \begin{cases} \rho(x, X) - \rho(x, X_0), & x \notin X_0 \\ 1, & x \in X_0 \end{cases} \tag{4-17}$$

2. 瓦斯灾害预警问题的物元模型

设瓦斯灾害预警问题为 P，共有 m 个预警对象，$R_1, R_2, \cdots, R_m$，n 个预警指标，$c_1, c_2, \cdots, c_n$，则此问题可以利用物元表示为：

$$P = R_x \times r, \quad R_x \in (R_1, R_2, \cdots, R_m)$$

R 为预警对象，$R_i = (N_i, C, V_i) = \begin{bmatrix} N_i, & c_1, & v_{i1} \\ & c_2, & v_{i2} \\ & \vdots & \vdots \\ & c_n, & v_{in} \end{bmatrix}$，$r$ 为条件物元，

$r = \begin{bmatrix} N, & c_1, & V_1 \\ & c_2, & V_2 \\ & \vdots & \vdots \\ & c_n, & V_n \end{bmatrix}$。

3. 可拓综合预警模型

可拓综合预警的基本思想（杨玉中，2008）是：根据日常瓦斯管理中积累的数据资料，把预警对象的警度划分为若干等级，综合各专家的意见确定出各等级的数据范围，再将预警对象的指标带入各等级的集合中进行多指标评定，评定结

果按它与各等级集合的综合关联度大小进行比较，综合关联度越大，就说明评价对象与该等级集合的符合程度愈佳，预警对象的警度即为该等级。

（1）确定经典域与节域

令

$$
\boldsymbol{R}_{0j} = (N_{0j},\ C,\ V_{0j}) = \begin{bmatrix} N_{0j}, & c_1, & V_{0j1} \\ & c_2, & V_{0j2} \\ & \vdots & \vdots \\ & c_n, & V_{0jn} \end{bmatrix} = \begin{bmatrix} N_{0j}, & c_1, & <a_{0j1},\ b_{0j1}> \\ & c_2, & <a_{0j2},\ b_{0j2}> \\ & \vdots & \vdots \\ & c_n, & <a_{0jn},\ b_{0jn}> \end{bmatrix}
$$

其中，N_{0j} 表示所划分的第 j 个等级，c_i（$i=1,\ 2,\ \cdots,\ n$）表示第 j 个等级 N_{0j} 的特征（预警指标），V_{0ji} 表示 N_{0j} 关于特征 c_i 的量值范围，即预警对象各警度等级关于对应的特征所取的数据范围，此为一经典域。

令

$$
\boldsymbol{R}_D = (D,\ C,\ V_D) = \begin{bmatrix} D, & c_1, & V_{D1} \\ & c_2, & V_{D2} \\ & \vdots & \vdots \\ & c_n, & V_{Dn} \end{bmatrix} = \begin{bmatrix} D, & c_1, & <a_{D1},\ b_{D1}> \\ & c_2, & <a_{D2},\ b_{D2}> \\ & \vdots & \vdots \\ & c_n, & <a_{Dn},\ b_{Dn}> \end{bmatrix}
$$

其中，D 表示警度等级的全体，V_{Di} 为 D 关于 c_i 所取的量值的范围，即 D 的节域。

（2）确定待评物元

对预警对象 p_i，把测量所得到的数据或分析结果用物元表示，称为预警对象的待评物元。

$$
\boldsymbol{R}_i = (p_i,\ C,\ V_i) = \begin{bmatrix} p_i, & c_1, & v_{i1} \\ & c_2, & v_{i2} \\ & \vdots & \vdots \\ & c_n, & v_{in} \end{bmatrix} \quad i=1,\ 2,\ \cdots,\ n
$$

式中，p_i 表示第 i 个预警对象，v_{ij} 为 p_i 关于 c_j 的量值，即预警对象的预警指标值。

（3）首次评价

对预警对象 p_i，首先用非满足不可的特征 c_k 的量值 v_{ik} 评价。若 $v_{ik} \notin V_{0jk}$，则认为预警对象 p_i 不满足"非满足不可的条件"，不予评价；否则进入下一步骤。

（4）确定各特征的权重

一般来说，预警对象各特征的重要性不尽相同，通常采用权重来反映重要性的差别。权重的确定采用层次分析法。

（5）建立关联函数，确定预警对象关于各警度等级的关联度：

$$
K_j(v_{ki}) = \frac{\rho(v_{ki},\ V_{0ji})}{\rho(v_{ki},\ V_{0Pi}) - \rho(v_{ki},\ V_{0ji})} \tag{4-19}
$$

式中，$\rho\ (v_{ki},\ V_{0ji})$ 为点 v_{ki} 与区间 V_{0ji} 的距，

$$\rho\ (v_{ki},\ V_{0ji}) = \left| v_{ki} - \frac{a_{0ji}+b_{0ji}}{2} \right| - \frac{1}{2}\ (b_{0ji} - a_{0ji}) \tag{4-20}$$

（6）关联度的规范化

关联度的取值是整个实数域，为了便于分析和比较，将关联度进行规范化。当预警对象只有 1 个时，此步将省略。

$$K'_j\ (v_{ki}) = \frac{K_j\ (v_{ki})}{\max\limits_{1 \leqslant i \leqslant m} \left| K_j\ (v_{ki}) \right|} \tag{4-21}$$

（7）计算预警对象的综合关联度

考虑各特征的权重，将（规范化的）关联度和权系数合成为综合关联度。

$$K_j(p_k) = \sum_{i=1}^{n} \alpha_i K'_j(v_{ki}) \tag{4-22}$$

式中，p_k 表示第 k 个预警对象。

（8）警度等级评定

若 $K_k\ (p) = \max\limits_{k \in (1,2,\cdots,m)} K_j\ (p_i)$，则预警对象 p 的警度属于等级 k。

当预警对象的各指标间分为不同层次或预警指标较多而使权重过小时，需要采用多层次综合预警模型。多层次综合预警是在单层次综合预警的基础上进行的，计算方法与单层次相似。第二层次评定结果组成第一层次的评价矩阵 $\boldsymbol{K}_1$，然后考虑第一层次各因素的权重 $\boldsymbol{A}$，权系数矩阵和综合关联度矩阵合成为预警结果矩阵。

$$\boldsymbol{K} = \boldsymbol{A} \cdot \boldsymbol{K}_1 \tag{4-23}$$

多层次可拓综合预警模型，如图 4-2 所示。

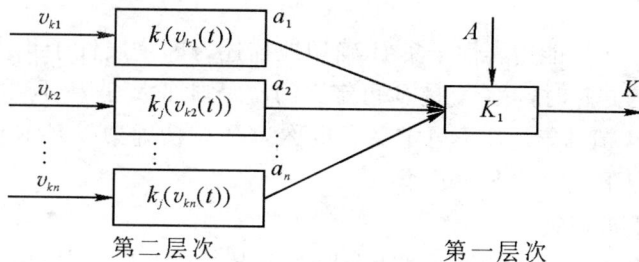

图 4-2　多层次可拓综合预警模型

4. 可拓综合预警模型的几点说明

（1）基于可拓理论的煤矿瓦斯重大灾害预警模型是一个综合预警模型。该模型计算出的评价对象的综合关联度，将作为预报警度的最终依据，结合确定出的警限标准，即可发出煤矿瓦斯灾害状况的预警信号。

（2）在使用该模型时，必须和单指标预警模型一起联合使用，在单指标尤其

是重要指标不超限的前提下，才能将综合评价结果作为预警的唯一依据；反之，则必须同时发出单指标超限的警报。例如在瓦斯超限的情况下，首先必须发出瓦斯超限的警报，然后再输出整体状况的预警结果，并发出整体状况的预警信号。

（3）将该模型应用于不同评价对象时，预警指标体系中的各指标的权重应作相应调整，以尽可能符合评价对象的实际状况，从而保证综合评价模型的评价结果的公正、客观，从而使得系统发出的预警信号准确、可信。当同时对几个评价对象进行预警分析时，可以考虑采用熵权系数，以保证预警指标权重的客观性。

（4）该模型适于编制成计算机程序求解，以提高评价的及时性，提高预警信号发出的速度，为安全决策节约宝贵的时间。

4.2　基于粗糙集—属性数学的综合预警模型

4.2.1　利用粗糙集理论确定预警指标的客观权重

1. 粗糙集理论概述

粗糙集（rough sets）理论最初是由波兰数学家 Z. Pawlak 于 1982 年提出的，是一种新的处理模糊和不确定性知识的数学工具。其主要思想就是在保持分类能力不变的前提下，通过知识约简，导出问题的决策或分类规则。目前，粗糙集理论已被成功地应用于机器学习、决策分析、过程控制、模式识别与数据挖掘等领域。

下面介绍几个涉及的粗糙集理论的基本概念。

（1）粗糙集

令 $X \subseteq U$，当 X 能用属性子集 B 确切地描述（即是属性子集 B 所确定的 U 上的不分明集的并）时，称 X 是 B 可定义的，否则称 X 是 B 不可定义的。B 可定义集也称作 B 精确集，B 不可定义集也称为 B 非精确集或 B Rough 集（在不发生混淆的情况下也简称 Rough 集）。

（2）上、下近似集

对每个概念 X（样例子集）和不分明关系 B，包含于 X 中的最大可定义集和包含 X 的最小可定义集，都是根据 X 能够确定的。前者称为 X 的下近似集（记为 $B_-(X)$），后者称为 X 的上近似集（记为 $B^-(X)$）。下近似集就是所有那些被包含在 X 里面的等价类的并集；上近似集就是所有那些与 X 有交的等价类的并集。下近似和上近似也可以写成下面等价的形式：

$$B_-(X) = \bigcup \{Y_i \mid (Y_i \in U \mid IND(B) \land Y_i \subseteq X)\} = \{x \mid (x \in U \land [x]_B \subseteq X)\}$$

$$(4\text{-}24)$$

$$B^- (X) = \bigcup\{Y_i | (Y_i \in U | IND (B) \wedge Y_i \cap X \neq \varnothing)\} = \{x | (x \in U \wedge [x]_B \cap X \neq \varnothing)\}$$

$$(4\text{-}25)$$

其中，$U | INDB = \{X | (X \subseteq U \wedge \forall x \forall y \forall b (b (x) = b (y)))\}$ 是不分明关系 B 对 U 的划分，也是论域 U 的 B 基本集的集合。

（3）精度

假定集合 X 是论域 U 上的一个关于知识 B 的 Rough 集，定义其 B 精度（在不发生混淆的情况下，也简称精度）为：

$$d_B (X) = |B_- (X)| / |B^- (X)|$$

$$(4\text{-}26)$$

式中，$X \neq \varnothing$，如果 $X = \varnothing$，则定义 $d_B (X) = 1$。

由此可见，Rough 集 X 的精度是一个区间 $[0, 1]$ 上的实数，它定义了 Rough 集 X 的可定义程度，即集合 X 的确定度。

（4）分类精度

设集合簇 $F = \{X_1, X_2, \cdots, X_n\}$ $(U = \bigcup\limits_{i=1}^{n} X_i)$ 是论域 U 上定义的知识，B 是一个属性子集，定义 B 对 F 近似分类的精度 $d_B (F)$ 为：

$$d_B(F) = \frac{\sum\limits_{i=1}^{n} |B_- (X_i)|}{\sum\limits_{i=1}^{n} |B^- (X_i)|}$$

$$(4\text{-}27)$$

（5）分类质量

设集合簇 $F = \{X_1, X_2, \cdots, X_n\}$ $(U = \bigcup\limits_{i=1}^{n} X_i)$ 是论域 U 上定义的知识，B 是一个属性子集，定义 B 对 F 近似分类的质量 $r_B (F)$ 为：

$$r_B(F) = \sum\limits_{i=1}^{n} |B_- (X_i)| / |U|$$

$$(4\text{-}28)$$

B 对 F 近似分类的精度描述的是当使用知识 B（属性子集 B）对对象进行分类时，在所有可能的决策中确定决策所占的比例；B 对 F 近似分类的质量是应用知识 B 对对象进行分类时，能够确定决策的对象在论域中所占的比例。

2. 基于 Rough 集的指标权系数的确定

利用 Rough 集，我们就可以对属性的重要性（王国胤，2001）（即权系数）进行度量，这个度量是根据论域中的样例来得到的，不依赖于人的先验知识，所以采用这种方法得到的指标权系数是客观权系数。

对于 F 是属性集 B 导出的分类，属性子集 B' 在属性集 B 中的重要性（$B' \subseteq B$，如果属性集 B 是默认的，B 为条件属性全集，则可简称为属性子集 B' 的重要性）定义为：

$$a = r_B (F) - r_{B \setminus B'} (F)$$

$$(4\text{-}29)$$

这表示当我们从属性集 B 中去掉属性子集 B' 对 F 近似分类的质量的影响。当属性子集 B' 为单因素集时,所求的即是该因素的权系数。

4.2.2 基于属性数学的综合预警模型

1. 属性数学的基础知识

设 X 为研究对象的全体,称为对象空间。X 中元素的某类性质记为 F,称为属性空间。属性空间 F 中的一种情况称为一个属性集(程乾生,1998),属性集都可看成是 F 的子集。

对属性集,可以定义属性集运算。A 与 B 的和 $A\cup B$,定义为"或具有 A 属性,或具有 B 属性"。A 与 B 的交 $A\cap B$,定义为"既具有 A 属性,又具有 B 属性"。A 与 B 的差 $A-B$,定义为"有 A 属性而不具有 B 属性"。A 的余集 $\overline{A}$,定义为"不具有 A 属性"。属性集中的空集 $\varnothing$,定义为"不具有任何属性"。如果属性集 A 与 B 满足 $A\cap B=\varnothing$,则称 A 与 B 不相交。$A\cap B=\varnothing$ 的含意是"不可能既具有 A 属性又具有 B 属性"。我们知道,$A\cup\overline{A}$ 表示"或具有 A 属性,或不具有 A 属性",实际上它包含了各种情况,因此,$A\cup\overline{A}=F$。

对于包含关系,B 包含 A 或 A 包含于 B,记为 $A\subset B$,定义为"具有 A 属性,则一定具有 B 属性"。对于包含关系,也可用"和"或"交"运算来定义。$A\subset B$ 定义为 $A\cup B=B$,或者 $A\cap B=A$。由于 $\varnothing\cap A=\varnothing$,所以任何属性 A 都包含空集 $\varnothing$。

设 x 为研究对象空间 X 中的一个元素。我们用"$x\in A$"表示"x 具有属性 A"。"$x\in A$"仅是一种定性的描述,通常更需要定量地刻画"x 具有属性 A"的程度。用一个数来表示"$x\in A$"的程度,这个数记为 $\mu_x\in(A)$ 或 $\mu_x(A)$,称为 $x\in A$ 的属性测度。为方便起见,通常要求属性测度在 $[0,1]$ 之内取值。对于属性测度不在 $[0,1]$ 内取值的,可采用简单的变换转换到 $[0,1]$ 之内。

根据属性集和属性测度的定义可知,它们和模糊集是截然不同的,主要区别在于以下两点。

(1)属性集和模糊集的区别。属性集是一种属性,可以看成是一种抽象集。而模糊集是一个函数(X 到 $[0,1]$ 的一个映射),这个函数称为隶属函数。模糊集的相等、包含关系完全由隶属函数决定,属性集的相等、包含关系完全由属性集本身的含意确定,与数值毫无关系。用数值代替属性就会完全掩盖属性本身的特点,这是属性集理论与模糊集理论在研究出发点上最本质的区别。

(2)属性测度与模糊集的区别。属性测度 $\mu_x(A)$ 作为 x 的函数,取值在 $[0,1]$ 之内,因此,它也是一个隶属函数。但是属性测度 $\mu_x(A)$ 作为属性集 A 的函数,它必须满足可加性规则。而模糊集是隶属函数定义的,无须满足可加性规则。这无论是在概念上还是应用方面，都带来很大差别。例如，$(C_1, C_2, \cdots, C_K)$ 是 F 的一个分割，对属性测度 $\mu_x(C_i)$，要求 $\sum_{i=1}^{k} \mu_x(C_i) = 1$，对隶属函数 $\mu_{C_i}(x)$，则并不要求其和为 1。

2. 属性综合预警系统

综合预警问题可以用综合预警系统来描述。系统的输入为预警对象的 m 个指标的测量值，系统的输出为某一预警警度类，即对该预警对象属于哪一警度的判别或预测。综合预警系统又可分为三个子系统：第一个子系统为单指标性能函数分析，按照指标值的大小和评价类的关系确定性能函数，根据测量值计算出性能函数值；第二个子系统为多指标综合性能函数分析，把各个单指标性能函数分析，综合成一个性能函数的分析；第三个子系统为识别分析，根据第二个子系统输出的结果，给出识别准则，以判别预警对象属于哪一个警度类。

设 X 为研究对象空间，$X_1, X_2, \cdots, X_n$ 为 X 中 n 个对象，对每个对象测量 m 个指标 $I_1, I_2, \cdots, I_m$。第 i 个对象 X_i 的第 j 个指标 I_j 的测量值为 X_{ij}。由于预警对象的特性完全由测量值反映，所以对象 X_i 可以表示为一个 m 维向量 $X_i = (X_{i1}, \cdots, X_{im})$。设对 X 中的元素有 K 个警度类 $C_1, C_2, \cdots, C_K$，或有 K 个决策 $C_1, C_2, \cdots, C_K$。如何判断 X_i 属于哪一类或对 X_i 选择哪一个决策呢？该问题就可以看成是一个综合预警系统问题或综合决策系统问题。整个系统又可分为三个子系统：单指标性能函数分析子系统、多指标综合性能函数分析子系统以及识别子系统。

(1) 单指标属性测度分析子系统

现在考虑单个指标 I_j。对象 X_i 的第 j 个指标 I_j 的测量值为 X_{ij}，"$X_{ij} \in C_k$"表示"X_{ij} 属于第 k 类 C_k"，它的属性测度为 $\mu_{ijk} = \mu(X_{ij} \in C_k)$。按照属性测度的性质，$\mu_{ijk}$ 要满足：

$$\sum_{k=1}^{K} \mu_{ijk} = 1, \quad 1 \leq i \leq n, \ 1 \leq j \leq m$$

对指标 I_j，属性测度要根据具体的问题、实验数据、专家经验和一定的数学处理方法来确定。一种常用的方式就是给出属性测度函数，图 4-3 所显示的就是矿井总风压和等积孔的属性测度函数的一种形式。

(2) 多指标综合属性测度分析子系统

对对象 X_i，已知它对各个单指标 I_j $(1 \leq j \leq m)$ 的属性测度 $\mu_{ijk} = \mu(X_{ij} \in C_k)$，如何由 μ_{ijk} 综合成 X_i 的属性测度 $\mu_{ik} = \mu(X_i \in C_k)$ 呢？一般可采取加权和的方法，即由单指标属性测度经加权求和得到综合属性测度：

$$\mu_{ik} = \mu(x_i \in C_k) = \sum_{j=1}^{m} \alpha_j \mu(x_{ij} \in C_k), \quad 1 \leq k \leq K \tag{4-30}$$

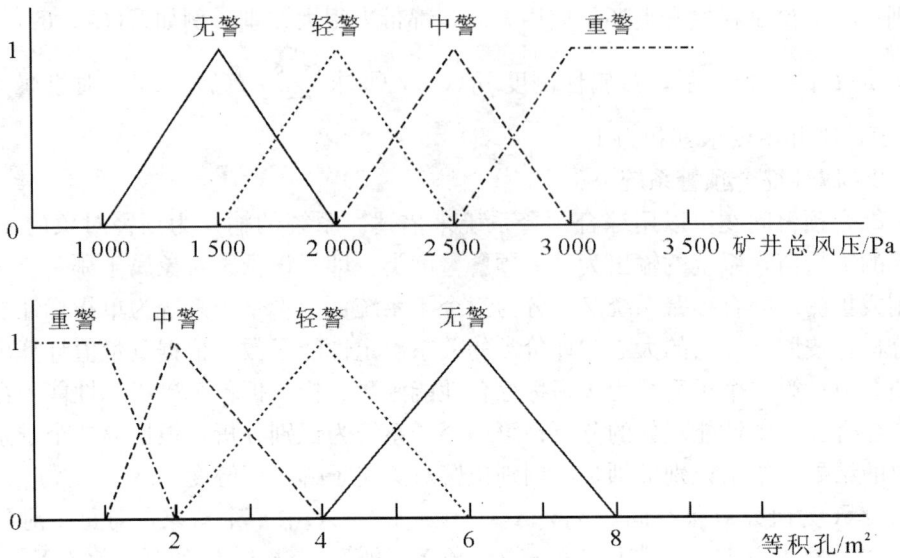

图 4-3　通风系统中风压和等积孔的属性测度函数

式中，α_j 为第 j 个指标 I_j 的权系数，$\alpha_j \geqslant 0$，且 $\sum\limits_{j=1}^{m} \alpha_j = 1$。权系数 α_j 反映了第 j 个指标 I_j 的重要性，它可以由 Rough 集的属性重要性确定，也可以由专家和试验数据确定。当不能判断哪一个指标更重要时，可以采取平均权，即取 $\alpha_j = 1/m$，综合属性测度为平均属性测度：

$$\mu_{ik} = \frac{1}{m} \sum_{j=1}^{m} \mu_{ijk}，\ 1 \leqslant k \leqslant K \tag{4-31}$$

当已知对象 X_i 的单指标属性测度 μ_{ijk} 和综合属性测度 μ_{ik} 时，指标 I_j 的重要性就体现在 K 维向量（μ_{ij1}，μ_{ij2}，$\cdots$，μ_{ijk}）和（μ_{i1}，μ_{i2}，$\cdots$，μ_{ik}）的近似程度，越近似表明指标 I_j 越能反映总体情况，权系数就应越大。下面给出两个相似权公式，第一个公式由属性相关系数计算得出：

$$r_j = \frac{1}{n} \sum_{i=1}^{n} (\mu_{ij1}, \mu_{ij2}, \cdots, \mu_{ijk})(\mu_{i1}, \mu_{i2}, \cdots, \mu_{ik})^{\mathrm{T}} = \frac{1}{n} \sum_{i=1}^{n} \sum_{k=1}^{K} \mu_{ijk} \mu_{ik} \tag{4-32}$$

$$\alpha_j = \frac{r_j}{\sum\limits_{i=1}^{m} r_i}，\ 1 \leqslant j \leqslant m \tag{4-33}$$

第二个公式由误差计算得出：

$$e_j = \frac{1}{n} \sum_{i=1}^{n} \sum_{k=1}^{K} |\mu_{ijk} - \mu_{ik}|^2 \tag{4-34}$$

$$\alpha_j = \frac{\dfrac{1}{e_j + \varepsilon}}{\displaystyle\sum_{i=1}^{m} \dfrac{1}{e_j + \varepsilon}} , \quad 1 \leqslant j \leqslant m \tag{4-35}$$

其中，ε 为一个小的正数。式(4-33) 和式(4-35) 中的 α_j 皆称为属性权系数。

由已知的各评价对象的数据就可以按式(4-33)或式(4-35) 计算出各属性的权系数 α_j。

（3）识别子系统

在已经求得对象 X_i 的属性测度 $(\mu_{ik} = \mu \ (X_i \in C_k)，1 \leqslant k \leqslant K)$ 之后，如何识别 X_i 属于哪一个警度类 C_j 或对 X_i 如何选择决策方案 C_j？一般情况下可以采用最小代价准则或置信度准则。

1）最小代价准则

设 X 中的元素属于 C_l 而判别为 C_k 的代价为 d_{lk}，则对象 X_i 判别为 C_k 的全部代价 β_{ik} 可表示为：

$$\beta_{ik} = \sum_{l=1}^{K} d_{lk} \mu_{il} \tag{4-36}$$

如果

$$\beta_{ik0} = \min_{1 \leqslant k \leqslant K} \beta_{ik} \tag{4-37}$$

则认为 X_i 属于 C_{k0} 类。

如果认为正确判别无需付出代价，即 $d_{lk} = 0$；而错误判别的代价皆相同，取 $d_{lk} = 1 \ (l \neq k)$。则式(4-36) 就变为：

$$\beta_{ik} = \sum_{\substack{1 \leqslant l \leqslant K \\ l \neq k}} \mu_{il} = 1 - \mu_{ik} \tag{4-38}$$

式(4-37) 变为：

$$\beta_{ik0} = \min_{1 \leqslant k \leqslant K} \beta_{ik} = 1 - \max_{1 \leqslant k \leqslant K} \mu_{ik} \tag{4-39}$$

这时，最小代价准则就变成了最大属性测度准则。由此可知，最大属性测度准则只是最小代价准则的一种最简单的特例。

现实生产和生活中的许多评价问题也都是程度评价问题（灾害预警实质也是在对灾害程度评价的基础上发出警示信号），例如，企业的安全水平、矿井瓦斯突出的危险程度、矿工对安全技能的掌握程度等。这些程度可分成不同的级别，这些级别之间是可以比较的。因此，对有些属性集可建立"强"序或"弱"序关系。

当属性集 A 比属性集 B "强"时，记为 $A > B$。当属性集 A 比 B "弱"时，记为 $A < B$。这种"强"序或"弱"序有传递性，即，若 $A > B$，$B > C$，则 $A > C$；若 $A < B$，$B < C$，则 $A < C$。属性集是否具有强弱关系，由具体问题确定。

如果 $(C_1，C_2，\cdots，C_K)$ 为属性空间 F 的分割，并且 $C_1 > C_2 > \cdots > C_K$ 或

$C_1 < C_2 < \cdots < C_K$，则称（C_1，C_2，$\cdots$，C_K）为有序分割。

对有序评价类（C_1，C_2，$\cdots$，C_K），要识别样品 X_i 属于哪一类，需采用置信度准则。

2）置信度准则

设（C_1，C_2，$\cdots$，C_K）为有序分割，$C_1 > C_2 > \cdots > C_K$，λ 为置信度，$0.5 < \lambda \leqslant 1$。如果

$$k_0 = \min\left\{ k : \sum_{l=1}^{k} \mu_{il} \geqslant \lambda, 1 \leqslant k \leqslant K \right\}$$

则认为样品 X_i 属于 C_{k0} 类。

上述准则是要求"强"的类占相当大的比例。置信度 λ 一般取在 0.6 与 0.7 之间。

4.3　基于神经网络的综合预警模型

4.3.1　人工神经网络的基本原理

人工神经网络是基于生物学的神经元网络的基本原理而建立的一种智能算法。自 1943 年 W. S. McCulloch 和 W. Pitts 建立第一个人工神经网络模型以来，神经网络的发展突飞猛进。20 世纪 80 年代，J. J. Hopfield 将人工神经网络成功应用于组合优化问题，为神经优化奠定了基础。1986 年，McClelland 和 Rumelhart 等提出了 PDP（Parallel Distributed Processing）理论，尤其是发展了多层前向网络的误差反向传播学习算法（Back Propagation，简称 BP 算法），为多层前向网络的学习问题开辟了有效途径，并成为迄今应用最普遍的学习算法。目前，人工神经网络已广泛应用到优化计算、机器学习、信号处理、模式识别等领域。

人工神经网络由许多并行运算的、功能简单的单元组成，这些单元类似于生物神经系统的神经元。人工神经网络是一个非线性动力系统，其特色在于信息的分布式存储和并行协同处理，虽然单个神经元的结构极其简单，功能有限，但大量神经元构成的网络系统所能实现的行为却是极其丰富多彩的。神经网络模型各种各样，它们是从不同的角度对生物系统不同层次的描述和模拟，有代表性的网络模型有感知器、BP 网络、RBF 网络、双向联想记忆（BAM）、Hopfield 模型等。

根据网络的结构，神经网络又可分为前馈神经网络和反馈神经网络。前馈型 BP 网络，即误差逆传播神经网络是能实现映射变换的前馈型网络中最常使用的一类网络，也是人们研究最多、认知最清楚的一类网络，可实现高度非线性的函数逼近、模式识别和综合评价。

前馈三层 BP 神经网络被认为最适用于模拟输入、输出的近似关系。它通常由输入层、输出层和隐含层组成，其信息处理分为前向传播和后向学习两步。网络的学习是一种误差从输出层到输入层向后传播并修正数值的过程，学习的目的是使网络的实际输出逼近某个给定的期望输出。其具体原理如下所述。

（1）前馈三层 BP 神经网络

前馈三层 BP 神经网络是目前使用较多的网络结构，它由输入层、一个或多个隐含层和输出层以前向的方式连接而成，层内神经元互不连接。以单隐含层前向网络为例（图 4-4）。

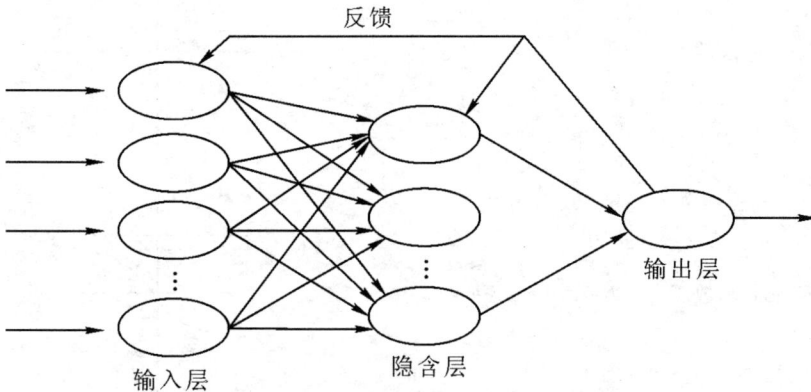

图 4-4 三层前向 BP 神经网络

设有 n 个输入层神经元，m 个输出层神经元，p 个隐含层神经元，n 和 m 分别为输入变量 x 和输出变量 y 的维数，则隐含层神经元的输出为：

$$x_i^1 = f(\sum_{j=1}^{n} w_{ij}^0 x_j + w_{i0}^0), \quad i = 1, 2, \cdots, p$$

其中，$\sum_{j=1}^{n} w_{ij}^0 x_j + w_{i0}^0$ 代表对 n 个输入层神经元进行加权求和，w_{ij}^0 为输入层神经元 j 对隐含层神经元 i 兴奋影响程度的权系数，w_{i0}^0 为隐含层神经元 i 的兴奋阈值。f 是一个具有无记忆性的非线性激励函数，用以改变神经元的输出，常用的激励函数有：①阈值函数；②线性函数；③对数 Sigmoid 函数；④正切 Sigmoid 函数（表 4-1）。

表 4-1 几种典型的神经元激励函数形式

激励函数名称	函数表达式	函数曲线
阈值函数	$f(x) = \begin{cases} 1, & x \geq 0 \\ 0, & x < 0 \end{cases}$	

续表

激励函数名称	函数表达式	函数曲线
线性函数	$f(x) = kx$	
对数 Sigmoid 函数	$f(x) = 1/(1 + e^{-x})$	
正切 Sigmoid 函数	$f(x) = \tan h(x)$	

同理，有输出层神经元的输出为：

$$y_k = f(\sum_{j=1}^{p} w_{jk}^1 x_j^1 + w_{k0}^0), k = 1, 2, \cdots, m。$$

（2）BP 反向传播算法

反向传播算法是目前应用最为广泛的一种神经网络学习算法，其实际是运用梯度下降法（GDR）修改权矢量：

$$\Delta W_{ij}(n+1) = \eta \delta_j o_i + \alpha \Delta W_{ij}(n)$$

式中，η 为学习步长，α 为记忆因子或动量因子，$\alpha \in (0, 1)$。神经元的输入—输出转换采用 Sigmoid 函数：

$$f(x) = \frac{1}{\exp(-\beta x + \theta)}$$

其中，β 是神经元的非线性敏感度因子；θ 是神经元的阈值。BP 算法基本思想是，根据样本的希望输出与实际输出之间的平方误差，利用梯度下降法，从输出层开始，逐层修正权系数。每个修正期分两个阶段：前向传播阶段和反向传播阶段。在正向传播过程，输入模式从输入层经隐含单元（非线性神经元）逐层处理，并传向输出层（线性神经元），每一层神经元的状态只影响下一层神经元的状态。如果输出层不能得到期望的输出，则转入反向传播，将误差信号沿原来的连接通路返回，通过修改各神经元的权值，使得误差信号最小。

给定训练样本集 $\{(x_{k,1}, x_{k,2}, \cdots, x_{k,n}; d_{k,1}, d_{k,2}, \cdots, d_{k,m}) \mid k=1, 2, \cdots, N\}$，BP 算法的基本步骤如下：

步骤 1：用随机数初始化所有的权系数，选定步长 $\eta > 0$。

$l \leftarrow 1$，l 用于计迭代次数，最大的迭代次数取为 L；

$p \leftarrow 1$，p 用于计样本数；

$e \leftarrow 0$，e 用于累计误差，允许误差取为 E_{max}。

步骤 2：输入一样本 x^p 及其希望输出 d^p，计算各层输出。

$O_i \leftarrow x_i$，$i = l, 2, \cdots, n$。$d \leftarrow d^p$。

先计算隐含层 j 各节点的输出：

$$y_j = \sum_{i=1}^{n+1} w_{j,i} O_i，其中，O_{n+1}=1，O_j=f(y_j)，j=1, 2, \cdots, s$$

再计算输出层 k 各节点的输出：

$$y_k = \sum_{j=1}^{s+1} w_{k,j} O_k，其中，O_{s+1}=1，O_k=f(y_k)，k=1, 2, \cdots, m$$

步骤 3：计算输出层误差。

$$e \leftarrow e + \sum_{k=1}^{m} (d_k - O_k)^2$$

步骤 4：计算局部梯度。

$$\delta_k = (d_k - O_k)f'(y_k)，\delta_j = f'(y_j)\sum_{k=1}^{m} w_{k,j}\delta_k$$

步骤 5：修正输出层权值和隐含层权值。

$$w_{j,i} \leftarrow w_{j,i} + \eta \delta_j O_i, j = 1,2,\cdots,s; i = 1,2,\cdots,n+1$$

步骤 6：如果 $p < N$，令 $p \leftarrow p+l$，转步骤 2；否则转步骤 7。

步骤 7：$l \leftarrow l+1$，若 $l > N$，迭代结束；否则

如果 $e < E_{max}$，迭代结束；

如果 $e \geqslant E_{max}$，则 $e \leftarrow 0$，转步骤 2，进入下一轮迭代。

上述计算过程，如图 4-5 所示。

4.3.2 基于 BP 神经网络预警的基本步骤

瓦斯灾害预警系统构造可视为构建一个包括输入层、隐含层和输出层的三层 BP 神经网络。就其网络结构而言，输入层神经元个数由输入指标决定，输出层神经元个数由输出类别决定，至于隐含层神经元个数一般为经验值。这样的网络结构与一般的指标预警系统十分相似，输入量对应警兆指标，隐含层节点对应警情指

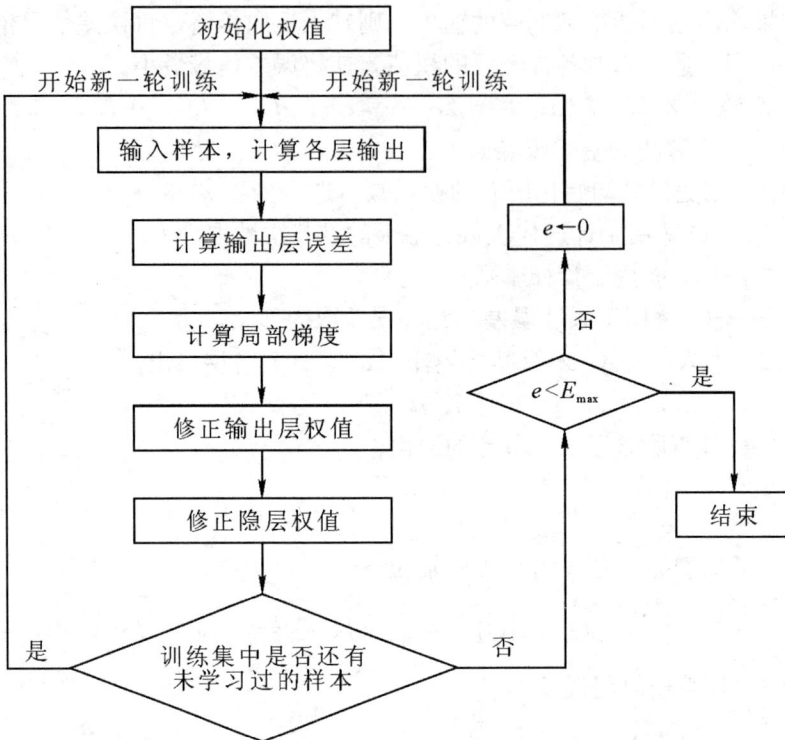

图 4-5 BP 神经网络算法框图

标，输出则为警度。所以说，BP 神经网络非常适合用来表述瓦斯灾害预警系统。

应用 BP 神经网络进行瓦斯灾害预警，设有 n 个历史样本，对应 p 个预警指标，原始数据矩阵如下：

$$\boldsymbol{X} = \begin{bmatrix} x_1^{\mathrm{T}} \\ x_2^{\mathrm{T}} \\ \vdots \\ x_n^{\mathrm{T}} \end{bmatrix} = \begin{bmatrix} x_{11} & x_{12} & \cdots & x_{1p} \\ x_{21} & x_{22} & \cdots & x_{2p} \\ \vdots & \vdots & & \vdots \\ x_{n1} & x_{n2} & \cdots & x_{np} \end{bmatrix}$$

$$\boldsymbol{D} = \begin{bmatrix} d_1, & d_2, & \cdots, & d_n \end{bmatrix}^{\mathrm{T}}$$

应用 BP 网络进行瓦斯灾害预警的基本步骤，如下所示。

（1）数据预处理

由于各指标数据差别较大，首先对其进行归一化预处理，使其在 $[-1, 1]$ 区间内。

$$x_{ij}^* = 2 \times \frac{x_{ij} - \min\limits_{i=1}^{n} x_{ij}}{\max\limits_{i=1}^{n} x_{ij} - \min\limits_{i=1}^{n} x_{ij}} - 1, \quad i = 1,2,\cdots,n; j = 1,2,\cdots,p$$

$$d_i^* = 2 \times \frac{d_i - \min\limits_{i=1}^{n} d_i}{\max\limits_{i=1}^{n} d_i - \min\limits_{i=1}^{n} d_i} - 1, \qquad i = 1, 2, \cdots, n$$

（2）样本的训练

从 n 个历史样本中选择 m 个作为训练样本，以 $p \times m$ 维矢量 $x_t^* = (x_1^*, x_2^*, \cdots x_m^*)$ 为输入，其中 $x_i^* = (x_{i1}^*, x_{i2}^*, \cdots, x_{ip}^*)^{\mathrm{T}}$，$m < n$，$l \times m$ 维矢量为输出，隐含层取 r 个隐节点，建立三层前馈型 BP 网络，即网络结构为 $p{-}r{-}l$。隐含层和输出层的传递函数分别取正切 Sigmoid 函数和线性函数，应用动态梯度下降法对权值和阈值进行调整，应用动量梯度下降反向传播算法对网络进行训练。

（3）样本的仿真

应用所建网络对包含有 m 个样品的训练样本进行仿真，并对训练输出矢量 $\hat{d}$ 进行反归一化恢复：

$$\tilde{d}_i = 0.5 \times (\hat{d}_i + 1) \times (\max d_i - \min d_i) + \min d_i, \quad i = 1, 2, \cdots, m$$

（4）网络的检验

对网络的仿真输出和目标矢量进行线性回归，得到目标矢量对网络输出的相关系数，检验网络性能优劣。若相关性较差，通过调整隐含节点数、训练周期、目标误差等，直至训练结果满意。

（5）网络的验证

将 $n{-}m$ 个验证样本的输入矢量 $x_p^* = (x_{m+1}^*, x_{m+2}^*, \cdots, x_n^*)$ 置于网络中，进行仿真预测，得到预测输出矢量并进行反归一化，将该结果与 $d_p^* = (d_{m+1}^*, d_{m+2}^*, \cdots, d_n^*)$ 进行线性回归，计算相关系数以检验网络推广能力。如果验证通过，说明所建网络泛化能力较强，可用于进行未来预测或预警；否则，通过调整训练样本 m 的大小、隐含节点数、训练周期、目标误差等重建网络进行训练、测试，直到满意为止。

（6）应用网络进行预警

利用验证通过的网络即可进行预警对象的预警分析。

4.4　基于模糊数学的综合预警模型

模糊论首先是由美国控制论专家扎德（L. A. Zadeh）于 1965 年提出的，现已广泛应用于科学技术和实际生活中。它的指导思想是，尽可能全面地考虑影响因素，同时也考虑这些因素所起作用的大小（即权重），通过模糊合成关系得出明确的结论。

4.4.1 模糊数学的基础知识

1. 模糊集合的定义及表示

定义 4.1 设论域为 X，x 为 X 中的元素。对于任意的 $x \in X$，给定了如下的映射：

$$X \to [0, 1]$$
$$x \mid \to \underset{\sim}{A}(x) \in [0, 1]$$

则称如下的"序偶"组成的集合 $\underset{\sim}{A} = \{(x \mid \underset{\sim}{A}(x))\}$，$\forall x \in X$ 为 X 上的模糊子集合，简称模糊集合。称 $\underset{\sim}{A}(x)$ 为 x 对 $\underset{\sim}{A}$ 的隶属函数，对某个具体的 x 而言，$\underset{\sim}{A}(x)$ 称为 x 对 A 的隶属度。

定义 4.2 设 X 是论域，映射

$$\mu A(\cdot): X \to [0, 1]$$
$$x \mid \to \mu_{\underset{\sim}{A}}(x)$$

称为 X 的模糊子集（合）$\underset{\sim}{A}$（fuzzy set），简称 F 集（合）。对 $x \in X$，$\mu_{\underset{\sim}{A}}(x)$ 称为 x 对 A 的隶属度，$\mu_{\underset{\sim}{A}}$ 称为 F 集的隶属函数。

模糊集可以用以下几种方法表示：

(1) $\underset{\sim}{A} = \{(x, \underset{\sim}{A}(x)) \mid x \in X\}$

(2) $\underset{\sim}{A} = \left\{ \dfrac{\underset{\sim}{A}(x)}{x} \mid x \in X \right\}$

(3) $\underset{\sim}{A} = \displaystyle\int_X \dfrac{\underset{\sim}{A}(x)}{x}$ （$\int$ 这里不表示积分）

当 $X = \{x_1, x_2, \cdots, x_n\}$ 为有限集时，也可以表示为下式

(4) $\underset{\sim}{A} = \dfrac{\underset{\sim}{A}(x_1)}{x_1} + \dfrac{\underset{\sim}{A}(x_2)}{x_2} + \cdots + \dfrac{\underset{\sim}{A}(x_n)}{x_n}$ （这里"+"不是求和）

(5) $\underset{\sim}{A} = (\underset{\sim}{A}(x_1), \underset{\sim}{A}(x_2), \cdots, \underset{\sim}{A}(x_n))$（向量表示式，$\underset{\sim}{A}(x) = 0$ 的项不可略去）

2. 模糊集合的运算

定义 4.3 设 $\underset{\sim}{A}$、$\underset{\sim}{B} \in F(X)$：

(1) 若 $\forall x \in X$，有 $\underset{\sim}{A}(x) \leqslant \underset{\sim}{B}(x)$，称 $\underset{\sim}{A}$ 含于 $\underset{\sim}{B}$ 或 $\underset{\sim}{B}$ 包含 $\underset{\sim}{A}$，记为 $\underset{\sim}{A} \subset \underset{\sim}{B}$。

(2) 若 $\forall x \in X$，有 $\underset{\sim}{A}(x) = \underset{\sim}{B}(x)$，称 $\underset{\sim}{A}$ 与 $\underset{\sim}{B}$ 相等，记为 $\underset{\sim}{A} = \underset{\sim}{B}$。

命题 $F(X)$ 上的包含关系"$\subset$"有以下性质：

(1) $\forall \underset{\sim}{A} \in F(X)$，$\varnothing \subset \underset{\sim}{A} \subset X$。

(2) 自反性：$\forall \underset{\sim}{A} \in F(X)$，$\underset{\sim}{A} \subset \underset{\sim}{A}$。

(3) 反对称性：$\forall \underset{\sim}{A}$、$\underset{\sim}{B} \in F(X)$，若 $\underset{\sim}{A} \subset \underset{\sim}{B}$ 且 $\underset{\sim}{B} \subset \underset{\sim}{A}$，则 $\underset{\sim}{A} = \underset{\sim}{B}$。

（4）传递性：$\forall \underset{\sim}{A}$、$\underset{\sim}{B}$、$\underset{\sim}{C} \in F（X）$，若$\underset{\sim}{A} \subset \underset{\sim}{B}$且$\underset{\sim}{B} \subset \underset{\sim}{C}$，则$\underset{\sim}{A} \subset \underset{\sim}{C}$。

定义 4.4　设$\underset{\sim}{A}$，$\underset{\sim}{B} \in F（X）$，则它们的交、并、补运算可定义如下：

（1）$\underset{\sim}{A}$与$\underset{\sim}{B}$的并集，记为$\underset{\sim}{A} \cup \underset{\sim}{B}$，其隶属函数为：

$$（\underset{\sim}{A} \cup \underset{\sim}{B}）（x）= \underset{\sim}{A}（x） \vee \underset{\sim}{B}（x），\forall x \in X$$

其中"$\vee$"表示取上确界。

（2）$\underset{\sim}{A}$与$\underset{\sim}{B}$的交集，记为$\underset{\sim}{A} \cap \underset{\sim}{B}$，其隶属函数为：

$$（\underset{\sim}{A} \cap \underset{\sim}{B}）（x）= \underset{\sim}{A}（x） \wedge \underset{\sim}{B}（x），\forall x \in X$$

其中"$\wedge$"表示取下确界。

（3）$\underset{\sim}{A}$的余模糊集，记为$\underset{\sim}{A}^c$，其隶属函数为：

$$\underset{\sim}{A}^c（x）= 1 - \underset{\sim}{A}（x），\forall x \in X$$

设 T 为任意指标集，$\{\underset{\sim}{A}_t \mid t \in T\} \subset F（X）$，其并和交运算分别定义为：

$$\underset{\sim}{A} = \bigcup_{t \in T} \underset{\sim}{A}_t \Leftrightarrow \forall x \in X, \underset{\sim}{A}(x) = \bigvee_{t \in T} \underset{\sim}{A}_t(x)$$
$$\underset{\sim}{B} = \bigcap_{t \in T} \underset{\sim}{A}_t \Leftrightarrow \forall x \in X, \underset{\sim}{B}(x) = \bigwedge_{t \in T} \underset{\sim}{A}_t(x)$$

4.4.2　模糊综合预警模型

模糊综合预警的数学模型可分为一级综合预警模型和多级综合预警模型两类。

1. 一级综合预警模型

（1）建立因素集

因素就是预警对象的各种属性或性能，在不同场合，也称为参数指标或质量指标，它们综合地反映出对象的质量。人们就是根据这些因素进行预警的。所谓因素集，就是影响预警对象的各种因素组成的一个普通集合，即 $U = \{u_1, u_2, \cdots, u_n\}$。这些因素通常都具有不同程度的模糊性，但也可以是非模糊的。各因素与因素集的关系，或者 u_i 属于 U，或者 u_i 不属于 U，二者必居其一。因此，因素集本身是一个普通集合。

（2）建立备择集

备择集，又称为警度集，是预警人员对预警对象可能作出的各种总的预警结果所组成的集合，即 $V = \{v_1, v_2, \cdots, v_m\}$。各元素 v_i 代表各种可能的总预警结果。模糊综合预警的目的，就是在综合考虑所有影响因素的基础上，从备择集中得出一最佳的预警结果。

显然，v_i 与 V 的关系也是普通集合关系，因此，备择集也是一个普通集合。

（3）建立权重集

在因素集中，各因素的重要程度是不一样的。为了反映各因素的重要程度，对各个因素 u_i 应赋予一相应的权数 a_i（$i = 1, 2, \cdots, n$）。由各权数所组成的集合$\underset{\sim}{A} = （a_1, a_2, \cdots, a_n）$ 称为因素权重集，简称权重集。

通常各权数 a_i 应满足归一性和非负性条件，即：

$$\sum_{i=1}^{n} a_i = 1 \, (a_i \geqslant 0)$$

各种权数一般由人们根据实际问题的需要主观地确定，没有统一的格式可以遵循。常用的方法有：统计实验法、分析推理法、专家评分法、层次分析法、熵权法等。这里简要介绍熵权法，其他方法可参考相关书籍。

在信息论中，信息熵是系统无序程度的度量。信息熵定义为：

$$H(y_j) = -\sum_{i=1}^{m} y_{ij} \ln y_{ij}，其中：0 \ln 0 \equiv 0$$

式中，m 为预警对象的个数。

一般来说，综合预警中某项指标的指标值变异程度越大，信息熵 $H(y_j)$ 越小，该指标提供的信息量越大，该指标的权重也应越大；反之，该指标的权重也应越小。因此，就可以根据各项指标值的变异程度，利用信息熵这个工具，计算出各指标的权重——熵权。

首先，求解输出熵 E_j：$E_j = H(y_j) / \ln m$；其次，求解指标的差异度 G_j，即：

$$G_j = 1 - E_j \quad (1 \leqslant j \leqslant n)$$

最后，计算熵权。

$$a_j = G_j / \sum_{i=1}^{n} G_i \quad j = 1, 2, \cdots, n$$

（4）单因素模糊预警

单独从一个因素出发进行预警，以确定预警对象对备择集元素的隶属度便称为单因素模糊预警。

单因素模糊预警，即建立一个从 U 到 F（V）的模糊映射：

$$\underset{\sim}{f} : U \to F \, (V)，\forall u_i \in U，u_i \mid \to \underset{\sim}{f} \, (u_i) = \frac{r_{i1}}{v_1} + \frac{r_{i2}}{v_2} + \cdots + \frac{r_{im}}{v_m}$$

式中：r_{ij} — u_i 属于 v_j 的隶属度。

由 $\underset{\sim}{f} \, (u_i)$ 可得到单因素预警集 $\underset{\sim}{R}_i = (r_{i1}, r_{i2}, \cdots, r_{im})$。

以单因素预警集为行组成的矩阵称为单因素预警矩阵。该矩阵为一模糊矩阵。

$$\underset{\sim}{R} = \begin{bmatrix} r_{11} & r_{12} & \cdots & r_{1m} \\ r_{21} & r_{22} & \cdots & r_{2m} \\ \vdots & \vdots & & \vdots \\ r_{n1} & r_{n2} & \cdots & r_{nm} \end{bmatrix}$$

（5）模糊综合预警

单因素模糊预警仅反映了一个因素对预警对象的影响，这显然是不够的。要综合考虑所有因素的影响，便是模糊综合预警。

由单因素预警矩阵可以看出：$\underset{\sim}{R}$ 的第 i 行反映了第 i 个因素影响预警对象取备择集中各个元素的程度；$\underset{\sim}{R}$ 的第 j 列则反映了所有因素影响预警对象取第 j 个备择元素的程度。如果对各因素作用以相应的权数 a_i，便能合理地反映所有因素的综合影响。因此，模糊综合预警可以表示为：

$$\underset{\sim}{B} = \underset{\sim}{A} \circ \underset{\sim}{R} = (a_1,\ a_2,\ \cdots,\ a_n) \begin{bmatrix} r_{11} & r_{12} & \cdots & r_{1m} \\ r_{21} & r_{22} & \cdots & r_{2m} \\ \vdots & \vdots & & \vdots \\ r_{n1} & r_{n2} & \cdots & r_{nm} \end{bmatrix} = (b_1,\ b_2,\ \cdots,\ b_m)$$

式中，b_j 称为模糊综合预警指标。其含义为：综合考虑所有因素的影响时，预警对象对备择集中第 j 个元素的隶属度。权重矩阵与单因素预警在合成时，可以选用下述几种评价模型之一。

模型 I：$M(\wedge,\ \vee)$，即：

$$b_j = \overset{n}{\underset{i=1}{\vee}} (a_i \wedge r_{ij})$$

由于取小运算使得 $r_{ij} > a_i$ 的 r_{ij} 均不考虑，a_i 成了 r_{ij} 的上限，当因素较多时，权数 a_i 很小，因此将丢失大量的单因素评价信息。相反，因素较少时，a_i 可能较大，取小运算使得 $a_i > r_{ij}$ 的 a_i 均不考虑，r_{ij} 成了 a_i 的上限，因此，将丢失主要因素的影响。取大运算均是在 a_i 和 r_{ij} 的小中取其最大者，这又要丢失大量信息。所以，该模型不宜用于因素太多或太少的情形。

模型 II：$M(\cdot,\ \vee)$，即：

$$b_j = \overset{n}{\underset{i=1}{\vee}} (a_i \cdot r_{ij})$$

a_i 和 r_{ij} 为普通乘法运算，不会丢失任何信息，但取大运算仍将丢失大量有用信息。

模型 III：$M(\wedge,\ \oplus)$，即：

$$b_j = \sum_{i=1}^{n} (a_i \wedge r_{ij})$$

该模型在进行取小运算时，仍会丢失大量有价值的信息，以致得不出有意义的预警结果。

模型 IV：$M(\cdot,\ \oplus)$，即：

$$b_j = \sum_{i=1}^{n} (a_i \cdot r_{ij})$$

该模型不仅考虑了所有因素的影响，而且保留了单因素预警的全部信息，适用于需要全面考虑各个因素的影响和全面考虑单因素预警结果的情况。

（6）综合预警指标的处理

得到综合预警指标之后，可以按最大隶属原则确定预警对象的具体结果，即取与最大的综合预警指标 $\max b_j$ 相对应的备择元素 v_j 为预警结果。

2. 多级综合预警模型

将因素集 U 按属性的类型划分成 s 个子集，记作 U_1，U_2，$\cdots$，U_s，根据问题的需要，每一个子集还可以进一步划分。对每一个子集 U_i，按一级预警模型进行预警分析。将每一个 U_i 作为一个因素，用 $\underset{\sim}{B_i}$ 作为它的单因素预警集，又可构成预警矩阵：

$$\underset{\sim}{R} = \begin{bmatrix} \underset{\sim}{B_1} \\ \underset{\sim}{B_2} \\ \vdots \\ \underset{\sim}{B_s} \end{bmatrix}$$

于是有第二级综合预警：

$$\underset{\sim}{B} = \underset{\sim}{A} \circ \underset{\sim}{R}$$

二级综合预警的模型，如图 4-6 所示。

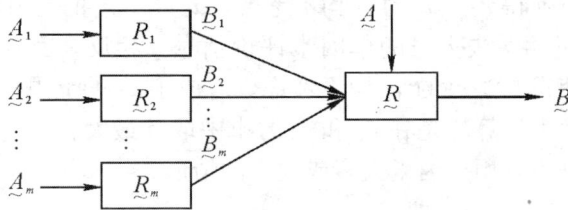

图 4-6　二级模糊综合预警模型图

本章小结

本章主要介绍了煤与瓦斯重大灾害预警的数学模型。首先，介绍了基于 AHP—可拓理论的动态预警模型，即利用 AHP（层次分析法）确定预警指标的权重，利用物元模型进行综合评定，从而给出预警等级；其次，介绍了基于粗糙集—属性数学的综合预警模型，即利用粗糙集理论确定预警指标的权重，利用属性函数的分析与识别，给出预警等级；再次，介绍了基于神经网络的综合预警模型；最后，介绍了基于模糊数学的模糊综合预警模型，既可以利用熵权法确定预警指标的权重，也可以利用其他方法确定权重，利用模糊数学的隶属度判定预警等级。

参考文献

［1］蔡文，杨春燕，何斌. 可拓逻辑初步［M］. 北京：科学出版社，2003，82-84.

［2］蔡文，杨春燕，林伟初. 可拓工程方法［M］. 北京：科学出版社，2000，207-209.

［3］蔡文. 可拓工程［M］. 北京：科学出版社，2007.

［4］程乾生. 属性集和属性综合评价系统［J］. 系统工程理论与实践，1997，9：1-9.

［5］程乾生. 属性数学——属性测度和属性统计［J］. 数学的实践与认识，1998，28（2）：97-107.

［6］高雷，王升. 财务风险预警的功效系数法实例研究［J］. 南京财经大学学报，2005，（1）：93-97.

［7］高艳青，栾甫贵. 基于模糊综合评价的企业财务危机预警模型研究［J］. 经济问题探索，2005，（1）：56-57.

［8］郭小哲，段兆芳. 我国能源安全多目标多因素监测预警系统［J］. 中国国土资源经济，2005，（2）：13-16.

［9］韩国丽. 企业信用危机的预警及管理［J］. 武汉大学学报（人文科学版），2005，58（1）：113-118.

［10］景国勋，杨玉中. 煤矿安全系统［M］. 江苏徐州：中国矿业大学出版社，2009.

［11］刘清. Rough 集及 Rough 推理［M］. 北京：科学出版社，2001.

［12］王超，佘廉. 社会重大突发事件的预警管理模式研究［J］. 武汉理工大学学报（社会科学版），2005，18（1）：26-29.

［13］王国胤. Rough 集理论与知识获取［M］. 西安：西安交通大学出版社，2001.

［14］吴铭峰. 建立金融风险预警指标体系的探讨［J］. 市场周刊，2005，（5）：33-34.

［15］吴祈宗. 运筹学与最优化方法［M］. 北京：机械工业出版社，2003，215-219.

［16］杨玉中，冯长根，吴立云. 基于可拓理论的煤矿安全预警模型研究［J］. 中国安全科学学报，2008，18（1）：40-45.

［17］杨玉中，吴立云，丛建春. 基于熵权的煤矿运输安全性模糊综合评

价 ［J］. 哈尔滨工业大学学报，2009，41（4）：257-259.

　　［18］杨玉中，吴立云，张强. 综采工作面安全性多层次灰熵综合评价 ［J］. 煤炭学报，2005，30（5）：598-602.

　　［19］杨玉中，张强，吴立云. 基于熵权的 TOPSIS 供应商选择方法 ［J］. 北京理工大学学报，2006，26（1）：31-35.

　　［20］杨玉中，张强. 煤矿运输安全性的可拓综合评价 ［J］. 北京理工大学学报，2007，27（2）：184-188.

　　［21］张勇，曾澜，吴炳方. 区域粮食安全预警指标体系的研究 ［J］. 农业工程学报，2004，20（3）：192-196.

　　［22］周开利，康耀红. 神经网络模型及其 MATLAB 仿真程序设计 ［M］. 北京：清华大学出版社，2005：224-225.

　　［23］Abdul de Guia Abiad. Early warning systems for currency crises A Markov-switching approach ［博士学位论文］. USA：University of Pennsylvania，2002.

　　［24］Cynthia A. Philips. Time series analysis of famine early warning systems in Mali ［博士学位论文］. USA：Michigan State University，2002.

　　［25］George Mavrotas，Yannis Caloghirou，Jacques Koune. A model on cash flow forecasting and early warning for multi-project programme：application to the operational programme for the information society in Greece ［J］. International Journal of Project Management，2005，23：121-133.

　　［26］Jeffery W. Gunther，Robert R. Moore. Early warning models in real time ［J］. Journal of Banking & Finance，2003，27：1979-2001.

　　［27］Jose-Manuel Zaldivar，Jordi Bosch，Fernanda Strozzi. Early warning detection of runaway initiation using non-linear approaches ［J］. Communications in Nonlinear Science and Numerical Simulation，2005，10：299-311.

　　［28］W. L. Tung，C. Queka，P. Cheng. GenSo-EWS：a novel neural-fuzzy based early warning system for predicting bank failures ［J］. Neural Networks，2004，17：567-587.

　　［29］Yurdakul，Mustafa，AHP approach in the credit evaluation of the manufacturing firms in Turkey ［J］. International Journal of Production Economics，2004，88（3）：269-289.

第 5 章　煤矿瓦斯重大灾害预警的管理组织机制

煤矿瓦斯重大灾害预警管理是对煤矿采掘生产过程中出现的危险与隐患进行监测和预控，并使之转化为正常状态的管理过程。这种转化是在煤矿采掘生产环境、人员操作和机器设备状况等条件下进行的，因此，要实现煤矿安全发展，就必须构建煤矿瓦斯灾害预警管理系统。要想建立瓦斯灾害预警管理系统，并使其发挥所预期的功能，就必须从组织机制上进行系统设计，对植入预警功能的组织体系进行功能重构，并明确其在发挥预警功能时的运作方式，并应建立一套高效的预警系统监控机制。而新机制的有效运行需要依靠建立完善的预警管理制度体系，从制度上来保证实现预警系统的功能，使煤矿瓦斯灾害管理机构形成良好的防错、纠错的自组织机制。

5.1　煤矿瓦斯灾害预警管理系统的组织模型

若要使煤矿企业组织中构建的预警管理系统具有实际操作意义的话，首先必须从理论上解决预警管理系统的建模原则与建模方法，即：煤矿瓦斯重大灾害预警系统如何构建，才能使之具备预警系统基本的功能——预警、矫正和免疫功能。

5.1.1　预警管理系统的构建原则与目标

煤矿瓦斯重大灾害预警管理理论将煤矿的采掘等生产活动过程，视为生产正常和生产异常两者交互发生、互相转化的过程，即生产安全与生产危险（出现事故）的交互作用过程。并且这种交互转化的活动过程是在煤矿企业环境的安全状态和危险状态这两者交互作用下进行的。因此，煤矿企业外部环境的安全状况变化和内部管理状态的变化（即安全管理失误与安全管理被动是否发生），使煤矿企业对生产活动的管理过程呈现为成功机理与安全机理两者交互作用的运行过程。这种基本研究思想，决定了煤矿瓦斯灾害预警管理理论所指导的煤矿瓦斯重大灾害预警管理系统的构建，应该是以保证煤矿企业生产活动处于"安全、可靠、高效"的运行状态，并以预测、监控、矫正各种不安全现象为其核心任务的组织管理体系。

1. 预警管理体系的构建

(1) 预警管理体系的构建思路

煤矿瓦斯灾害预警管理，是根据煤矿企业采掘生产的实践活动过程与结果是否满足企业安全目标或管理目标的预期要求，来确定煤矿企业运行处于"危险"或"安全"状态，并由此作出对策的管理活动。它是对煤矿企业管理系统的运行进行监控、预测与警告，并在确认危险现象已严重发生的情况下，采用既定的组织方法干涉和调控其运行过程并使之恢复到安全状态的管理活动。

建立煤矿瓦斯灾害预警管理系统的关键在于确认"安全"与"危险"及其相互关系。因此，可以用"系统非优理论"来进行确认。系统非优理论根据人类认识、实践活动的过程与结果满足于人类主观要求和符合客观合理性的尺度，确定了"优"和"非优"两个研究范畴。其中，"优"范畴包括最优和优，即成功的过程和结果；"非优"范畴包括失败的和可以接受的不好过程和结果，不可行、不合理是典型的"非优"。因此可以认定："安全"是指煤矿企业生产过程成功的过程和结果，它包括"卓越"和"优良"的管理过程和结果。"危险"是指煤矿企业生产异常、出现重特大事故和可以接受风险水平的不好过程和结果。显然，安全管理行为不合理、安全管理组织周期低效能也属于"危险"现象的范畴，即使在一定程度上是合理的、可行的（如合理性安全管理失误或隐性安全管理失误）也属于"危险"现象的范畴。所以，在煤矿企业这个组织系统中发生的诸多行为与结果，将存在于"危险"现象的范畴之中，以"非优思想"作为构建瓦斯灾害预警管理体系的指导，是一种科学的思考方法。

(2) "非优思想"下的预警管理理论

"非优思想"在我国思想发展史上有着悠久的历史渊源。战国末期哲学家、法家的主要代表人物韩非在其著作《亡征》中深入考察了以往历史上亡国的教训，详细地论述了47种导致国家灭亡的征兆，以极其锐利的思想为统治者提出避免亡国的治国策略。在中国古代的军事名著《孙子兵法》的"计篇""九变篇""地形篇"，《孙膑兵法》的"兵失""将义""将失""将败"等部分中总结了春秋战国以前作战的经验，特别是剖析了失败的教训。这些历史文献说明人们不仅仅在"优"范畴内分析问题，很多时候也在"非优"范畴内分析问题，总结经验。

20 世纪 50 年代，综合性交叉学科——系统工程诞生了。它把系统抽象为满足一定约束条件的模型，利用运筹学的方法以求得系统整体的最优解。但是，由于人类社会实践的高度复杂性，例如，存在众多的未知因素和不确定因素、事物之间纵向和横向联系的交叉性、人的行为的影响等，通常所得到的最优化模式往往处于一种不稳定状态或者得到的不是全局最优解。这说明人类的认识与实践不仅表现在"优"范畴内的探索和追求，而且在大部分领域内始终在"非优"范畴内徘徊，即人类在现实生产和生活中所面临的很多重要问题，不仅是寻求最优化模式或实现最优化目标，更重要的可能是如何有效地摆脱大量严重"非优"事件的困扰和对系统"非优"因素的控制能力。

"非优"的出现产生了在一定约束条件下的"优"范畴，这种衡量"优"范畴的尺度是系统优化的核心内容。现实生活中根本不存在绝对的"优"和"非优"，只有在一定条件下的相对优。"相对优"可以看成"满意解"。因为现实系统中存在着大量的不确定性和非线性特征，所以大多数情况下无法找到一个令人满意的近似解（或称相对最优解）。令人满意的标准是确定一个上限和一个下限，只要在上下限范围内，就都是可以被接受的。这实际上是用"优化区间"代替了"优化点"。预警管理的重要内容就是如何定这个"优化区间"。

煤矿瓦斯灾害预警管理系统，正是在"非优思想"指导下建立的一种研究煤矿企业瓦斯危险（非优）、研究危险与安全（非优与优的演化）等问题的系统预警分析与预控对策的组织与方法。它是将"失败乃成功之母"这一格言转变为企业安全管理现实功能的技术方法。在这种思想指导之下，煤矿瓦斯灾害预警管理系统将解决下述问题：煤矿企业的采掘生产系统是在什么因素下和在什么条件下出现失误、被动和危险的？怎样有效地预测和控制这些危险？怎样缩短企业采掘系统从危险走向安全的过程？怎样构造出对企业采掘生产系统有一定控制作用的预控方法？

2. 预警管理系统的目标

煤矿瓦斯灾害预警系统的建立与运行，应以下述四个目标的实现为基础。

（1）对人的行为进行监测与评价，以此明确并预控人的生产行为或管理行为的过程与结果。监测对象主要是管理者的个人行为或部门（群体）管理行为以及生产者的操作行为。同时监测行为与事故之间的因果关系和转化关系，并提供提高行为管理优化模式。人的行为是在各种不同情况下决定事故发生频率、严重程度和影响范围的一个重要因素。由于在许多情况下的行为是事故发生的一个重要因素，因而可能通过人的行为的改变而造成事故发生率的增减，并影响发生错误造成的后果。人之所以会发生不安全的行为，其原因是多方面的，有人的生理、心理问题，也有技术水平、生产环境问题等。显然，要减少事故或灾害的发生，就必须要提高人的安全行为频率，缩小不安全行为的频率，研究对人的行为有效控制的方法。特别是在煤矿采掘工作面工作的工人，不仅要及时察觉采掘生产过程中的灾害预兆，而且在观测到预兆后，不可盲目采取行为，必须立即汇报并采取有效的预防措施，才能防止重大灾害的发生。

（2）对设备状态进行监测与评价，以此明确并预控设备的运行过程与结果。监测对象主要是设备的故障率与安全设施完好情况以及设备运行状况，同时监测、分析设备可靠性与事故之间的相互关系，提出设备安全检查、维修和使用的规范。长期以来，生产设备伤害事故相当频繁的主要原因之一，就是没有很好地从治"本"上解决安全防护措施，以致很多带有隐患的生产设备不断投入使用。有些企业为了降低生产成本，按规程规定该配的安全装置不配，带有缺陷的机械零部件该报废的不报废，有些生产设施从投入使用就带有安全隐患而得不到治理，设备的不可靠性，影响到生产系统的安全性。因此，提高设备的可靠性程度，有助于提高生产系统的安全性。特别是煤矿采掘工作面及主要回风巷道中使用的设备，必须是本质安全型的，在使用过程中不会引爆瓦斯。

（3）对生产环境进行监测与评价，以此明确生产面临或可能面临的不安全、不卫生的环境因素。生产环境监测的范畴主要是生产场所的毒、尘、声、光、围岩的稳定性等因素。特别值得一提的是围岩的监测，无论是采煤工作面还是掘进工作面，煤壁呈现出的很多现象是突出发生的征兆，如煤层层理紊乱、煤变软变暗、支架来压、掉碴、煤面外鼓、片帮、瓦斯涌出忽大忽小以及打钻时顶钻、夹钻、钻孔喷孔等，都是突出的无声预兆。而煤体中出现的劈裂声、炮声、闷雷声则是突出的有声预兆。监测与评价的目标主要是掌握、了解生产环境因素对人体的影响以及和瓦斯灾害、事故发生之间的关系，提出控制和改进生产环境的标准与方法。在生产过程中，人们必然面临着种种不同的环境条件，所有这些环境条件都直接或间接地影响着人们的生产操作，轻则降低工作效率，重则影响整个生产系统的运行和危害人体健康与安全。因此，监测、评价、控制生产环境因素对于减少事故、保证生产安全，具有十分重要的作用。

（4）建立瓦斯灾害预警活动的评价指标体系。以上三个目标任务的实施，必须依靠特别的预警评价指标才能进行，否则，预警系统的工作将是经验性的、随机的、不系统的过程。为此，瓦斯灾害预警系统要建立对人的操作行为、管理行为的评价指标，对生产设备可靠性、安全性的评价指标，对生产环境因素安全性的评价指标。这三个评价指标体系，构成灾害预警管理活动的评价指标体系。

以上四个目标实际上就是瓦斯灾害预警系统模型建立的内容和建模原则。

5.1.2　瓦斯灾害预警管理系统的功能

图 5-1 所构造的煤矿瓦斯灾害预警管理模式是具有特定的功能范围、辨错纠

错指标，并同煤矿企业组织中的其他管理系统形成互有分工、职能互补的组织结构关系。

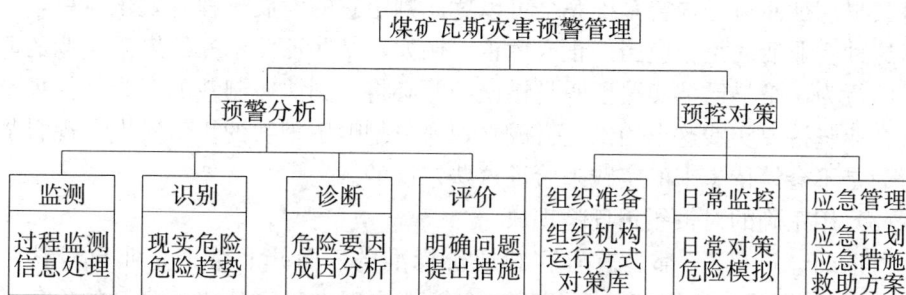

```
                    ┌─────────────────────┐
                    │  煤矿瓦斯灾害预警管理  │
                    └─────────────────────┘
              ┌──────────────┴──────────────┐
        ┌──────────┐                  ┌──────────┐
        │  预警分析  │                  │  预控对策  │
        └──────────┘                  └──────────┘
    ┌─────┬─────┬─────┬─────┐      ┌──────┬──────┬──────┐
  ┌────┐┌────┐┌────┐┌────┐  ┌──────┐┌──────┐┌──────┐
  │监测││识别││诊断││评价│  │组织准备││日常监控││应急管理│
  ├────┤├────┤├────┤├────┤  ├──────┤├──────┤├──────┤
  │过程监测││现实危险││危险要因││明确问题│ │组织机构││日常对策││应急计划│
  │信息处理││危险趋势││成因分析││提出措施│ │运行方式││危险模拟││应急措施│
  │        ││        ││        ││        │ │对策库  ││        ││救助方案│
  └────┘└────┘└────┘└────┘  └──────┘└──────┘└──────┘
```

图 5-1　煤矿瓦斯灾害预警管理的内容

只有在正确的理论模式指导下进行的实践才可能有正确的结果。煤矿企业采掘生产过程中任何危险现象的被确认及被纠正，首先都先要经过正确的理论模型的"初审"才能被确定。如果煤矿瓦斯灾害预警管理系统的模型，在安全管理实践中是科学的、可行的，那么，它应当可以在一定层次和范围内具有"代理"安全管理实践检验的功能。事实上，任何管理科学的理论原理与操作方法都是在大量的实践归纳中提炼的，煤矿瓦斯灾害预警模式同样也遵循这个规律。所以，预警管理系统将主要适应于下列四种情况的识错和纠错问题。

（1）不需要经过煤矿企业生产实践就应该初步加以识别的危险现象

在煤矿企业生产实践中，有些生产过程中的危险现象，无需经过企业具体的实践就可以初步予以识别，因而无需动用实践标准去"试试看"。比如，低瓦斯矿井是否可以使用不具备防爆性能的设备，只要参照历史上的或社会的煤矿企业瓦斯爆炸事故案例的比较，就可以得出初步的结论。这种情形下的预警管理活动是可行性研究性质的活动。如果新技术或新装备不经过上述对比评价研究就付诸实施，直接用煤矿企业实践去判断，不但会导致盲目的实践，而且要用不必要的、巨大的损失来换取对危险因素的识别。因此，在这种情况下，运用预警模型的评价标准来判定新技术、新装备是否可行，不但经济上合算，而且可以避免不必要的损失。

此外，需要说明的是：正确的理论模型在这种情况下只能完成对危险现象的初步判识，被它认定的活动方案是否错误或不可行，最终的判识标准还是企业实践。然而，如果将经过预警分析认为不可行的方案付诸实施，以求得实践的验证，其风险是很大的。事实上，我国许多煤矿企业在这方面的教训是非常深刻的。

（2）完全没有必要继续实践就能够予以识别的危险现象

在煤矿企业生产活动中，往往有许多被实践反复证明是错误的或不可行的安全管理行为。管理预警系统将吸收这些理性的经验（这些内容应被纳入系统中）。因此，对于煤矿企业活动中已经发生的一些危险征兆现象——任何失误、波动都会有其早期征兆——预警系统完全可以凭此判定它的发展过程与发生后果，从而确认这种企业活动是否应当停止或矫正。例如，某些证照不齐的煤矿企业的非法生产的行为，是早已被实践证明是错误的并必将得到法律制裁的行为，如果某些煤矿企业坚持要实践这个结论是否成立，那就是极不理智的。事实上，理智的企业行为是不会等待未来的实践来验证这些错误的。

（3）用正确的对策纠正危险现象

所谓的"正确"，都是有着客观评价标准的，而并非某个企业自身认为是"正确"的，即用众所周知的真理或安全管理原理来确定其"正确"的价值。虽然传统安全管理理论对失误、失败现象的研究过于疏漏，但对煤矿企业安全管理工作成功规律及方法的探讨却是相当深刻和实用的。虽然企业安全管理或灾害预防成功的机理和失误的机理各有其规律性，两者不能互相替代，但两者相互转化并交互作用于企业运作全过程的规律，使得前期对成功机理的研究结果能直接应用于对危险现象的矫正或转化活动中。因此，煤矿瓦斯灾害预警系统将广泛总结国内外煤矿企业（包括本企业）生产实践中各种有效的对策方法，并将其纳入对策库中。一旦预警系统确认某种危险现象并揭示其成因背景时，企业预控对策活动便可用常规的正确对策手段去制止或矫正危险现象的发展，并使之恢复到安全的运行状态。

（4）用错误的对策作参照去选择正确对策

由于传统管理理论对危险现象规律性的认知存在缺陷，加之煤矿瓦斯灾害成因的复杂性，所以不可能对企业发生的所有瓦斯灾害危险现象都能提供人所共知的成功对策。此时，寻找正确对策可以通过对已被国内外煤矿企业实践证明是错误的对策进行理性分析，辨识其错误的成因背景以及实施过程，从而明确哪些对策是不可行的，然后再去确定可能的正确对策。这样不仅可以降低煤矿企业对未知问题采取对策失误的概率，还可以通过对比分析来确定评价正确对策的标准。预控对策活动采用这种方式寻找正确对策的做法是基于如下假设的：同类错误可能有相同的形式，也可能有不同的形式，但它们具有相同的本质。如果能确认某种对策行为同人们已熟悉的错误对策在本质上是一致的，就可以判定它也是错误的，即用同类煤矿企业实践已证明的错误对策，同可能要被采用的对策进行比较，从两者本质上是否一致来确定后者是否正确。

5.2　煤矿瓦斯灾害预警管理系统的功能体系重构

根据煤矿瓦斯灾害预警管理系统的功能，可以对煤矿企业原有的安全管理系统职能结构进行重组与改造，形成一个新的灾害预警管理功能体系。实际上，预警系统只有有机地构建于传统的管理职能系统之内，才能充分发挥其特殊的预警、矫正与免疫的功效。这种融进新型效用功能的企业安全管理功能系统不是传统安全管理功能的简单重复与重组，而是在整体功能的"质"上形成了一个具有崭新功能的安全管理新模式的管理方法体系。

形成的这种新功能体系集成了煤矿企业的安全机理与成功机理的实践，集企业安全的防错纠错和企业危险的预警方法于一身，将"管理行为——管理失误""管理组织周期——管理波动"等基本矛盾运动所产生的安全管理不可靠置于有效的监测与控制之下，使企业安全管理组织在有序的均衡状态中实现自我整合（自组织状态），最终保证企业安全管理过程的完成和企业目标的实现。所以，煤矿瓦斯灾害预警管理理论所构造的功能体系具有全新的内涵。

5.2.1　新功能体系的内容构成

煤矿企业安全管理活动的目的就是要认知、把握与利用企业采掘生产活动中所涉及的种种客观环境的作用机制，将企业内部的有限资源与外部存在的发展机会有机地结合，从而实现煤矿企业的管理总目标。因此，煤矿企业组织所要构建的安全管理系统及其功能应当由两部分构成：一是企业安全管理活动对外界各种客观环境要素作用机制的适应，或者说企业安全管理活动中所涉及外部环境的客观活动规律；二是在适应这些客观规律的同时建立组织企业内部资源以达到企业目标的内部运行机制。煤矿瓦斯灾害预警管理理论所倡导的企业安全管理系统的功能（机制）构成，如图 5-2 所示。

1. 外部规律作用

适应外部规律作用，首先表现为企业组织对生产安全环境的种种客观运行规律的适应，以达到企业同环境之间交互活动的平衡（如合理的安全投入—产出关系等）。所以，若要确立企业安全管理功能体系的内容，首先要依照具体的外部环境要素及其运行规律对企业生产活动的作用，确定其管理功能的内容。而外部环境对煤矿生产安全活动产生直接作用的运行规律主要表现为五个方面，由此企业也要建立适应这些规律的五种管理功能。

```
                                              ┌ 自然变迁规律 ┤ 自然：资源与灾害
                                              │               └ 亚自然：人造资源与建设性破坏
                                              │               ┌ 资源配置：优势与劣势
                                              │ 市场运行规律 ┤ 竞争：胜利与淘汰
                                              │               └ 经济波动：正常与异常
                              ┌ 适应外部规律 │               ┌ 管理体制：产权制度
                              │ 作用的管理机制┤ 政策运行规律 ┤ 法律规范：税收……
                              │               │               └ 产业政策：鼓励与限制
                              │               │ 技术进步规律 ┤ 技术创新：进步与破坏
                              │               │               └ 技术效用：实用与落后
                              │               │               ┌ 社会协同：社会关系
                              │               └ 文化运行规律 ┤ 道德伦理：观念……
                 企业管理      │                               └ 文化变迁：教育……
                 运行机制      ┤                               ┌ 组织变革：规模、机构、制度
                              │               ┌ 企业变迁机制 ┤ 经营方式：管理方式
                              │               │               └ 产权变更：转移、消亡
                              │               │ 资产运行机制 ┤ 筹资、融资：借贷、信用
                              │               │               └ 资产增值：收益、扩张
                              │               │               ┌ 组织效率：生产、经营
                              │               │ 组织运行机制 ┤ 人事劳动：调配、培训、薪酬
                              │ 组织内部资源 │               └ 信息沟通：信息结构、沟通形式
                              └ 的运行机制   ┤               ┌ 技术装备：工序、设备
                                              │ 技术保障机制 ┤ 产品创新：开发与淘汰
                                              │               └ 技术保障：设计、工艺、检验、辅助系统
                                              │               ┌ 思想教育：信念、价值观、道德
                                              │ 行为激励机制 ┤ 人际协调：交往
                                              │               │ 民主管理：职工全力
                                              │               └ 安全培训与教育
                                              │               ┌ 制度监督：纪律约束
                                              └ 管理预警机制 ┤ 预警预控：诊断、预控、矫正
                                                              └ 应急管理：应急预案
```

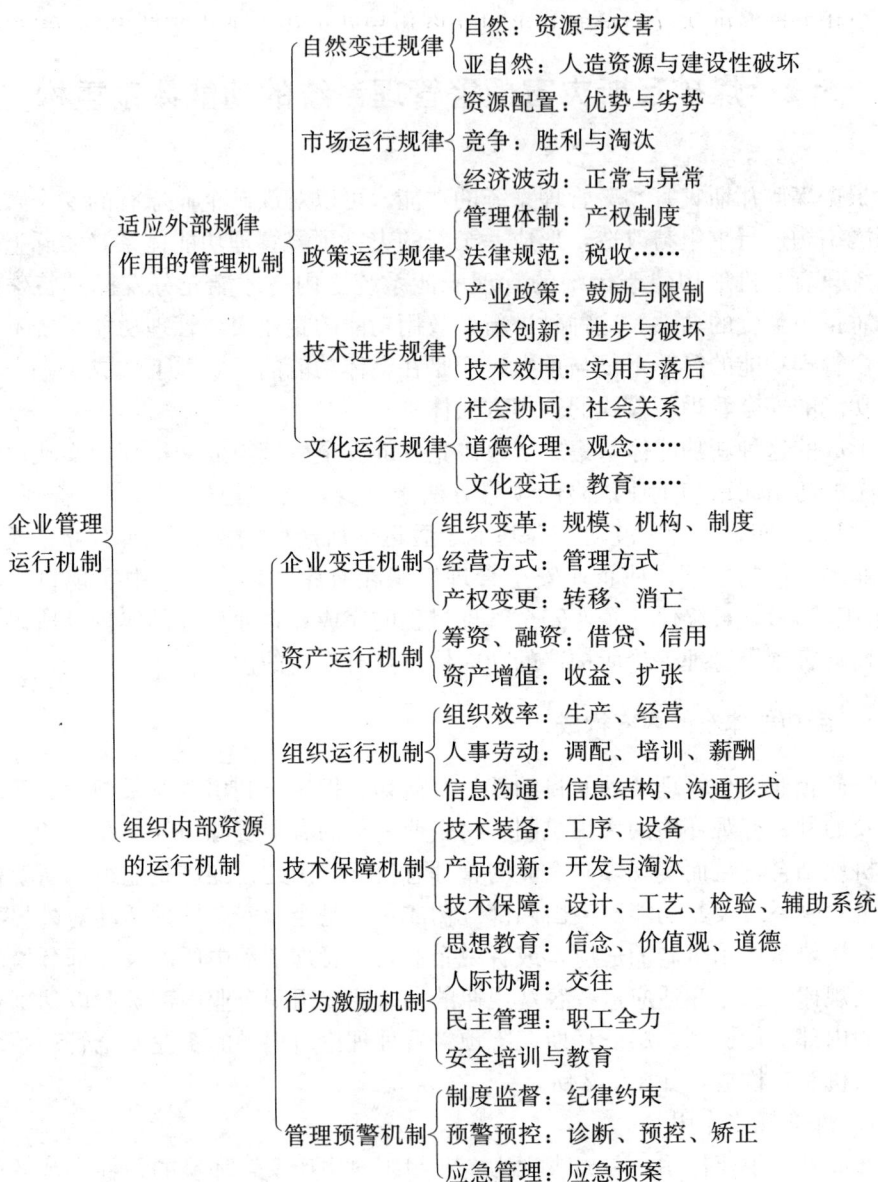

图 5-2　企业管理系统的功能构成

（1）自然变迁规律对煤矿企业的作用

它主要表现为自然界（包括人类改造过的自然）在客观变迁过程中对企业活动的正向或负向的影响，天然性自然（未经人类改造的）的变迁，可能为企业带来新的资源，也可能导致自然灾害（如大的地质断层对煤矿采掘生产的影响）。亚自然（人类改造过的资源性资源）的变化，既可以带来新的企业资源，也可以

产生"建设性"破坏（如过度开采煤炭资源导致地震、地表沉陷等）。煤矿企业生产活动必须有适应与预测这种环境作用的管理功能。

（2）市场运行规律对煤矿企业的作用

它主要表现为市场的资源配置机制、竞争机制、波动机制对企业生产生产活动的正向和负向的影响。在资源配置过程中，煤矿企业必然处于获取资源的优势或劣势地位；在竞争过程中，企业可能是获胜，也可能是失利；在市场波动中，企业或是处于受冲击较小的正常经营状态，或是处于受严重冲击的危险状态，如，2008 年以来的金融危机导致的经济危机对煤炭市场的冲击，使得部分煤矿企业出现亏损。总之，煤矿企业管理系统必须具备市场应变的功能。

（3）政策运行规律对煤矿企业的作用

它主要表现为国家安全监管体制下的管理体制、产业政策与法律规范等对煤矿企业生产活动的支持或限制作用。政策是一项重要的经济和经营管理的环境因素，是一种重要的管理手段，是调节各种关系平衡的杠杆，也是调动各类人员积极性和创造性的有力工具。在某种意义上说，政策指出了企业的经营方向，政策影响着企业追求目标上的判断。从长远观点看，一项政策是以在竞争中获取生存和发展为前提的。政府的政策对企业起管理、调节和约束的作用。如，国家产业政策对企业所属行业的支持或限制，明显影响了企业的经济效益高低；国家安全监管体制的变化也影响了企业安全管理体制和安全理念的变化；而国家制定的各种法规（如安全生产法、环境保护法等）也直接规定了企业行为的范围。总之，煤矿企业安全管理系统应当具有适应政策规律的管理功能。

（4）技术进步规律对煤矿企业的作用

它主要表现为技术创新机制和技术效用机制对企业安全生产技术状态的正向或负向的影响。技术创新机制是国家科技事业发展的动力，新工艺、新材料、新设备会使企业生产技术发生质的飞跃，但也会产生难以预料的破坏（如综采放顶煤工艺使高瓦斯矿井工作面瓦斯严重超限以致威胁生产安全等）。技术效用机制是指煤矿企业采用的安全生产技术是否适应企业现有技术基础条件与技术水平而能产生最大效益的规律，它使企业技术处于实用或落后的状态而产生不同的经济效益水平和安全生产水平。我国有些煤矿企业盲目引进的新技术、新装备由于不适应本矿现有的技术基础和技术水平而被放弃，不仅未能产生经济效益和安全效益，反而造成了巨大的经济损失。总之，煤矿企业安全管理系统应具有适应技术进步规律的管理功能。

（5）文化运行规律对煤矿企业活动的作用

它主要表现为社会协同机制、道德伦理机制、文化变迁机制对企业活动的正向或负向的影响。社会协同机制，是指煤矿企业在社会体系中必须同其他社会组织保持协调和共生的有机关系的规律，它要求企业必须接受各种社会组织或社会力量对其安全生产活动的影响（包括各种干扰）。道德伦理机制，表现为传统价值、伦理观念，尤其是民族信仰与风俗对企业生产活动的影响（这在食品行业、服装行业表现更为突出）。文化变迁机制，表现为社会文化变迁对企业的影响规律，如企业所在地区的教育滑坡、文盲增多，使企业职工的文化素质必然降低。另外，文化变迁也包括企业文化的兴起和发展，企业文化中与生产安全密切关联的是企业安全文化。企业安全文化是企业（行业）在长期安全生产经营活动中形成的，或有意识塑造的又为全体职工接受、遵循的，具有企业特色的安全思想和意识、安全作风和态度、安全的规章制度与安全管理机制及行为规范；企业安全生产的奋斗目标和企业安全进取精神；保护职工身心安全与健康而创造的安全而舒适的生产和生活环境和条件；防灾避难应急的安全设备和措施以及企业安全生产的形象，安全的价值观、安全的审美观、安全的心理素质、企业的安全风貌、习俗等种种企业安全物质财富和安全精神财富之总和。建立起"安全第一，预防为主，综合治理""尊重人、关心人、爱护人""珍惜生命、文明生产""保护劳动者在生产经营活动中的身心安全与健康"的安全文化氛围，不断完善"以人为本"的安全文明生产经营机制，结合煤矿企业生产活动的实际，在安全文化的各个层面上制定出不同的追求目标，通过宣传、教育，在生产实践中不断完善、提炼，达到预期安全目标。企业安全文化也是广施仁爱、积德行善，尊重人权、保护人权高雅文化，是与当今社会保护生产发展生产力相适应的文化。总之，煤矿企业安全管理系统应当具有适应文化运行规律的管理功能。

上述五种环境要素的客观运行规律对煤矿企业安全生产活动的影响，既有正向的、支持的、积极的结果，也有负向的、限制的、消极的结果。因此，在煤矿企业安全管理系统的功能构造中，应当确立能够适应和利用这些外界规律作用的具体管理职能。

2. 组织内部资源的管理职能

在外界环境要素的客观运行规律作用下，煤矿企业要想获取高额利润，实现安全发展，就必须在企业组织内部构造一个使企业资源能够得到最大程度发挥的安全管理职能体系。具体来说，该安全管理职能体系主要由企业变革管理机制、资产运行管理机制、组织管理机制、技术保障管理机制、行为激励管理机制、管理预警机制六方面的内容构成。

（1）企业变革管理机制。它主要通过组织变革、经营方式变革、产权变更等方式对煤矿企业变革实施管理。其中：组织变革主要表现为企业生产规模的扩大或缩小、管理机构及其结构（部门、层级）的调整、规章制度与领导体制的变更等；经营方式变革主要表现为企业管理方式尤其是安全管理方式的演变（如从集权式管理向分权式管理转变）；产权变更主要表现为企业产权的转移和消亡（如被兼并、破产等）。对企业变革的管理活动是基于企业安全发展的内在需要而进行的有目的的管理活动，其职能是谋划、实施、控制变革活动的全过程。

（2）资产运行管理机制。它主要通过筹资融资、资产增值等方式对企业资产进行管理。其中：筹资融资主要表现为银行借贷、社会融资的过程以及信用活动；资产增值主要表现为资金的收益和固定资产的扩充。企业的资产运行管理就是为煤矿企业生产活动谋取足够的资金和获取最大的利润而进行的管理。

（3）组织运行管理机制。它主要通过组织运作效率、人事劳动组织、信息沟通等方式对企业组织进行管理。其中：组织运作效率主要表现为生产组织效率、经营组织效率等；人事劳动组织主要表现为岗位调配、人员培训、劳动分配、奖励、福利等；信息沟通主要表现为组织职责关系中的信息结构及沟通形式。企业组织运行的管理职能的目标就是谋取最高的组织运作效率。

（4）技术运行管理机制。它主要通过技术装备、技术保障等方式对企业技术系统的运行进行管理。其中：技术装备主要表现为煤矿企业生产过程中的工艺设备、开采能力等；技术保障主要表现为设计水平、工艺水平以及生产辅助系统的保障水平等。煤矿企业对技术系统的管理职能的目标就是谋求企业的"规模经营——技术装备——技术保障"的最佳匹配。

（5）行为激励管理机制。它主要通过思想教育、人际关系协调、民主管理、安全教育与培训等方式对企业员工进行管理。其中：思想教育主要包括信念教育、道德价值观等；人际关系协调主要表现为人群交往和信息传播等；民主管理主要表现为员工权利；安全教育与培训主要表现为企业对员工进行的安全法制教育、安全知识教育、安全技能教育、安全态度教育等。企业对组织成员的管理职能，以调动劳动积极性和加强安全意识为主要目标。

（6）管理预警机制。它主要通过制度监督、预警预控、应急管理等方式对煤矿企业生产中的不规范行为与不正常状态进行管理。其中：制度监督主要表现为纪律与规范的约束（如工艺制度、生产纪律、企业纪律等）；预警预控主要表现为对安全管理失误行为和安全管理波动状态进行诊断、预控、矫正等；应急管理主要表现为企业遭受重大危险或事故时的特殊应变方式。煤矿企业的预警管理职能，以谋求避免或最大限度减少安全管理失误、安全管理波动与生产危险的发生为主要目标。

上述管理机制构成了煤矿企业内部安全管理的功能系统。它同企业对外界环境要素作用规律的适应性管理功能有机地融合为一体，共同构成企业安全管理运行系统的总体功能。这种功能系统是基于对企业危险、安全管理失误、安全管理波动以及外部环境要素所产生的诸种不利作用的综合考察下，构建的具有应变性、适应性的企业安全管理功能体系。

5.2.2　煤矿企业安全管理机制重构的设计

我国企业转换经营管理机制的任务主要是重构企业管理组织的功能系统。根据企业安全管理系统的功能内容构成，可以对我国煤矿企业安全管理的功能结构进行创新思维基础上的改进设计。

从煤矿企业组织体系的功能分工与运行效率角度来考虑，企业组织的功能系统应当包含三大类职能：战略管理、执行管理和预警管理。

1. 各类职能的内容

（1）战略管理。企业战略管理就是企业确定其使命，根据组织外部环境和内部条件设定企业的战略目标，为保证目标的正确落实和实现进行谋划，并依靠企业内部能力将这种谋划和决策付诸实施，以及在实施过程中进行控制的一个动态管理过程。企业战略指导企业的全部活动，制定战略和实施战略是全部管理活动的重点。而制定战略和实施战略的关键都在于对企业外部环境的变化进行分析，对企业的内部条件和素质进行审核，并以此为前提确定企业的战略目标，使三者之间达成动态平衡。战略管理的任务，就在于通过战略制定、战略实施和日常管理，在保持这种动态平衡的条件下，实现企业的战略目标。安全战略管理是煤矿企业战略管理的重要组成部分之一，它事关煤矿企业的兴衰存亡，是企业生存和发展的重要依据。安全战略管理主要包括董事会、企管部、安全部和人力资源部等职能部门。

（2）执行管理。执行管理就是为了协调和控制战略执行的过程，组合使用职能管理的方法和资源形成的管理体系。也就是说执行管理是职能管理的有机组合系统。职能管理是工具，执行管理则是职能管理在战略执行中的具体应用。煤矿企业安全生产的执行管理主要是围绕采掘生产的调度指挥和服务准备的功能。调度指挥职能由调度室执行；服务准备职能则分别由开拓部、技术部、机电部、安全部、通风部、地测部和财务部等部门分别承担。

（3）预警管理。即对战略管理、执行管理进行监督、控制和纠错的功能。这种职能分为以下几种。

①常规监控。它是煤矿企业内部生产过程的一般技术性监控，主要包括：技术监控、安全监控、工作监控（定额或工作量）、成本监控。其中：技术监控由技术部（或技术科）和调度室负责；安全监控由安全部和通风部负责；工作监控由人力资源部负责；成本监控由审计部负责。

②综合监控。它是对煤矿企业内部生产过程和外部经营过程进行的综合性监控，以市场监控为主。它包括：经营监控、环境监控、资金监控、管理周期监

控、失误监控五种监控职能，由企业管理部（或企管科）承担。它是在财务部及常规监控部门的一般监控数据的统计综合基础上，行使其综合监控的职能，即对由于企业内外变化的交互作用所可能产生的不利冲击做出预测与警报。其中：经营监控主要是对企业的煤炭产量、市场占有率、竞争对手的监控等；环境监控主要是对煤矿开采沉陷区的地表形变、煤炭市场波动趋势、市场资源配置的变动、产业政策或地区经济政策变动等的监控；资金监控主要是对企业融资、银行信用、资金周转率与利润率的变动等的监控；管理周期监控主要是对煤矿企业内部一般性的常规监控结果进行监控，因为常规监控的过程是各职能部门相对独立的单项监控，它不能监控企业整体管理周期活动中的诸种管理不可靠现象交互作用的结果，因而管理周期监控主要是监控各种管理不可靠现象的共生和相克关系过程；失误监控是对管理过程中的种种执行性操作错误、偏失、疏忽以及故意失误等进行监控。一般情况下，诸多单项的安全生产的小失误、小波动往往是煤矿企业所能承受的，但是，它们在破坏具体的采掘生产技术活动环节时可以逐渐积累或发生共生而产生"共振"，酿成整个安全管理系统的失控。

③应急监控。它是一种在特殊时空条件下的特别监控，是在煤矿企业陷入严重困境或遭受重大挫折时（如重大或特别重大事故、决策失误、政策突变等）对企业前景极不确定的严重恶化形势进行的监控。这种监控，由煤矿企业最高层领导部门直接领导预警部、企管部（或企管科，即综合监控的职能部门）、安全部以及所有需要参与的职能部门，在特殊的组织程序和活动规则下进行应急监控。应急监控主要包括：（a）安全决策监控，即对企业领导行为的直接监控，对应急对策的决策谋划过程、决策执行过程、决策人与主要执行人的身心状态进行监控与矫正；（b）波动监控，即对企业安全管理系统的功能失常、秩序失衡的状态及趋势进行监控与矫正；（c）危险监控，即对煤矿企业危险形势的动态监控，对企业发生危险的部门活动（如回采工作面瓦斯浓度短时间大幅度超标，生产中无法挽回的重大事故等）进行监测与前景预控。

总之，在煤矿预警管理的职能中，常规监控是煤矿企业内部日常性的单指标的技术性监控，这种职能在现行企业组织系统中都已确定。综合监控是煤矿瓦斯灾害预警管理理论所提出的旨在监控煤矿企业内外不利因素对企业的交互作用的预控，它对常规监测的职能进行整体化、综合化的系统监控。危险监控也是煤矿瓦斯灾害预警管理理论提出的旨在监控煤矿企业危险恶化趋势以控制企业陷入重大事故境地的一种特殊监控，它同时涉及企业安全管理系统的多层职能范围：战略管理层和执行管理层。也就是说，此时的预警管理已经具备了战略管理活动的职能。

2. 各职能间的相互关系

战略管理职能、执行管理职能和预警管理职能三者之间是一种循环往复的职能转换过程。企业内各职能部门在行使本部门的主要职能时，都会或多或少地具备其他两项职能的辅助。如生产调度部门的主要职能是执行管理，但它同时还有预警管理的辅助职能。因此，三大类职能是相互制约并有机联系在一起的，并且相互之间可以发生转化（如在应急管理中预警管理职能就转化为战略管理职能）。所以，由战略到执行到预警再反馈到战略管理中，三类职能贯穿于连续循环周期之中，如图 5-3 所示。

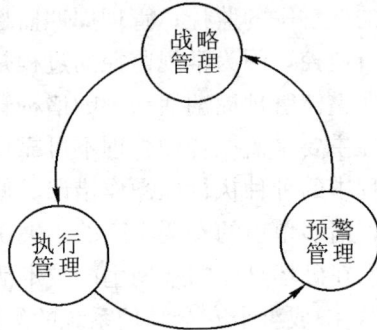

图 5-3　煤矿企业安全管理系统的职能运行方式

　　煤矿企业的安全管理活动就在这三大类职能的周而复始的循环之中进行。这种循环结构，表现了三类职能间的共生互补关系，尤其是预警管理职能的设立，使企业安全管理系统各功能之间的关系发生了质的变化。它不是企业原有职能体系的数量扩充和简单的职能结构调整。预警管理的监控职能已不是原来从属性的服务型职能，而是使企业安全管理系统具有内在防错纠错功能，在防止其系统功能失控或修复其功能损伤的基础上，保证企业采掘生产活动正常运行的管理功能机制。因此，这三类职能的循环不是简单的重复性的循环，而是螺旋式的上升，不断的提升企业的安全管理水平。

　　战略管理与执行管理职能在现有煤矿企业职能结构中已经设定，而预警管理职能则是现有企业职能结构中不曾具备的功能，它的提出及其对企业职能结构的改进，不但使企业安全管理系统的功能更趋完善、更加实用，而且也使企业安全战略管理与执行管理职能的内容得到补充和完善（如战略管理中的应急对策、执行管理中对各种失误和偏失的预警职能的加入等）。因此，图 5-2 和图 5-3 所显示的煤矿企业安全管理系统职能结构及其运行方式是企业有效预防风险、实现安全管理现代化的有效方式。

5.2.3　新型煤矿企业安全生产机制的职能分析

　　1. 新的职能矩阵结构

　　根据上述分析可知，煤矿企业组织中的各职能部门可以形成一个三维立体管理结构，如图 5-4 所示。战略、执行与预警管理三大职能构成了一个矩阵结构。

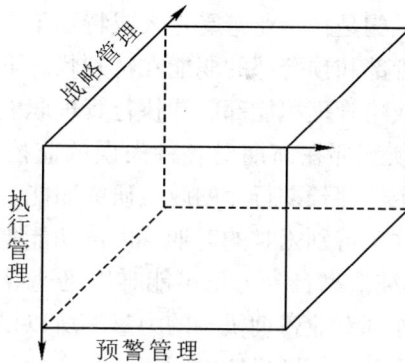

战略管理

执行管理

预警管理

图 5-4　管理职能三维结构

若战略职能用 A（a）表示，执行职能用 B（b）表示，监控职能用 C（c）表示，其中 A，B，C 为主要职能，a，b，c 为辅助职能，那么煤矿企业组织职能矩阵中各管理部门的职能分配，如表 5-1 所列。

表 5-1　煤矿企业组织的职能矩阵及职能分工

部门 职能	战略管理部门					执行管理部门							预警管理部门					
	董事会	行政部	企管部	安全部	人力部	调度室	技术部	开拓部	机电部	通风部	地测部	财务部	通风部	安全部	企管部	预警部	应急部	咨询组
战略 A（a）	A	A	A	A	A	a	a	a						A	A		A	A
执行 B（b）		B	b	B	B	B	B	B	B	B	B	B	B	B	b		B	
预警 C（c）			C	C		C	c	c	c	C	c	c	C	C	C	C	C	C
主要职能	A	AB	AC	ABC	AB	BC	B	B	B	BC	B	B	BC	ABC	AC	C	ABC	AC

2. 煤矿企业安全管理系统新功能的内容

表 5-1 中的战略管理职能部门和执行管理职能部门基本上均为原企业组织中已设定的职能部门，其职责范围没有变化。而预警管理职能部门中，通风部、企管部、安全部等原已存在的职能部门的职责范围基本不变，但企管部的职责被扩充加强。企管部的职责被扩充，集本企业政策研究、战略评价、预警监控等重要职能于一身，在整个预警管理系统中起着"业务中心"的作用。预警部是新设立的职能部门，当然也可以设在安全部，它专门对安全管理失误进行监测、诊断、矫正及对策的职能，同时总结预警监控职能系统的经验或教训，设置"预警监控档案"，在日常活动中训练全体员工接受危险源判识与防止方面的知识，培养员工在应急中的心理承受能力。此外，还进行各种危险的预测与模拟，设计"应急

管理"方案,在特别状态时供决策层采纳。

应急管理部和咨询机构是在企业遭受重大或特别重大事故与应急状态下设立的临时性机构,它是企管部和预警部的职能在特别状态下的扩大。当企业陷入极端困境或危险中时,其战略管理职能部门和执行管理职能部门的功能大都陷入失常或极不可靠状态,而预警部在前期对各种失误的监控与矫正以及它所储备的"应急管理方案",还有企管部长期行使的政策研究职能,可在此时发挥特别的效用。显然,煤矿企业在这个特别困难的时期(内部功能丧失和秩序混乱,外部形势严峻、时不待人),单纯依靠自身力量可能难以迅速寻找到危险根源及有效对策,此时将借助于企业外部专业咨询机构的力量,所以设置"咨询"机构,由应急管理机构统筹负责其业务。特别机构的职能,是全面的战略、执行、预警的职能。此时的预警部、安全部和企管部的职能已转化为战略职能为主,同时继续履行预警职能,直到煤矿企业生产恢复到正常状态。

总之,煤矿企业安全生产机制如果按照这种功能结构来改进其安全管理机理,不但可以在正常状态中纠正和摆脱各种失误、波动的困扰,同时也可以在危险中防止和预控各种失误与外界变化压力的困扰。这种机制才是企业适应市场经济,使其安全管理走向现代化的合理有效的管理机制。

5.2.4　预警系统同其他管理系统的组织关系

预警管理系统是对企业现行组织体系的一种进入和补充。它要同其他管理系统形成一种合作分工、功能互补的关系,就必须在预警管理系统的进入方式与成本以及自身系统功能设定等方面,形成一种合理的有价值吸引的优势。

1. 预警管理系统的进入

当预警管理系统进入企业组织体系并期望同其形成一个有机的整体,就意味着企业不仅要在资源上投入,还要承担可能给企业带来的相应的风险损失。因此,企业在引入预警管理系统时必须遵循以下两个组织原则。

(1)该系统进入企业时,它所引起的企业风险应大大小于企业现有风险承受能力。

(2)它为企业带来的利益愈大,企业允许它带来的风险也愈大。

按照第一个组织原则来分析,预警管理系统的进入必然导致企业在经济上、组织上的投入和企业管理系统的调整,这就带来一定的风险及损失的可能性。但是,预警系统的进入,不但在经济上不会形成大的成本投入,而且在组织上也不会引起剧烈变更,它基本上是利用企业现行管理系统中的各种资源,只是在组织职能分配上进行了局部的调整(参见图5-2、图5-3和表5-1)。因此,预警系统的进入为企业活动所带来的风险很小,小于企业现有的风险水平。

预警管理系统对煤矿企业采掘生产活动所具有的价值及可能带来的利益是明确的、肯定的。这个系统的进入，使企业整体活动具有"安全"运行的保障机能和有效防止并摆脱危险的机制。所以，预警系统为煤矿企业带来的利益前景是非常广阔的。按照第二个组织原则，企业允许它带来的风险可以提高，那么，预警系统的管理原理与方法及其应用的实践范围也可以不断地扩充发展，即使这种扩充可能带来一定的风险。从某种意义上讲，煤矿瓦斯灾害预警系统及其所依赖的煤矿瓦斯灾害预警管理理论，是煤矿企业安全管理的一种新模式。

预警系统的进入也必将同煤矿企业现行管理系统的职能发生交叉关系。因此，在调整企业组织结构的同时，也必须理顺预警系统同现行管理系统的职能分工与互补的关系。

2.　预控管理同一般管理控制比较

由于预警的主要目的是对企业的危险征兆进行早期监测与控制，因此，着重从管理控制的角度讨论该系统同一般管理控制的区别与联系。

（1）预控管理与一般管理控制的区别

第一，管理的对象不同。预控管理的对象是已被确认为可能引起企业重大危险的管理失误、波动、生产重大隐患等现象；而一般管理控制的对象是企业活动结果同预期目标的差异。后者的对象范围要比前者大，但又不能包括前者，因为许多危险现象从其发生开始起，其目标就是错误的，不存在目标与结果的差异问题，如管理失误行为中的非合理性失误现象。也就是说，一般管理控制是在确认目标的前提下对过程性结果进行控制，而预警预控管理是对目标本身、过程性结果以及目标环境进行诊断或改变的活动。

第二，控制的范围不同。预警预控管理的范围是被明确选择的特定生产环节或是被预警活动确认为可能给企业带来重大损失的危险现象；而一般管理控制是所有生产环节活动中结果与预期目标有偏差的现象。

第三，活动的依据不同。预警预控管理开展活动的基本依据主要有两个：一是管理对象的活动是否必要，二是这项活动是否会出现破坏后果以及有多大的破坏后果；而一般管理控制开展活动的基本依据也主要有两个：一是管理对象的活动是必须的，二是这项活动应该实现预期的效益目标。前者以保护性原则为主要活动依据，后者以直接效益性原则为主要活动依据。

第四，职能各有侧重。预警预控管理的职能主要是识别、诊断、评价、预控、矫正各种危险现象，整个活动过程有自己独立的管理方针、活动计划、执行过程、信息网络及程序规范，它寻求的是危险现象与企业运行"安全"的关系，从而发现暴露的和潜在的危险现象；而一般管理控制的职能主要是对已暴露的偏离目标的现象进行调控和技术性矫正，它的行动过程完全由管理对象的运行状态所决定。

第五，时间、方法不同。预警预控管理活动是全过程管理，即危险现象的成因（事前）、过程（事中）、后果（事后）的预控，在方法上有自身相对独立的评价指标体系和分析操作方式，是多种方法的综合使用；而一般管理控制活动主要是后果（事后）控制，即只有出现了偏离目标的后果才施以控制，它所采用的方法主要是单纯的、指令性的、强制性的控制方式。

第六，组织机构不同。预警预控管理活动具有专门的组织机构和专职人员，其机构涉及企业组织中各层次的管理活动，其人员的知识面要求很广，它的活动过程有严格的程序规范；而一般管理控制的活动，实施控制的职责由企业中高层的一些领导人员兼任，其控制活动过程和行为大都因人而异，从机制角度讲，后者的控制活动并未形成一种组织机制，而只是一种行为形式。

（2）预警管理同一般管理控制的联系

第一，一般管理控制是建立预警管理系统的基础，预警管理系统是一般管理控制的职能扩展与功能重构。

第二，预警管理系统兼有一般管理控制职能。预警管理系统的警报功能具有相对独立的分析功能，它由专门的预警管理机构来执行其职能。而预控对策活动，其"应急管理"功能是独特的新功能，其"日常监控"功能则同现行管理系统中的协调、控制功能有相互职能交叉的现象。显然，企业整体的控制活动不能由两个职能系统来执行。因此，必须进行职能合并，将现行管理系统中的一般控制职能并入预警系统的职能体系中。具体可以参考如下方案：在预警管理体系中，扩充"监测"职能，即将现行管理系统中有关协调控制职能并入预警系统中的监测活动和日常监控活动中。但需要指出的是，"日常监控"的对象是被确认为具有主导特性的重大危险现象，而那些非主要的附属的危险现象，往往是在企业可接受的风险范围内，并时刻被置于预警监测之下，并非是预警系统不注重非重大失控现象。同时，由于日常监控活动是预先控制的性质（对危险现象早期征兆的控制），它本身就是缩短实际结果与期望目标之间差距的活动，亦即一般管理控制的常规职能，当实际结果与预期目标之间的差距拉大趋势无法逆转时，就可采用应急管理方式。从这个意义上讲，预控对策系统不但可以替代现行管理系统的一般管理职能，而且还扩展了这种职能的作用范围。

5.3　煤矿瓦斯灾害预警管理系统的运转模式和运行机制

5.3.1　煤矿瓦斯灾害预警管理系统的运转模式

依照煤矿瓦斯灾害预警管理理论所提出的原理，我们知道，预警管理包括对安全管理失误、生产管理波动、重大危险进行监测、识别、诊断、评价、预控等，如图 5-5 所示。

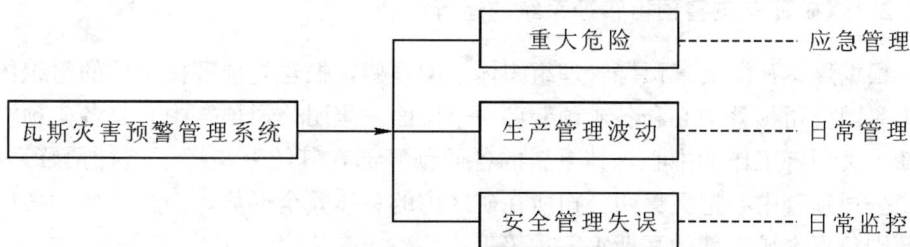

图 5-5　预警活动的对象范围及管理手段

煤矿瓦斯灾害预警系统的主要管理对象以及活动方式，应描述为图 5-6 所示模式。

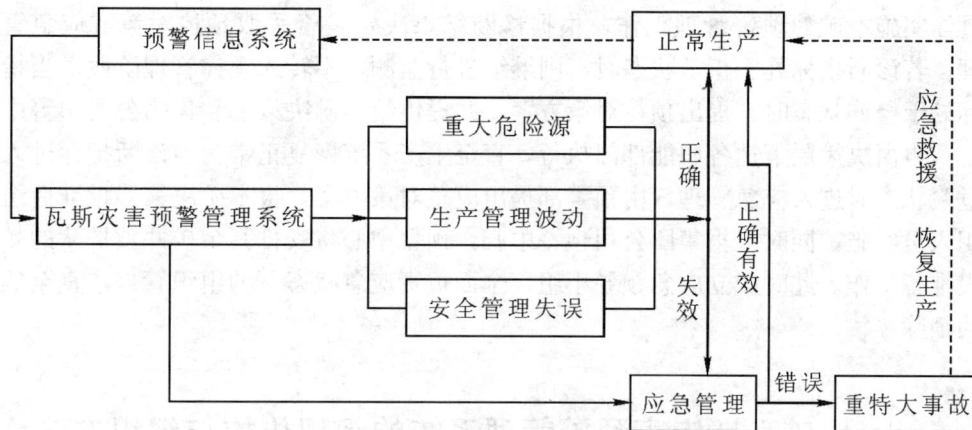

图 5-6　瓦斯灾害预警管理系统的活动模式

煤矿瓦斯灾害预警管理系统的运转应围绕着重大危险源、生产管理波动和安全管理失误这三个对象开展其活动。由图 5-6 可知，对重大危险源、生产管理波动和安全管理失误现象的预警管理会产生两种结果：正确有效的管理过程将使煤矿企业由危险状态转入正常生产状态，而错误失败的管理过程将使企业由一般危险状态转入企业应急管理状态。在应急管理状态下，预警系统活动的成功结果是企业转入正常生产状态，失败后果是企业将发生重大或特别重大事故。不论企业是由危险状态还是由应急管理状态转入正常生产状态，其活动过程和结果的参数都将反馈输入到预警管理系统中的信息库和对策库中，以合理调整和优化下一周期过程的预警活动。至此整个预警管理活动形成了一个循环。如果企业在应急管理状态处理不当，将导致重特大事故的发生。发生重特大事故后，经应急救援和灾后恢复生产，企业将恢复到正常生产状态。应急救援过程的信息也将进入预警信息系统，以便指导将来的应急救援活动。这就是图 5-6 所示的运行方式的内容，其运行过程的组织，将由特别设置的预警管理机构来实施。

5.3.2　煤矿瓦斯灾害预警管理系统的运行机制

根据煤矿瓦斯灾害预警管理组织体系的框架，把建立预警机制后的组织体系分为集团公司预警中心和各矿预警部两个层面。集团公司预警中心是各矿预警部瓦斯灾害预警工作的中心，其下属的各矿预警部在其统一指挥下运行预警系统。集团公司预警中心把握集团公司所在矿区内的总体安全形势，而其下属的各矿预警部则负责本矿内部的瓦斯灾害预警工作。

从集团公司预警中心的管理层面来看，当预警系统运转时，各矿瓦斯浓度监测数据可以实时监控，其余监测数据各矿预警部定期或不定期地向集团公司预警中心提交本矿的瓦斯灾害管理诊断报表，并上报所采取的预控措施。各矿预警部具体实施本矿的预警管理工作，根据诊断结果决定是否采取预控对策或应急管理。若诊断指标处于正常状态时，则继续进行监测，不转入预控管理阶段；当指标处于警戒状态时，提出预控对策方案，并提供给本矿决策层和集团公司预警中心，再由决策层下达各职能部门执行，直至生产系统恢复正常。当诊断指标进入危险状态时进入应急管理，由预警部提出应急对策方案，报本矿决策层批准后组织人员实施，同时上报集团公司预警中心，预警中心将安排其余矿井救护队的救援准备工作。此时成立应急领导小组，全面负责应急状态下的组织管理，直至危险消除。

5.4　煤矿瓦斯灾害预警管理系统的组织机构与组织方法

5.4.1　组织机构的模式及其构成

预警管理系统进入企业组织结构，必然导致企业现行组织结构的调整与职能重组。通过预警自身功能的介入和对现行管理系统某些职能的归并，预警系统本身在企业组织结构中就成为一个相对独立并且不可缺少的有机部分，并同企业组织中的战略管理系统、执行管理系统构成三位一体的企业组织功能体系(图 5-3)。因此，预警管理系统必然要建立自身的组织执行机构。根据图 5-4 "管理职能的三维结构"所描述的企业组织功能结构关系，预警管理系统的监控管理范围是企业高中低各组织层次及各横向职能部门的活动范围。鉴于对预警预控职能系统的运行模式探讨，煤矿瓦斯灾害预警管理系统在企业组织体系中，将体现为如图 5-7 所示的位置关系。

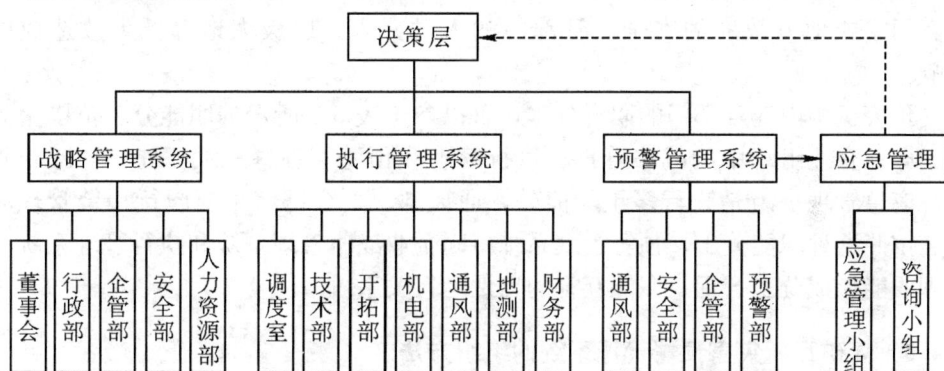

图 5-7　煤矿瓦斯灾害预警系统的组织机构及其组织关系

5.4.2　预警管理职能的分配

图 5-7 对煤矿瓦斯灾害预警管理系统的组织结构做了初步界定，由此确定了企业组织中三个管理系统的职能分工。预警的职能范围将企业现行管理系统中的企管部门、通风部门、安全部门等纳入本系统的职能范围，并同新设置的预警部门、应急管理小组共同构成一个新的职能组织机构体系。

预警组织机构在合并归纳企业现有职能部门的同时，也对现有职能部门的职责范围根据流程需要做了适当的调整。在基本维持通风、安全的职权范围条件下，扩充了企管部门的职权。企管部的职责被扩充至集政策研究、战略评价、预警监控等重要职能于一身，在整个预警监控系统中起着"业务中心"的作用。

预警部是新设立的职能部门（当然也可以并入安全部），它专门对安全管理失误的监测、诊断、矫正及对策的日常职能（如图 5-1 所示的管理内容）；在日常活动中训练全体员工接受危险辨识与防治方面的知识和技能，培养员工在应急中的心理承受能力；进行各种生产中重大危险的预测与模拟，设计"应急管理"方案，以在应急救援活动中供决策层采用。

应急管理小组是在煤矿企业发生重大或特别重大事故的状态下设置的临时性指挥机构，它是企管办和预警部的职能在特别状态下的扩大。当企业陷入极度危险中时，其战略管理系统和执行管理系统的职能已处于不可靠状态，而预警部在前期对各种失误的监控与矫正和它所储备的"危机管理方案"以及企管办长期行使的政策研究职能，可在此时发挥特别效用。显然，企业在这个特别时期单纯依靠自身力量可能难以迅速寻找到灾害根源及有效对策，因而将借助企业外部专业咨询机构的力量，是全面的战略、执行、监控的职能。此时的预警部、企管部职能已转化为战略职能和监控职能并重的状态，直到企业采掘生产恢复正常。对于煤矿企业而言，在应急管理状态中，不仅所属的集团公司有关部门将介入，还可能有国家或地方政府的安全监管部门的人员介入，以极大地降低事故造成的影响。

预警机构内部各部门的职责分工，可以参考表 5-1 所示的职能分工范围来确定。即在企业组织中的战略管理、执行管理和预警管理这三大职能中，除企管办、应急管理小组是履行多重职能外，通风部、安全部将主要履行预警管理职责。按照这种职能分工，预警管理系统将同企业战略管理系统和执行管理系统的管理职能形成分工合理、职能互补的良性运行关系。

5.4.3 煤矿瓦斯灾害预警管理系统的组织方法

与其他管理机构的运转一样，预警管理机构的运转也需要专业的技能和高超的艺术。在这里，我们主要探讨预警管理活动的实践运作要点、工作程序设计、人员配置等方面如何保证该系统运行的效率。

1. 预警管理系统的主要组织环节

按照图 5-1 所构造的煤矿瓦斯灾害预警管理的内容，该系统在实际运行过程中应注意下列四个重要组织环节。

（1）确定预警活动的监测对象

在建立煤矿瓦斯灾害预警系统的初期，应本着先易后难、循序渐进的原则，先选择比较容易进行或比较熟悉的生产活动为监测对象，如采掘工作面瓦斯浓度的监测。设计一套简单且实用的监测评价指标是监测活动质量的关键，为此，确立评价指标的范围宜小不宜大。通过稳妥的逐步积累经验的阶段之后，监测对象可逐渐扩大范围，指标体系也可以逐渐完善，其"监测信息处理系统"也逐渐丰富。此时，监测活动就要围绕在企业生产活动中具有举足轻重影响的环节（如煤与瓦斯突出的监测）开展活动，并为整个预警管理活动提供坚实的基础。

（2）制订预警活动计划

预警管理若要实现有目标、有次序的活动过程，就必须以合理周全的预警活动计划为前提。通常预警计划应包括如下内容：监测对象、日常监控对策的目的要求、预警评价指标的确定、预警分析活动和预控对策活动的程序以及信息管理的规范等。

（3）突出预控活动的重点

预控活动的目的是对企业内重大危险现象的早期征兆进行识别与控制。但是，一般而言，这些早期征兆是由诸多因素所引起的，这就要求预控对策活动抓住这些早期征兆中的主要矛盾现象，重点突出地进行对策选择并实施预控手段。这样就能通过对各种早期征兆现象的内在联系的重点把握，达到早期控制危险现象发展的目的。如，一般情况下，掘进工作面煤与瓦斯突出的征兆很多，既有有声征兆，又有无声征兆，这就要求预警管理系统能够找出这些征兆中的主要部分，以便采取有效的预控对策，从而达到诱导突出或消除突出的目的。

（4）掌握预警分析和预控对策的方法

预警活动中的管理方法是否科学，使用是否得当，决定着整个预警系统效率的高低。预警分析方法，除了要合理吸收现有理论中对采掘生产活动的分析方法外，还要通过煤矿瓦斯灾害预警管理理论的指导，建立独特的危险现象分析方法，如突出预兆信息与突出之间关系的基于支持向量机的分析方法、仿真分析法等。而预控对策的管理方法主要是借鉴现有管理理论的方法，因为现有理论对于确定条件下如何使企业采掘活动安全高效进行这方面的对策经验，对于解决危险现象的早期征兆问题仍然是有效的。如果这些危险现象无法得到有效控制而发展为应急管理状态时，将采用预警活动所特有的方法——应急管理方法。

2. 预警管理工作程序的合理化

（1）工作程序合理化的要求

①系统合理化。系统合理化即整个系统的工作流程最优化、条理化、规范化。若不实现整个业务工作系统的合理化，就无法提高工作效率。

②以"三化"原则为中心。在考虑系统合理化的同时，以"三化"原则为中心是很重要的。"三化"原则是标准化、专业化、简单化。要达到业务工作的合理化，需要制定各种各样的计划，即整个计划的规范标准化、具体措施专业化以及计划实施的简单化。

（2）工作程序合理化的流程

预警管理工作程序合理化的流程，主要包括以下步骤。

①掌握系统现状。通过详细地调查预警系统的结构、业务流程、有关人员以及和其他方面的关系，掌握目前系统工作的现状，这是达到工作合理化的第一步。调查系统现状时应尽量画出流程图，使之一目了然。

②分析存在问题。掌握系统现状之后，就要指出存在的问题。指出问题时要遵照标准化、专业化、简单化的原则去发现问题。在发现问题之后，要认真仔细地进行分析，比较准确地指出问题的根源。

③制订改进方案。如果发现的问题明确了，就要制订一个解决问题的方案。在制订方案的时候，要尽可能制订若干个，以供决策人员从中选择最佳方案。如果一开始只制订一个方案，就不利于产生创造性的想法，不利于归纳出好的改进方案。在制订方案的过程中，也可能发现对系统的掌握情况不够或者分析问题不透彻，此时需要重新调查系统或分析问题。

④向有关人员进行说明。有了改进的方案，在实施前一定要向有关人员进行说明。部分人员可能会对新的做法有抵触情绪，实施过程中应努力避免这种情绪。为了得到更多人的支持和协助，应在改进方案实施前把有关的一些情况进行说明，如果感到对方不能很快适应新的方案时，应该耐心地、仔细地、最好将量化了的数据向对方和其他有关人员进一步解释和说明。

⑤实施后观察。即使改进方案实施了，也不能认为所有的问题都解决了，还要进一步观察改进之后是否还有问题，改进后的效果如何等。方案实施后，也可能会发现改进方案中存在的问题，也可能发现改进方案可能与系统不一致，从而需要反复进行。最后应做出总结，以供今后工作参考。

预警工作程序的流程，如图 5-8 所示。

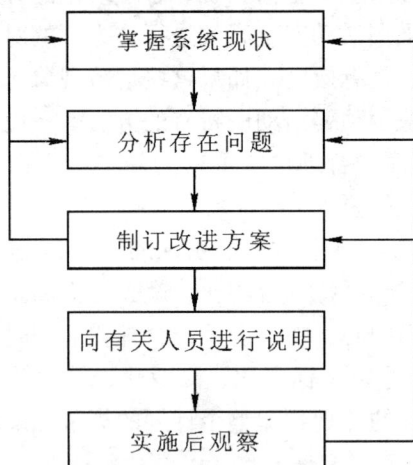

图 5-8 预警工作程序的流程图

3. 预警管理人员的优化配置

（1）明确对管理人员的素质要求

根据预警系统的性质和功能，预警管理人员应有较高的要求，具体来说，主要应满足以下要求。

第一，管理人员应具有广阔思维的品质。这种思维能力使得管理人员可以在不同知识领域、不同实践范围去深入问题的各个方面进行综合研究，并能做出许多重要的抉择。

第二，管理人员应具有深入思考的品质。管理人员应能够从不被人们注意的一些日常现象中发现事物的本质和规律，能预见未来发展进程，而不会被某些虚假的现象所蒙蔽。

第三，管理人员应具有独立决断的能力。管理人员应头脑冷静，处理问题果断，对任何复杂问题都有自己的见解，不随声附和，不随风摇摆，能坚持自己的原则和立场，具有敢于人先的精神。

第四，管理人员应具有思维的敏捷性，不优柔寡断，不多谋不断。在紧急情况下，应能当机立断，迅速而正确地处理各种突然发生的问题。

（2）坚持用人所长的管人原则

如果要高效、圆满地完成一项任务，就必须发挥人的长处。尺有所短，寸有所长，任何人都既有其优点，又有其缺点。但是我们可以设法使其缺点不发生或少发生作用，充分运用每一个人的长处，并使之在某一项任务中形成一个集合，以便提高工作效率。所以，正确的用人原则应该在于求其人之所长，而不在于求其人为"完人"。

（3）灵活运用他人智慧来解决问题

预警管理就是提前发现隐患，采取预控对策，以便解决问题于萌芽之中。但企业生产经营环境的变化很迅速，而且有些问题的发生是很难预测的，所以，在市场信息千变万化的今天，没有独立解决问题的能力的管理者是不能胜任管理工作的。但是对一个优秀管理者来说，他不但要具有发现问题、解决问题的能力，更要具备灵活运用他人的智慧来解决问题的能力。

5.5　煤矿瓦斯灾害预警管理系统的监控机制与管理制度体系

5.5.1　煤矿瓦斯灾害预警管理系统的监控机制

煤矿瓦斯灾害预警系统的监控机制是指对该系统是否良好运行，并对其运行过程中所出现的各种偏差进行纠正的实行监督控制的运作体系，旨在及时规范各项预警管理制度的执行，保证预警管理信息系统的有效运行，以确保预警预控功能的实现。监控的主体是集团公司预警中心和各矿的预警部。监控对象是各矿瓦斯灾害预警管理系统的运行情况，包括与预警管理相关的组织和个人、预警管理制度的落实情况、预警管理信息系统运行情况等。

煤矿瓦斯灾害预警系统的监控网络以煤矿瓦斯灾害预警系统的组织结构模式

为基础，以集团公司预警中心和各矿预警部为主导实施机构，集团公司预警中心负责煤矿瓦斯灾害预警系统的开发和管理，各矿预警部运行瓦斯灾害预警系统，通过局域网与集团公司预警中心预警系统联网，建立统一的信息平台，形成集团公司预警中心——矿预警部一体化的预警监控系统。其他相关职能部门和业务部门，可以根据授权情况，登录互联网获取相关信息。同时，各集团公司信息平台应该逐步与国家安全生产监督管理总局（国家煤矿安全监察局）、省煤矿安全监察局预警系统联网，力求信息共享，形成行业内部预警系统的相互支撑与互补，如图 5-9 所示。

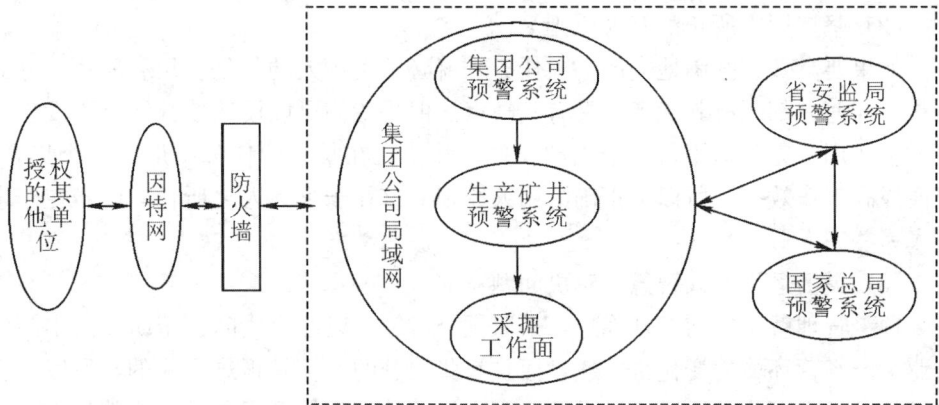

图 5-9　煤矿瓦斯灾害预警管理监控网络结构图

煤矿瓦斯灾害预警系统监控体系可以采取逐级监控、重点岗位直接监控的手段。按照煤矿瓦斯灾害预警系统的组织机制，逐级监控采取"集团公司预警中心—矿预警部—采掘工作面"的模式，将定期检查、不定期抽查、工作汇报制度化。基于信息平台的信息网络实时监控，应贯穿在整个监控过程中，并与其他制度化的监控方法相结合，形成高效的监控方法体系。

煤矿瓦斯灾害预警系统可以采取内部监控和外部监控两种模式。内部监控是指各矿在机构内部对瓦斯灾害预警系统运行情况进行监控，即自我监控的过程。外部监控是指其他部门（通常是集团公司和省煤矿安全监察局等其他相关授权机构）对本矿瓦斯灾害预警系统的运行情况进行监控。瓦斯灾害预警管理系统涉及多个层次和多个机构，非常复杂，所以，监控机制必须采用内外结合的方式，才能做到全面细致，达到预想的监控效果。

煤矿瓦斯灾害预警系统的监控流程包括三个环节，即确定监控标准、查找实际偏差、采取纠正措施。首先，确立监控标准，主要是对瓦斯灾害预警管理执行情况进行监督控制，以确保实现监控目标。因此，必须要确立监控标准，以明确瓦斯灾害预警系统运行的具体情况。通常可把预警系统的运行状态分为危险状态、不正常状态、基本正常状态、正常状态四个等级，设置预警制度执行情况标准和预警管理信息系统运行标准来评判预警系统的运行状态。其次，查找实际偏差，即预警管理系统处于非正常运行状态时，通过现场调查、汇报、分析等手段找出与正常运行状态之间的差距和导致其不能正常运行的原因。最后，采取纠正措施，即针对预警系统不能正常运行的原因，采取切实可行的措施，以求达到监控工作的目的，使监控系统真正生效。

5.5.2　煤矿瓦斯灾害预警管理制度体系

要推进煤矿瓦斯灾害预警管理，煤矿企业应建立一套完整、可行的煤矿瓦斯灾害预警管理制度，成为现有煤矿安全管理制度体系的有机组成部分。

1. 预警管理岗位设置制度

（1）预警部门的职能。煤业集团和其下属的各生产矿井应设置负责预警管理的部门，形成一个统一指挥、高效协作的预警管理组织体系。集团公司预警中心掌握全公司内煤矿生产安全的总体情况，全面把握安全形势，并就当前预警管理存在的问题，对各矿预警部的工作做出指导，并提供宏观的预控对策；各矿预警部是执行瓦斯灾害预警管理的基层组织，负责预警信息的收集、警情分析、诊断和评价、预控对策的制定以及与各业务部门的信息沟通等。

（2）预警岗位的设置。预警部门可酌情设置预警信息采集员、预警信息分析员、警情通报员、预警信息系统管理员等岗位，根据各生产矿井的实际情况，可以采用兼职的形式聘用各种人员。按照预警部门工作量的大小，相关岗位的人员各司其职，紧密配合。预警部门应根据工作岗位的设置配备专门的工作人员，并进行岗前培训和技能培训，使其具备全盘考虑的敏锐思维、遇事果断和透过细节洞察瓦斯灾害征兆的能力。

2. 预警系统运行保障制度

（1）依法按章运行制度。依法按章运行制度是保障煤矿瓦斯灾害预警管理系统正常有序运行的首要制度。集团公司及其下属各生产矿井应将煤矿瓦斯灾害预警系统的运行细则加入本单位规范化管理手册，并严格照章执行。

（2）瓦斯灾害预警责任制度。瓦斯灾害预警责任制度是指将预警责任落实到具体的个人，明确职责以确保执行。一旦发生问题，能及时发现责任对象，并结合有效的追究制度，促使责任人提高警惕，不再重蹈覆辙。

（3）瓦斯灾害预警奖惩制度。瓦斯灾害预警奖惩制度是指对煤矿瓦斯灾害预警工作做出较大贡献的单位和个人给予奖励，而对造成预警制度执行不力的单位和个人给予惩处。该制度应包括奖惩的原则、条件、方式和方法等内容。

（4）瓦斯灾害预警教育培训制度。该制度包括对集团公司及其下属各生产矿井的工作人员进行瓦斯灾害预警理念、预警知识和技能的教育培训，以及对造成事故的责任人进行教育、培训和提高等。

依法按章运行制度保证煤矿瓦斯灾害预警系统的运行"有章可循"，瓦斯灾害预警责任制度明确每个人的责任，瓦斯灾害预警奖惩制度能够强化煤矿瓦斯灾害预警系统的功能，而瓦斯灾害预警教育培训制度则从思想意识领域增强人员的预警意识，激发瓦斯灾害预警意识的能动作用，以保证煤矿瓦斯灾害预警系统更加有效地运行。

3. 预警系统运行管理制度

（1）预警信息监测制度。该制度保证煤矿瓦斯灾害预警指标的监测和调整，落实信息采集的来源、渠道、内容和方式等。

（2）预警信息分析与评价制度。该制度明确预警信息的识别诊断方法，采用的分析工具，分析结果可靠性评判原则，以及评价标准、周期和方法等基本规范。

（3）警情发布与反馈制度。该制度规定警情发布的对象、方式、发布周期，以及规范相关部门和个人针对当前警情的反馈机制。

（4）瓦斯灾害征兆处理制度。该制度规定瓦斯灾害征兆的预防、识别、诊断、处理和报告以及瓦斯灾害征兆原因分析和总结的标准，明确灾害征兆转化为瓦斯灾害事故的责任追究和处理的规章制度。

（5）瓦斯灾害全面预防制度。该制度规定瓦斯灾害全面预防的内容、涉及参加的人员、采取的防御方式以及发生事故后的紧急处理对策等规范。

（6）应急管理制度。该制度包括瓦斯灾害事故的发现、鉴定、危险应对方案的实施、危险处理意见和总结报告规范等。

本章小结

管理组织机制是瓦斯灾害预警系统运行保障的重要内容之一。本章首先分析了煤矿瓦斯灾害预警系统的组织模型，包括管理系统的构建原则与目标以及预警管理系统的功能；其次分析了瓦斯灾害预警管理系统的功能体系重构，包括新功能体系的构成、管理机制重构的设计和职能分析以及预警系统与其他管理系统的组织关系；然后分析了瓦斯灾害预警管理系统的运转模式和运行机制；接着分析了瓦斯灾害预警管理系统的组织机构和组织方法，包括组织机构的模式及其构成和管理职能的分配，预警管理系统的主要组织环节、管理工作程序的合理化和管理人员的优化配置等；最后介绍了瓦斯灾害预警系统的监控机制与管理制度体系。

参考文献

[1] 方炜. 航空公司危机管理研究 [D]. 成都：四川大学，2003.

[2] 何坪华，聂凤英. 食品安全预警系统功能、结构及运行机制研究 [J]. 商业时代，2007，(33)：62-64.

[3] 胡树华，秦嘉黎，曾寒. 城市安全预警管理系统的构建及其工作流程 [J]. 工业技术经济，2008，27 (11)：64-66.

[4] 胡树华，曾寒. 城市安全预警管理系统的构建及其管理体系 [J]. 科技管理研究，2009，(05)：134-135.

[5] 景国勋，杨玉中. 矿山重大危险源辨识、评价及预警技术 [M]. 北京：冶金工业出版社，2008.

[6] 李红杰，吴荣俊，许永胜，等. 采掘业灾害预警管理 [M]. 石家庄：河北科学技术出版社，2004.

[7] 罗帆，佘廉. 航空交通灾害预警管理 [M]. 石家庄：河北科学技术出版社，2004.

[8] 佘廉，李睿，李红九. 通路交通灾害预警管理 [M]. 石家庄：河北科学技术出版社，2004.

[9] 佘廉，王超，陈胜军，等. 水运交通灾害预警管理 [M]. 石家庄：河北科学技术出版社，2004.

[10] 佘廉，姚志勋，茅荃. 公路交通灾害预警管理 [M]. 石家庄：河北科学技术出版社，2004.

[11] 佘廉. 企业预警管理论 [M]. 石家庄：河北科学技术出版社，1999.

[12] 王超，佘廉. 社会重大突发事件的预警管理模式研究 [J]. 武汉理工大学学报（社会科学版），2005，18 (1)：26-29.

[13] 余欢，罗帆. 空中交通安全管理的预警组织机制研究 [J]. 武汉理工大学学报（社会科学版），2006，19 (5)：702-205.

[14] 张鸣，张艳，程涛. 企业财务预警研究前沿 [M]. 北京：中国财政经济出版社，2004.

[15] 周厚贵，章昌顺，冷树鹏，等. 建筑业灾害预警管理 [M]. 石家庄：河北科学技术出版社，2004.

第6章 煤矿瓦斯重大灾害的控制对策

6.1 矿井瓦斯涌出及治理

瓦斯事故是煤矿各类重大、特大事故中占的比重最大、死亡率最高、造成的损失最严重的自然灾害，也是煤矿安全生产的主要威胁。瓦斯事故主要包括窒息、燃烧、爆炸、突出等，从我国历年瓦斯事故分析来看，事故次数和死亡人数最多的是瓦斯爆炸，其次是煤与瓦斯突出。

6.1.1 矿井瓦斯生成与赋存

1. 矿井瓦斯的生成及性质

矿井瓦斯是成煤过程中的一种伴生气体，是指矿井中主要由煤层气构成的以甲烷为主的有毒、有害气体的总称，包括甲烷、二氧化碳、氮气，还有少量的乙烷、乙烯、氢气、一氧化碳、硫化氢和二氧化硫等，有时单指甲烷。矿井瓦斯来自煤层和煤系地层，它的形成经历了两个不同的成气时期：从植物遗体到形成泥炭的生物化学成气时期和从褐煤、烟煤到无烟煤的煤化变质作用成气时期，产生了大量的瓦斯。由于在生物化学作用成气时期泥炭的埋藏较浅，覆盖物的胶结固化也不好，因此，生成的气体通过渗透和扩散很容易排放到大气中，保存在煤层中的瓦斯主要来源于煤化变质作用成气时期。

瓦斯是一种无色、无味的气体，比空气约轻一半，易积聚在巷道的上部，难溶于水，扩散性强，会从高浓度区向低浓度区自动扩散。瓦斯无毒性，但空气中瓦斯浓度的增高会导致氧浓度的降低，当空气中瓦斯浓度为57%时氧浓度降至9%，人会缺氧窒息。瓦斯在空气中达到一定浓度后遇到高温热源能燃烧和爆炸，会造成人员伤亡。

2. 煤层瓦斯的存在状态

煤并不是致密的，而是一种多孔性固体，煤体中分布着大量的各种直径的孔，煤中孔隙可分为微孔（直径小于 10^{-5} mm）、小孔（直径在 10^{-5}～10^{-4} mm）、中孔（直径 10^{-4}～10^{-3} mm）、大孔（直径在 10^{-3}～10^{-1}mm）、可见孔和裂隙（直径大于 10^{-1} mm）。瓦斯在一定的压力下以游离状态和吸附状态存在于煤体中。游离状态的瓦斯以自由状态存在于煤炭的孔洞之中，其分子可自由运动，并呈现出压力来；吸附状态的瓦斯存在于煤岩体微孔表面或渗入煤体胶粒结构之中。吸附瓦斯的大小，决定于煤的孔隙结构特点、瓦斯压力、煤的温度和湿度等。

煤体中瓦斯存在的状态不是固定不变的，而是处于不断交换的动平衡状态，当条件发生变化时，这一平衡就会被打破。由于压力增高或温度降低使一部分游离瓦斯转化为吸附瓦斯的现象，叫做瓦斯吸附；由于压力降低或温度升高使一部分吸附瓦斯转化为游离瓦斯的现象，叫做瓦斯解吸。

煤层瓦斯沿倾斜方向可分为瓦斯风化带和瓦斯带。瓦斯带内瓦斯含量超过 80%，瓦斯带的特点是煤层的瓦斯含量、瓦斯压力和矿井瓦斯涌出量都随深度的增加而有规律地增加。

3. 煤层瓦斯压力

煤层瓦斯压力是指存在于煤层孔隙中的游离瓦斯所表现出来的气体压力。它是决定煤层瓦斯含量、瓦斯涌出速率及瓦斯动力现象的一个最重要参数，其大小取决于煤田形成后瓦斯排放的条件。对于同一煤层，瓦斯压力随深度的增加而增加。单位 MPa（兆帕），1 MPa＝10^6 Pa。

煤层瓦斯压力的测量，通常是从围岩巷道向煤层打直径为 50～75 mm 的钻孔，钻孔中放置测压管，将孔封闭后用压力表直接测定孔内气体的压力。封孔方法分为填料（黄泥、水泥）封孔法和封孔器封孔法。填料封孔法简单易行，但测定时间长；封孔器简单、可重复使用，但要求封孔段岩石不漏气。

4. 煤层瓦斯含量

煤层瓦斯含量指煤层在自然条件下单位重量或单位体积所含有的瓦斯量，一般用 m^3/t 表示。煤层瓦斯含量包括游离瓦斯和吸附瓦斯两部分，游离瓦斯约占 10%～20%，吸附瓦斯约占 80%～90%。煤层的瓦斯含量远比成煤过程中产生的瓦斯量要小。

煤层瓦斯含量是矿井进行瓦斯涌出量预测和煤与瓦斯突出预测的重要依据，其测定方法分为直接测定法和间接测定法两类。直接测定法比较简单，就是直接从采取的煤、岩样中抽出瓦斯，测定瓦斯的成分和瓦斯含量。间接测定法比较复杂，它是首先实测或推算煤层的瓦斯压力，然后通过试验并依据公式计算煤层瓦斯含量。

煤层的瓦斯含量除与生成的瓦斯量有关外，主要取决于煤层瓦斯运移的条件和保存瓦斯的能力。煤层瓦斯含量的影响因素主要有煤的变质程度、煤田地质史、煤层的赋存条件等因素。

（1）煤的变质程度

煤的变质程度决定了成煤过程中伴生的气体量和煤的含瓦斯能力。煤的变质程度越高，生成的气体量就越大，煤的微孔隙就越多，瓦斯含量就越大。煤的变质程度增高的顺序是：褐煤、烟煤、无烟煤。

（2）煤田地质史

在漫长的地质年代中，地层的上升和下降，陆相与海相交替变化，地表河流对煤层的侵蚀，煤层在地表暴露时间的长短等，这些对瓦斯的保存都有很大的影响。海相沉积的煤层瓦斯含量高，煤田地层下降时煤层瓦斯含量高。

（3）煤层的赋存条件

煤层的埋藏深度、倾角和煤层有无露头对煤层瓦斯含量有重要影响。同一煤田内，煤层瓦斯含量随深度的增加而增大。煤层倾角越小，瓦斯运移的途径越长，煤层瓦斯含量就越大。煤层有露头时，瓦斯容易排放；无露头时，则瓦斯容易保存，瓦斯含量高。

（4）煤层围岩的性质

煤层的围岩致密、完整、不透气时，瓦斯含量高。

（5）地质构造

地质构造是影响煤层瓦斯含量的最主要的因素之一。封闭型的地质构造有利于瓦斯的存储，而开放型的地质构造有利于瓦斯排放。背斜构造的轴部通常比相同深度的两翼瓦斯含量高，特别是当背斜上部的岩层透气性差或含水充分时，往往积聚高压的瓦斯，形成"气顶"。向斜构造由于轴部岩层受到挤压，其瓦斯含量一般比两翼高。

（6）水文地质条件

尽管瓦斯在水中的溶解度仅 $1\% \sim 4\%$，但在地下水交换活跃地区，水却能从煤层中带走大量瓦斯，从而使煤层瓦斯含量明显减少。

6.1.2 矿井瓦斯涌出量

1. 矿井瓦斯涌出形式

当煤层采掘时，受到采动影响的煤层、岩层以及采落的煤、矸石，会有大量的吸附瓦斯不断解吸为游离瓦斯，涌到采掘空间来，这就是瓦斯涌出。

瓦斯涌出形式有普通涌出和特殊涌出。普通涌出是指瓦斯从煤（岩）层的暴露面上均匀、缓慢地涌出，它范围广、面积大、时间长，是矿井瓦斯涌出的主要形式，在有积水的地方可以听到瓦斯涌出的吱吱响声或可看见水中冒出的气泡。特殊涌出指的是瓦斯喷出、煤与瓦斯突出。

2. 矿井瓦斯涌出量

矿井瓦斯涌出量是指在开采过程中，实际涌到采掘空间中的瓦斯量。它仅指普通涌出，不包括特殊涌出。表示矿井瓦斯涌出量的方法有两种：

（1）矿井绝对瓦斯涌出量

矿井绝对瓦斯涌出量是指单位时间内涌入采掘空间的瓦斯量，用 m^3/min 表示。用下式进行计算：

$$Q_瓦=QC$$

式中，$Q_瓦$——矿井绝对瓦斯涌出量，m^3/min；

Q——矿井总回风量，m^3/min；

C——矿井总回风流中的瓦斯浓度，%；瓦斯浓度是指瓦斯在空气中按体积计算占有的比率，是衡量通风效果好坏的指标。

（2）矿井相对瓦斯涌出量

矿井相对瓦斯涌出量是指在矿井正常生产条件下，月平均日产 1 t 煤所涌出的瓦斯量，用 m^3/t 表示。可用下式进行计算：

$$q_瓦=1\,440Q_瓦\,N/A$$

式中，$q_瓦$——矿井相对瓦斯涌出量，m^3/t；

1 440——一昼夜的分钟数，min；

A——矿井月产煤量，t；

N——矿井的月工作天数。

必须指出，对于抽放瓦斯的矿井在计算矿井瓦斯涌出量时，应包括抽放的瓦斯量。

3. 影响矿井瓦斯涌出量的因素

矿井瓦斯涌出量并不是固定不变，随自然条件和开采技术条件的变化而变化。

（1）煤层瓦斯含量

它是影响矿井瓦斯涌出量的决定因素。被开采煤层的原始瓦斯含量越高，其涌出量就越大。如果开采煤层附近有瓦斯含量大的围岩或煤层（即邻近层），由于采动影响，邻近层中的瓦斯就会沿采动裂隙涌入开采空间，导致实际瓦斯涌出量大于开煤层的瓦斯含量。

（2）地面大气压力的变化

当大气压力突然降低时，采空区及裂隙中的瓦斯涌出量就会增大，此时必须加强对采空区和风墙等附近的瓦斯检查。

（3）开采规模

开采规模是指矿井的开采深度、开拓开采的范围以及矿井产量。开采深度越大，煤层瓦斯含量越高，瓦斯涌出量就越大；开拓与开采范围越大，瓦斯涌出的暴露面积越大，其涌出量就越大；在其他条件相同时，产量高的矿井瓦斯涌出量一般较大。

（4）开采顺序

厚煤层分层开采时，第一分层（上分层）的瓦斯涌出量最大，这是由于采动影响，其他分层中的瓦斯也会沿裂隙渗出的缘故。同理煤层群开采时先开采的煤层的瓦斯涌出量最大。

（5）采煤方法与顶板管理

机械化采煤时，煤的破碎较严重，瓦斯涌出量高。采用全部陷落法管理顶板，由于能够造成顶底板更大范围的松动以及采空区存留大量散煤等原因，其瓦斯涌出比采用充填法管理顶板时要高。另外，回采率低的采煤方法，瓦斯涌出量相对就高。

（6）生产工序

从煤岩暴露面上和采落的煤炭中，瓦斯的涌出量是随时间的增长而衰减的，时间越短，涌出量越大，因此在同一采面，爆破或割煤时的瓦斯涌出量最高，比该面平均涌出量可高出一倍或几倍。

（7）通风压力

采用负压通风（抽出式）的矿井，风压越高瓦斯涌出量越大；而采用正压通风（压入式）的矿井，风压越高瓦斯涌出量越小。

（8）采空区管理

一般说来，多数采空区都积存有大量瓦斯，其管理方法及好坏程度对瓦斯涌出影响很大。如该封闭而未封闭、风墙质量很差，就会造成采空区瓦斯向外涌出。

4. 矿井瓦斯涌出量的预测

新井或生产矿井的新区，在设计前需要预先掌握其瓦斯等级和瓦斯涌出量以便作为通风设计的依据。预测矿井相对瓦斯涌出量的方法有瓦斯含量法和矿山统计法，生产矿井主要采用矿山统计法，即根据矿井生产中历年的相对瓦斯涌出量与开采深度的规律，来推测深部水平（或新采区）的相对瓦斯涌出量。但注意必须在瓦斯带内总结相对涌出量随深度变化的规律，且外推深度不得超过 $150\sim200$ m。

6.1.3　矿井瓦斯等级划分

不同矿井在开采时瓦斯涌出量有很大的差异，为保证安全生产。并做到在管理上经济合理，所选用的通风设备、通风要求及有关管理制度等都应有所不同。因此，根据瓦斯涌出情况将矿井分为不同等级，作为矿井设计和生产管理的依据是十分必要的，它是矿井瓦斯管理的首要原则。

《煤矿安全规程》（以下简称《规程》）第 133 条规定：一个矿井中，只要有一个煤（岩）层发现过瓦斯，该矿井即定为瓦斯矿井，并依照矿井瓦斯等级的工作制度进行管理。矿井瓦斯等级，根据矿井相对瓦斯涌出量、矿井绝对瓦斯涌出量和瓦斯涌出形式划分为：

①低瓦斯矿井：相对瓦斯涌出量小于或等于 10 m^3/t，且绝对瓦斯涌出量小于或等于 40 m^3/min。

②高瓦斯矿井：相对瓦斯涌出量大于 10 m^3/t 或绝对瓦斯涌出量大于 40 m^3/min。

③煤（岩）与瓦斯（二氧化碳）突出矿井。

《规程》第 176 条规定，矿井在采掘过程中，只要发生过 1 次煤（岩）与瓦斯突出，该矿井即为突出矿井，发生突出的煤层即为突出煤层；突出矿井及突出煤层的确定，由煤矿企业提出报告，经国家煤矿安全监察局授权单位鉴定，报省（自治区、直辖市）煤炭管理部门审批，并报省级煤矿安全监察机构备案。

各矿井每年必须组织进行矿井瓦斯等级和二氧化碳涌出量的鉴定工作，将鉴定结果报省主管部门审批，并报省煤矿安全监察机构备案。低瓦斯矿井，相对瓦斯涌出量大于 10 m^3/t 或有瓦斯喷出的个别区域（采区或工作面）为高瓦斯区，该区应按高瓦斯矿井管理。

新矿井设计前，地质勘探部门应提供各煤层的瓦斯含量资料，矿井瓦斯涌出量和矿井瓦斯等级在设计任务书中确定。

矿井瓦斯等级鉴定工作，一般可按下列顺序和步骤进行。

（1）准备工作

①成立鉴定小组，配足人员，明确分工。

②编制实施方案，包括时间安排、人员组织、仪器用品、井下测点布置、测定内容、注意事项等。

③备齐所需测定仪器和记录、测算所用的表格。

④校正所用仪器。

（2）井下测定

①选定测点。测点位置一般选在矿井总回风道、各独立通风区域的回风道和各翼、各水平、各煤层、各采区（工作面）的进、回风道内，测点应选在测风站，如无测风站，可选在断面规整、无杂物的一段平直巷道（10 m）内。

②测定内容。包括风量、瓦斯浓度、二氧化碳浓度、气象条件（地面和井下的气温、气压、湿度等）。

③测定时间与方法：

根据当地气候条件，定月；应选择瓦斯涌出量最大的一个月（一般为 7 月或 8 月）为鉴定月。

在鉴定月的月初、月中和月末各选一天（间隔 10 天），如选 5 日、15 日、25 日为鉴定日，鉴定日的产量、通风瓦斯管理必须正常。

在鉴定日内分早、中、晚三班进行测定（两班工作制者分两班测定），测定工作要在本班正常生产时进行。

在每一班的时间内，应在班初、班中、和班末各测一次，取其平均值。

在每次测定时，对风流瓦斯浓度、二氧化碳浓度和温度等，要在同一断面的上、中、下分别测定，取其平均值，风量测定按测风要求进行。

将测定数据及时记入记录表中。

（3）资料整理

将整理后的实测记录表中的原始数据以及月产量、工作天数等汇总于瓦斯鉴定基础表（表 6-1）中。

表 6-1　瓦斯和二氧化碳鉴定基础表

____局____矿____井____煤层____翼____水平_____年_____月_____

气体名称	旬别	日期	第一班			第二班			第三班			三班平均涌出量/($m^3 \cdot min^{-1}$)	瓦斯抽放量/($m^3 \cdot min^{-1}$)	瓦斯涌出总量/($m^3 \cdot min^{-1}$)	月工作天数/d	月产煤/t
			风量/($m^3 \cdot min^{-1}$)	浓度/%	涌出量/($m^3 \cdot min^{-1}$)	风量/($m^3 \cdot min^{-1}$)	浓度/%	涌出量/($m^3 \cdot min^{-1}$)	风量/($m^3 \cdot min^{-1}$)	浓度/%	涌出量/($m^3 \cdot min^{-1}$)					
瓦斯	上															
	中															
	下															
二氧化碳	上															
	中															
	下															

通风区（队）长：　　　　　　观测人：　　　　　　制表人：

（4）注意事项

①应做好鉴定月生产天数和产量的统计工作。

②对抽放瓦斯的矿井，鉴定日内要测定抽放的瓦斯量。

③在计算各区域瓦斯涌出量时，要扣除进风流中的瓦斯量。

④突出矿井也必须按照瓦斯等级鉴定工作内容进行测算。

（5）确定矿井瓦斯等级

在鉴定月的上、中、下三旬进行测定的 3 天中，选出最大值作为矿井绝对瓦斯涌出量，依此计算出矿井相对瓦斯涌出量，并确定出该矿井瓦斯的等级。矿井瓦斯等级的鉴定报告，可按表 6-2 的形式填写和计算。

表 6-2　矿井瓦斯等级报告表

　　　　矿　　　　　井　　　　　　　　　　　　　　　年　　　　月　　　　日

矿井、煤层、翼、水平、采区名称	3 天中单日最大瓦斯涌出量 / (m³·min⁻¹)			日瓦斯涌出量 /m³	月实际工作天数 /d	月产煤量 /t	月平均日产煤量 /t	平均产煤 1 t 瓦斯涌出量/ (m³·t⁻¹)	矿井瓦斯等级	上年度矿井瓦斯等级	说明
	风流	抽放	总量								

矿长：　　　　　　　通风区（队）长：　　　　　　　　制图人：

6.1.4　矿井瓦斯涌出的治理

矿井瓦斯涌出治理技术分为源治理、按瓦斯危险程度进行分级和分类治理和综合治理。

1. 矿井瓦斯涌出分源治理

所谓分源治理，就是针对瓦斯来源个数、各源瓦斯涌出量的大小及其涌出变化规律，通过方案比选，选取经济适用、简便可靠的控制技术进行治理。

（1）掘进工作面瓦斯涌出治理技术

并不是所有掘进工作面均需要进行瓦斯治理，如果不考虑煤层有煤与瓦斯突出危险性，单纯从通风能力小于稀释瓦斯所需风量，而且再加大风量已变得不经济、不合理时，才需要采取控制瓦斯涌出的技术措施。即下式成立时，才需要进行瓦斯治理：

$$Q_{掘} \geqslant 0.6 S \cdot V \cdot C / K$$

式中，$Q_{掘}$——掘进工作面瓦斯涌出量，m^3/min；

S——掘进巷道有效通风断面积，m^2；

V——《煤矿安全规程》允许的掘进工作面最大风速，m/s；

C——《煤矿安全规程》允许的掘进工作面风流最高瓦斯浓度，$\%$；

K——瓦斯涌出不均衡系数。

有时，掘进工作面的瓦斯涌出量虽然小于其通风能力所能稀释的瓦斯量，但由于煤层有突出危险性，此时也需要对掘进工作面进行瓦斯治理。治理掘进工作面瓦斯涌出的常见技术措施，有如下几种。

①掘前预抽。②边掘边抽。③井巷固壁隔绝封堵抽排瓦斯。④钻孔注水湿润煤体与煤壁洒水。⑤减少一次爆破与爆破深度。⑥限制掘进速度。⑦双巷掘进。⑧缩短独头掘进巷道长度。⑨短抽长压玻璃钢局扇。

（2）回采工作面瓦斯涌出治理技术

当回采工作面所开采的煤层有突出危险性或在给定的日产量条件下工作面的绝对瓦斯涌出量大于通风所允许的瓦斯涌出时，必须采取瓦斯治理技术措施。瓦斯涌出治理的必要性判定指标（单从通风稀释瓦斯角度考虑）如下：

$$Q_回 \geqslant 0.6 \cdot S \cdot V \cdot C/K$$

或：

$$q_回 \geqslant 864 \cdot V \cdot C/(K \cdot A)$$

式中，$Q_回$——回采工作面绝对瓦斯涌出量，m^3/min；

$q_回$——回采工作面相对瓦斯涌出量，m^3/t；

S——回采面最小有效通风断面积，m^2；

V——《煤矿安全规程》允许的工作面最大风速，m/s；

C——《煤矿安全规程》允许的工作面最高瓦斯浓度，%。

回采工作面瓦斯涌出的常见治理技术措施，有如下几种。

①本煤层采前预抽。②本煤层边采边抽。③上、下邻近层卸压瓦斯抽放。④采空区瓦斯抽放。⑤工作面煤壁浅孔注水。⑥减少工作面一次截割或爆破煤量。⑦限制工作面推进速度。⑧选用合理的通风系统。⑨加强通风管理，维护好通风设施，实施瓦斯自动监控。

（3）采空区瓦斯涌出治理技术

当采空区瓦斯涌出在矿井、采区或回采工作面的瓦斯涌出构成中占有较大的份额、通风能力有限或通风稀释不经济、不合理时，应该优先采用采空区瓦斯治理措施。采空区瓦斯治理技术措施，有如下几种。

①加强采空区密闭，减少采空区瓦斯的涌出量（对已采空的采区和工作面而言）。②提高工作面回采率，减少采空区遗煤。③改变通风系统，改变采空区漏风路线。④采空区瓦斯抽放，采空区有半封闭采空区和全封闭采空区之分。

（4）回采工作面上隅角瓦斯超限治理技术

采用 U 形通风系统的回采工作面上隅角瓦斯最容易超限，往往超过《规程》规定的浓度，甚至处于瓦斯爆炸的浓度区域（5%～15%），是工作面瓦斯爆炸的多发地带。治理上隅角瓦斯积聚的常用方法，有如下几种。

①风障或风帘法。②尾巷法。③改变采空区的漏风方向。④上隅角抽排瓦斯。⑤其他方法，诸如液压风扇、脉动通风机等。

2. 矿井瓦斯分级分类治理

矿井瓦斯分级管理是矿井瓦斯管理的首要原则。依据矿井不同的瓦斯等级，采取不同的管理制度、管理措施和管理手段是矿井瓦斯分级管理的基本方法，下面分别介绍矿井瓦斯分级管理的基本内容。

（1）矿井瓦斯检查制度及人员配备

《规程》第 149 条规定，矿井必须建立瓦斯、二氧化碳和其他有害气体检查制度，它包括下列内容：

①划分瓦斯检查地区。通风区要根据矿井通风系统和检查任务的大小分别划分瓦斯检查地区，根据地区确定检查人员，规定巡回路线、检查时间和内容，并制订各区域瓦斯巡回检查计划图表。要求每次巡回检查时间间隔不超过 2.5 h，检查时间误差不超过 20 min。

②瓦斯检查地点：掘进工作面进风流、掘进工作面风流及掘进工作面回风流；采煤工作面进风流、采煤工作面风流及煤帮和上隅角处、采煤工作面回风流、尾巷等点；矿井总回风或一翼回风、采区回风中；采掘爆破地点附近 20 m 范围内、电机附近 20 m 范围内、局部通风及开关附近 10 m 内；硐室、煤仓、临时停风的掘进巷道、封闭区等。

③瓦斯检查次数：

采煤工作面瓦斯检查次数：低瓦斯矿井中每班至少 2 次；高瓦斯矿井中每班至少 3 次；有煤与瓦斯突出的采掘工作面，有瓦斯喷出危险的采掘工作面和瓦斯涌出较大、变化异常的采掘工作面，都必须有专人经常检查瓦斯，并安设甲烷断电仪。

采掘工作面二氧化碳应每班至少检查 2 次；有煤与二氧化碳突出危险的采掘工作面，二氧化碳涌出量较大、变化异常的采掘工作面，必须有专人经常检查二氧化碳。

本班未进行工作的采掘面、可能涌出或积聚瓦斯或二氧化碳的硐室和巷道，每班至少检查 1 次瓦斯或二氧化碳。

井下停风地点栅栏外风流中的瓦斯浓度每天至少检查 1 次；风墙外的瓦斯浓度每周至少检查 1 次。

④瓦检三对口。瓦斯检查工必须执行瓦斯巡回检查制度和请示报告制度，并认真填写瓦斯检查班报，做到瓦斯检查班报手册、记录牌、调度日志三对口（三种记录上的检查地点、检查日期、每次检查的具体时间、班次、检查的内容和数据、检查人姓名等必须完全一致），严格执行"一炮三检"制度，并对井下所有"一通三防"设施和装置负有维护管理与监督检查的责任。若瓦斯超限时瓦斯检查工有权责令现场人员停工，并撤到安全地点。

⑤瓦斯检查工交接班制度。地区瓦斯检查工要在井下指定地点交接班，跟班瓦斯检查工在工作地点交接班。交接班时，必须交清本班的情况及下班需要注意的问题。如当班发生瓦斯超限，地区瓦斯检查工必须立即采取措施进行处理，未处理完瓦斯时，必须在工作地点交接班。不得空班、漏检、假检。

⑥通风值班人员的工作。通风值班人员必须审阅瓦斯班报，审查瓦斯检查工的工作质量，发现问题及时处理，并向矿调度汇报。

⑦审阅通风瓦斯日报制度。通风瓦斯日报必须送矿长、矿技术负责人审阅，一矿多井的矿必须同时送井长、井技术负责人审阅。对重大的通风瓦斯问题，应制定措施，进行处理。

⑧安全培训制度。加强对瓦斯检查工的培训，不断提高其技术水平和业务能正确掌握瓦斯检查方法和处理瓦斯超限、积累的方法。

（2）矿井通风安全监测装置设置的要求

矿井瓦斯等级不同，传感器的设置要求就不同。

（3）矿井电气设备的选用要求

矿井瓦斯等级不同，其电气设备的选用要求就不同，选用时应符合《规程》第444条的要求。

（4）掘进工作面安全技术装备系列化标推

矿井瓦斯等级不同，煤巷、半煤岩巷掘进工作面安全技术装备系列化要求就不同，具体内容包括：局部通风机应连续可靠运转；加强瓦斯检查和监测；实行综合防尘；要防爆和防火；安全爆破；隔爆与自救；推广屏蔽电缆、阻燃风筒和局部通风机消音器。

（5）矿用安全炸药选用要求及爆破管理

矿井瓦斯等级不同，选用的煤矿许用炸药的安全等级就不同，应遵守《规程》第320条的规定。

（6）通风的要求

应实行分区通风。低、高瓦斯矿井采掘工作面串联时不得超过一次；且要有安全措施；突出矿井严禁串联通风。

（7）"四位一体"综合防突措施

突出矿井开采突出煤层时必须采取"四位一体"综合防突措施。

3. 综合治理

综合治理是指以消除采掘工作面瓦斯危险为目标，以确保生产过程中人身安全为宗旨，采取包括瓦斯涌出量预测、瓦斯危险程度评价、瓦斯治理技术措施编制与实施、措施效果检测以及意外危险出现时的人身安全保障措施在内的瓦斯治理综合安全系统措施。

6.2　瓦斯喷出及其预防

6.2.1　瓦斯喷出的分类及其特点

大量承压状态的瓦斯（二氧化碳）从肉眼可见的煤、岩裂缝孔洞或炮眼中快速喷出的现象叫作瓦斯喷出。瓦斯喷出一般都伴随有声响效应，如吱吱声、哨声、水的沸腾声等。一般认为，在正常通风条件下，短时间内很快使巷道瓦斯浓度严重超限，并持续一定时间（少则几十分钟，多则几年）的瓦斯涌出属于瓦斯喷出。2001 年版《规程》首次对瓦斯喷出进行了定量规定，即："在 20 m 巷道范围内，涌出瓦斯量大于或等于 $1.0 \ m^3/min$，且持续时间在 8 h 以上时，该采掘区即定为瓦斯（二氧化碳）喷出危险区域"。

由于瓦斯喷出在时间上的突然性与空间上的集中性，所以它对矿工生命安全的威胁是很大的。它一旦发生可能造成局部地区长至采区或矿井的一翼充满高浓度瓦斯，致使人员窒息、遇有火源时可能引起瓦斯爆炸或火灾事故。

根据喷瓦斯裂缝显现原因的不同，可分为地质来源的和采掘卸压形成的两大类。

1. 瓦斯沿原地质构造洞缝喷出

这类喷出大多数发生在地质破坏带、石灰岩溶洞裂缝区、背斜或向斜轴部储瓦斯区以及其他储瓦斯构造与原始洞缝相通的区域。这类喷出的特点是，在一般情况下喷出的瓦斯流量较大，持续时间较长，无明显的地压显现预兆，掘进巷道的瓦斯喷出一般位于工作面迎头周围。喷瓦斯裂缝多属于开放性裂缝。它们与储气层（溶洞、砂岩、煤层等）或断层破坏带相通。例如，中梁山煤矿南矿 +390 m 水平北茅口灰岩大芯掘进放炮与石灰岩溶洞裂缝（两条各宽 10～100 mm）相通，随炮响起一轰鸣声，像压气管路破裂似的大量喷出瓦斯（CH_4），"雾"气弥漫、充满整个回风巷，两小时后测得流量 486 m^3/min，瓦斯吸出持续两周，共喷出 $36×10^4 \ m^3$。瓦斯。此处正位于背斜构造轴部、距断层破坏带约 40 m，茅口灰岩位于煤层群的底板。苏联顿涅次煤田从煤层和岩层裂隙和空洞喷出瓦斯现象有广泛地分布，仅 1959～1969 年曾记载 800 次，大多数喷出流量 3 000～7 000 m^3/d，持续时间 15～20 d，持续时间最短的一次共吹出 $4.5×10^4 \ m^3$，最长的一次共喷出 $36×10^4 \ m^3$。当深度小于 700 m 时，瓦斯喷出的频率（每 1000 m 发生的次数）、喷出瓦斯量与持续时间随深度而增长；到 700～800 m 深度，它们在实际上趋于稳定。瓦斯喷出主要来源于围岩。

2. 瓦斯沿采掘卸压生成的裂缝喷出

这类喷出也往往与地质构造有关，因为在各种地质构造破坏区内，原来处于封闭状态的构造裂隙容易被利用，即在采掘地压和瓦斯压力联合作用下会突然张开，成为瓦斯喷出的通道。这类喷出的特点是喷出濒临发生时，伴随有地压显现效应，出现多种显著预兆。例如，巷道与工作面的压力增大（来压）支架响声、掉碴、煤岩开裂、支架折断等；喷出瓦斯持续的时间较短，喷出瓦斯量与卸压区面积及其瓦斯贮量有关。掘进巷道发生的这类喷出，一般都距掘进工作面迎头一定距离（例如 20～40 m）的已掘的巷道处；回采工作面发生的这类喷出，一般都在工作面推进距开切眼约 1～3 倍层间距（卸压瓦斯源所在邻近层与开采层的层间距）处，因为这类喷出要具有一定的采掘面积时才显现卸压。层间距、喷出源的瓦斯压力、层间岩石力学性质、采掘卸压以及地质构造破坏程度等都影响这个面积的大小。

6.2.2 瓦斯喷出的防治

1. 第一类瓦斯喷出的防治方法

（1）加强地质工作

在预测有第一类瓦斯喷出危险的区域内，必须加强地质工作。采掘施工前一定要设法探明地质情况，例如通过前探钻孔查明采掘区域与岩巷（井）前方的地质构造、溶洞裂缝的位置分布及其瓦斯储量。

对于石灰岩溶洞裂缝和无吸附能力的断层带、砂岩层等的储瓦斯容积可用下式估算：

$$V = \frac{Q p_a}{p_0 - p_1}$$

式中，V——储瓦斯洞缝的容积，m^3；

$\quad\quad Q$——现场测试时，两次测压期间从洞缝排出的瓦斯量，m^3；

$\quad\quad p_a$——测试地点的大气压力，MPa；

$\quad\quad p_0$——排放瓦斯之前，储瓦斯洞缝测得的原始瓦斯压力，MPa；

$\quad\quad p_1$——排放瓦斯之后，测得的洞缝残余瓦斯压力，MPa。

对于有吸附能力的岩层（煤层），按煤（增）的瓦斯含量与储瓦斯的煤（省）储量来预计。

（2）根据瓦斯压力、储瓦斯容积和地质采掘条件制定防治瓦斯喷出的设计与安全措施。

（3）利用封堵喷出缝口，引排抽放瓦斯、加强通风等综合方法治理喷出瓦斯。当单纯用通风方法不能使井巷和工作面的瓦斯浓度降到《规程》规定的浓度时，就应采用综合治理方法，即除加强通风外，还要采用隔离瓦斯喷出源，并通过专门管路把瓦斯引排至确保安全的回风道风流中或地面大气中。

不宜使用引排时，可采用钻孔抽放，钻孔直径为 45～110 mm，也可先砌筑混凝土巷壁或发碹，然后在碹壁外注水泥浆封固，壁后插管把瓦斯引至瓦斯管路。

当瓦斯喷出十分强烈不能采用上述方法时，可把喷出井巷密闭，通过密闭墙上设置的瓦斯管把瓦斯引出排放到适宜地点。为了排水和取样检查密闭区气体等情况，在密闭墙上应安设三个直径为 35 mm 以上的插管：一个是引排瓦斯用；一个是放水用；一个取样测温用。

（4）前探钻孔措施

①岩石井巷前方有喷出瓦斯（CH_4，CO_2 等）危险时，应打前探钻孔，钻孔超前工作面距离不得小于 5 m，孔数至少 3 个，针孔控制范围要越出井巷侧壁 2～3 m，钻孔直径不应小于 75 mm。

②在有 CH_4 或 CO_2 喷出危险的煤层内掘进巷道时，可沿煤层边打超前钻孔边掘进，钻孔超前工作面的距离不得小于 5 m，孔数至少 3 个；

③煤层有 CH_4 或 CO_2 喷出危险，当沿其顶、底板岩层中掘进巷道时，可向煤层打前招钻孔，掌握煤岩间距、探明瓦斯压力。

经过打前探钻孔后，发现 CH_4 或 CO_2 喷出量较大时，应打排放瓦斯钻孔。钻孔施工时，应有防治瓦斯危害的安全措施。

（5）安全措施

搞好通风、严格瓦斯检查制度，防止瓦斯浓度越限。人员应携带隔绝式自救器。巷道内应铺设压缩空气自救系统，设反向风门放炮时，人员必须全部撤至反向风门外，风门内应切断电源。

2. 第二类瓦斯喷出预防方法

《规程》第 178 条规定，开采近距离解放层时，必须采取安全技术措施，防止被解放层初期卸压的沼气突然涌入解放层采掘工作面。

①搞好地质工作。除查清地质构造外，还应掌握层间岩性与厚度的变化，邻近层的瓦斯压力与瓦斯含量，地压的大小与顶底板活动规律等，以便制定预防瓦斯喷出、瓦斯爆炸和窒息事故的措施。

②根据初期卸压面积估算卸压瓦斯量。按照这个瓦斯量、瓦斯喷出危险性以及层间。

距确定抽放卸压钻孔的数量及孔位，抽放钻孔可布置成扇形孔（以减少钻场工程量和钻机的运输安装费）孔数一般为 5～6 个。

③加强职工业务培训，人人掌握瓦斯喷出预兆，配备自救器，安设压气自救系统，熟悉避灾路线与自救系统的器材使用方法。

④搞好顶板管理，加强支架质量检查，悬顶过长而不卸压时应采取人工卸压

措施，以防大面积突然卸压造成强烈瓦斯喷出。

⑤搞好工作面通风，加强瓦斯检查，掌握瓦斯涌出动态与抽放瓦斯动态，以便做好瓦斯喷出的预报和预防工作。

6.3　煤与瓦斯突出灾害控制对策

煤与瓦斯突出是指煤矿在采掘生产过程中，在地应力和瓦斯的共同作用下，破碎的煤、岩和瓦斯由煤体或岩体内突然向采掘空间抛出的异常动力现象。

突出对煤矿安全生产造成极大的威胁，毁坏支架和设备，使通风系统受到破坏，生产停顿，煤流埋人，人员窒息，甚至引起瓦斯燃烧爆炸。我国已有 200 多个矿井发生突出上万次，其中以湖南、四川、重庆、辽宁、河南、贵州、江西等省较为严重。

煤与瓦斯突出的强度可根据突出的煤量分为：小型突出（＜100 t）、中型突出（100～500 t，含 100 t）、大型突出（500～1 000 t，含 500 t）、特大型突出（≥1 000 t）。我国按照煤与瓦斯突出的成因将突出现象分为四类，即煤与瓦斯突出、煤的突然压出、煤的突然倾出和岩石与瓦斯突出，《规程》所指的突出是这四类的总称。

煤与瓦斯突出是一种复杂的矿井动力现象，是一个经过长期研究至今未能可靠解决并威胁煤矿安全生产的世界性难题，解释煤与瓦斯突出原因的学说也多种多样，其中被多数人公认的是综合作用学说，即认为煤与瓦斯突出是地压、瓦斯压力和煤的物理力学性质综合作用的结果。其中地压是发动突出的重要因素，是破坏煤体的主要动力；瓦斯是完成突出的主要因素，是抛出煤体并进一步破碎煤体的主要动力；煤的物理力学性质决定了突出发生、发展的难易程度，起着阻碍突出的作用，如果煤体松脆，透气性低，则容易突出。

《规程》第 177 条规定，突出矿井在编制年度、季度、月生产建设计划的同时，必须编制防突措施计划。开采突出煤层时必须采取突出危险预测、防治突出措施、防治突出措施的效果检验、安全防护措施"四位一体"的综合防突措施，其管理程序如图 6-1 所示。

6.3.1　防治突出措施

防突措施按作用范围分为区域性防突措施和局部性防灾措施。凡是能起到大面积防突作用，即包含了煤层或煤层群大区域的措施称为区域性防突措施，如开采解放层、预抽煤层瓦斯等。凡是起到局部范围防突作用的措施称为局部性防突

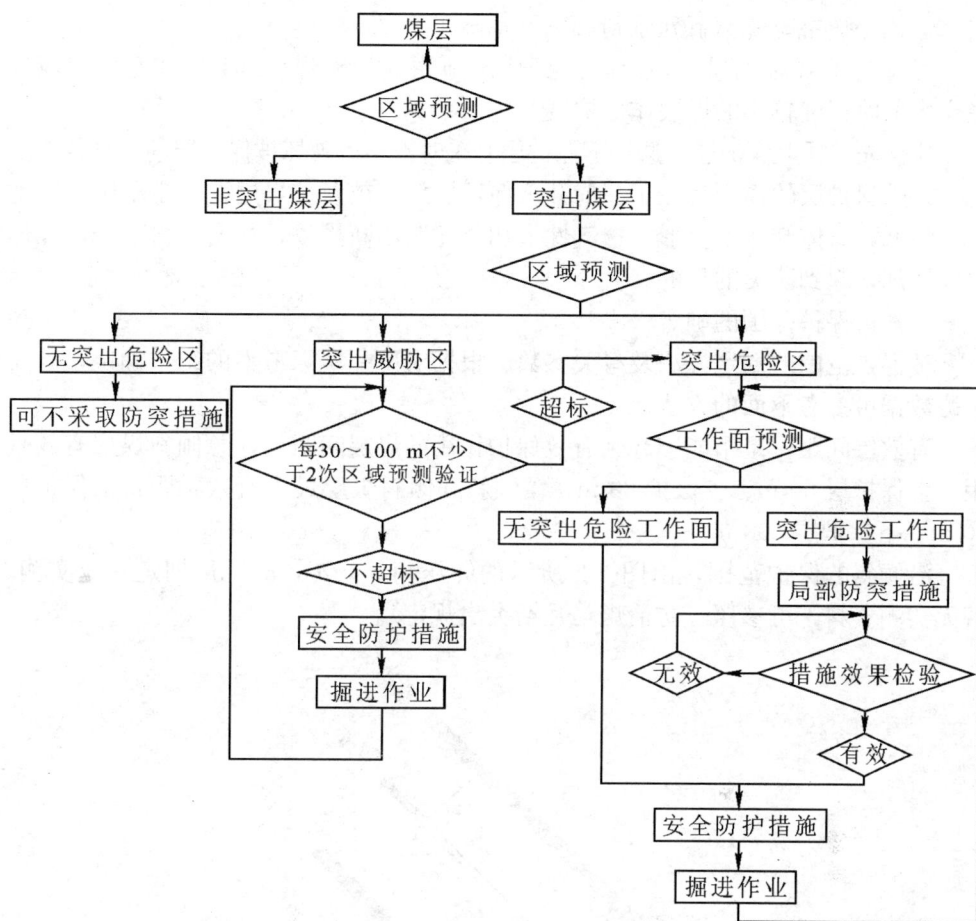

图 6-1　综合防突管理程序

措施，如超前钻孔、排放钻孔、水力冲孔、水力冲刷、松动爆破、金属骨架等。在采用防突措施时应优先考虑区域性防治突出措施。

1. 开采保护层

开采保护层是防突的主要措施，也是最有效和最经济的防突措施，在有条件使用的突出矿井得到广泛的应用。《规程》规定，在突出矿井开采煤层群时，应优先选择开采保护层。开采保护层后，在被保护层中受到保护的区域可按无突出危险区进行采掘作业；在未受到保护的区域，必须采取综合防突措施。

（1）开采保护层的作用

所谓保护层是指为消除或削弱相邻煤层的突出（或冲击地压）危险而先开采的煤层（或矿层）。相应的受其保护影响的未被开采的突出危险煤层为被保护层，位于被保护层上部的保护层叫上保护层，位于被保护层下部的保护层叫下保护层，选择保护层应遵循下列原则。

优先选择无突出危险煤层作为保护层。矿井中所有煤层都有突出危险时应选择突出危险程度较小的煤层作保护层。

应优先选择上保护层。选择下保护层开采时，不得破坏被保护层的开采条件。

开采保护层的作用就在于超前开采保护层后，被保护煤层在一定范围内，地应力降低，煤体卸压、变形，透气性增加，瓦斯不断排放，瓦斯压力下降，煤体强度增加，起到防突的目的。

（2）被保护范围的确定

被保护范围的划定方法及有关参数应根据对矿井实际考察的结果确定，若无实测数据可参考下面的方法。

有效层间距，是指能够起到有效保护作用的煤层间距离，急倾斜煤层有效垂距：上保护层 60 m、下保护 80 m；缓倾斜和倾斜煤层最大有效垂距：上保护层 50 m、下保护层 100 m。

沿倾斜的保护范围，由图 6-2 所示的卸压角 δ_1，δ_2，δ_3，δ_4 划定，应实测。若无实测资料，可参照《防治煤与瓦斯突出规定》。

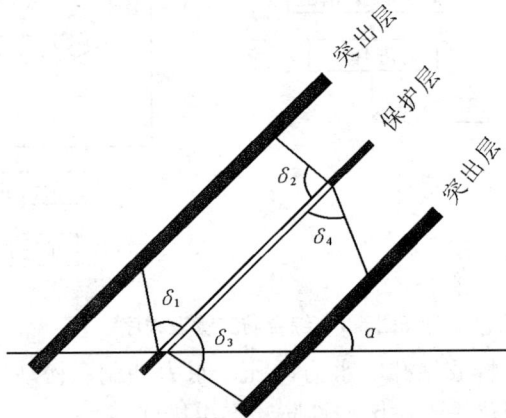

图 6-2 沿倾斜保护范围

沿走向的保护范围，正在开采的保护层采煤工作面，必须超前于被保护层的掘进工作面，其超前距不得少于保护层与被保护层之间法线距离的 2 倍，并不得小于 30 m。对已停采的保护层采煤工作面，停采至少 3 个月，并卸压比较充分，该采煤工作面的始采线、采止线处，沿走向的被保护范围可按卸压角 56°～60° 划定。

（3）开采保护层的注意事项

有条件时最好开采中距离（10～60 m）保护层。开采近距离（10 m 以内）保护层时，必须采取措施严防被保护层初期卸压的瓦斯突然涌入保护层采掘工作面和误穿煤层。开采保护层时采空区内不得留有煤（岩）柱；特殊情况需留煤

（岩）柱时，必须将煤（岩）柱的位置和尺寸准确地标在采掘平面图上。开采保护层时应同时抽放被保护层的瓦斯。

2. 预抽煤层瓦斯

单一突出危险煤层和无保护层可采的突出煤层群，可采用预抽煤层瓦斯的方法。即在突出煤层内布置一定数量的钻孔（穿层钻孔或沿层钻孔），经过一定时间抽放后瓦斯含量减少，煤体卸压，煤强度增加，消除突出危险，是一种有效防治突出的方法。采用预抽煤层瓦斯措施防治突出时，钻孔封堵必须严密。穿层钻孔封孔深度应不小于 3 m，沿层钻孔的封孔深度应不小于 5 m。若用于石门揭煤时，抽放钻孔布置到石门周界外 3～5 m 的煤层内，钻孔直径 75～100 mm。钻孔孔底间距 2～3 m。

3. 水力冲孔

水力冲孔是防止突出的一种有效方法。它是以岩柱或煤柱作为安全屏障，向有自喷现象的严重突出煤层打孔，同时以一定的压力向孔内注水，通过钻头的切割和水射流作用，破坏煤体，重新分布应力和释放瓦斯潜能，达到防突目的。

在石门离煤层 4～5 m 处开始打钻布孔，钻孔应布置到石门周界外 3～5 m 的煤层内，冲孔顺序一般是先冲对角孔，后冲边上孔，最后冲中间孔。石门冲出的总煤量不得少于煤层厚度 20 倍的煤量，如冲出的煤量较少时，应在该孔周围补孔。水压一般应大于 3 MPa。

水力冲孔也适用于突出煤层的煤巷掘进。在厚度 3 m 左右和小于 3 m 的突出煤层，按扇形布置 3 个孔，在地质构造破坏带或煤层较厚时，应适当增加孔数，孔底间距控制在 5 m 左右，孔深通常为 20～25 m，冲孔钻孔超前掘进工作面的距离不得小于 5 m，冲孔孔道应沿软分层前进。冲孔前掘进工作面必须架设迎面支架，并用木板和立柱背紧背牢，对冲孔地点的巷道支架必须检查和加固。冲孔后和交接班前都必须退出钻杆，并将导管内的煤冲洗出来，防止煤、水、瓦斯突然喷出伤人。

4. 排放钻孔

排放钻孔是在石门掘进离煤层垂距 5～8 m 外向突出煤层打多排钻孔以防突出。适用于透气性较好并有足够的排放时间的突出煤层。排放钻孔应布置到石门周界外 3～5 m 的煤层内，排放钻孔的直径为 75～100 mm，钻孔间距根据实测的有效排放半径而定，一般孔底间距不大于 2 m；在排放钻孔的控制范围内，如果预测指标降到突出临界值以下，措施才有效。对于缓倾斜厚煤层，当钻孔不能一次打穿煤层全厚时可采取分段打钻。

5. 水力冲刷

水力冲刷是高压水枪冲刷石门工作面前方煤体，形成超前孔洞，使煤体得到卸压和排放瓦斯,以清除石门揭煤时的突出危险性。水力冲刷的主要问题是冲刷出的煤和瓦斯就地排放,形成了工作地点不安全的环境。

6. 金属骨架

金属骨架是指插入预先打在石门断面周边钻孔内的钢管或钢轨,是一种超前支架,主要用于揭开具有软煤和软围岩的薄及中厚突出煤层。在距煤层 2~3 m 时,在石门上部和两侧周边外 0.5~1.0 m 范围内布置骨架孔;骨架钻孔穿过煤层并进入煤层顶(底)板至少 0.5 m,钻孔间距不得大于 0.3 m,对于软煤要架两排金属骨架,钻孔间距应小于 0.2 m。骨架材料可选用 8 kg/m 的钢轨、型钢或直径不小于 50 mm 的钢管,一端伸入孔底,另一端伸出孔外用金属框架支撑或砌入碹内。揭开煤层后,严禁拆除金属骨架,而且金属骨架防治突出措施应与抽放瓦斯、水力冲孔或排放钻孔等措施配合使用。

7. 超前钻孔

超前钻孔是指向掘进工作面前方沿煤层方向打一定数量和长度的钻孔以消除一定范围内的突出危险的措施。一般用在煤层透气较好、煤质较硬的突出煤层中,超前钻孔直径一般为 75~120 mm,地质条件变化剧烈地带也可采用直径 42 mm 的钻孔。钻孔超前于掘进工作面的距离不得小于 5 m;若超前钻孔直径超过 120 mm,必须采用专门钻进设备和制定专门的施工安全措施;钻孔应尽量布置在煤层的软分层中,超前钻孔的控制范围,应控制到巷道断面轮廓线外 2~4 m,超前钻孔孔数应根据钻孔的有效排放半径确定,钻孔的有效排放半径必须经实测确定。超前钻孔施工前应加强工作面支护,打好迎面支架,背好工作面。

8. 松动爆破

松动爆破是在采掘过程中利用炸药在钻孔中爆破,使煤体松动、破碎,产生裂隙,使集中应力区移向煤体深处,以防止突出。煤巷掘进时采用深孔松动爆破,适用于煤质较硬、突出强度较小的煤层。其孔径为 42 mm,孔深不得小于 8 m,深孔松动爆破应控制到轮廓线外 1.5~2 m 的范围,孔数应根据松动爆破有效半径确定。采用深孔松动爆破防突措施,在掘进时必须留有不少于 5 m 的超前距。深孔松动爆破的有效影响半径应实测。深孔松动爆破孔的装药长度为孔长减去 5.5~6 m,每个药卷(特制药卷)长度为 1 m,每个药卷装入一个雷管。装药必须装到孔底。装药后.应装入不小于 0.4 m 的水炮泥,水炮泥外侧还应充填长度不小于 2 m 的封口炮泥,在装药和充填炮泥时.应防止折断电雷管的脚线。在地质构造破坏带或煤层赋存条件急剧变化处不能按原措施要求实施时,必须打钻查明煤层赋存条件,然后采用直径为 42~75 mm 的钻孔进行排放,经措施效果检验有效后,方可采取安全防护措施施工。

采煤工作面的松动爆破,适用于煤质较硬、围岩稳定性较好的煤层。沿工作面每隔 2～3 m 打一个孔深不小于 3 m 的松动爆破孔，孔径 42 mm，每孔装药不得大于 0.5 kg，超前距离不得小于 2 m。

9. 前探支架

前探支架一般是向工作面前方打钻孔，孔内插入钢管或钢轨，其长度可按两次掘进长度再加 0.5 m 确定，每掘进一次，打一排钻孔，钻孔间距为 0.2～0.3 m。形成两排钻孔交替前进，以防止工作面顶部悬煤垮落而造成突出（倾出）。前探支架可用于松软煤层的平巷工作面。

10. 卸压槽

卸压槽是近年来推广使用的一种预防煤与瓦斯突出和冲击地压的方法，它是沿巷道两帮预先切割出一定宽度的缝槽，保持一定的超前距，使巷道前方一段距离内的煤体与煤层母体部分脱离。在卸压槽的保护范围内掘进，可以避免突出或冲击地压的发生。

防治石门突出措施可选用抽放瓦斯、水力冲孔、排放钻孔、水力冲刷或金属骨架等措施。石门揭煤前必须遵守《规程》的有关规定；厚度小于 0.3 m 的突出煤层，可直接采用震动爆破或远距离爆破揭穿；有突出危险的新建矿井或突出矿井开拓的新水平的井巷第一次揭穿各煤层时，必须测定煤层瓦斯压力、瓦斯含量及其他与突出危险性相关的参数；石门揭煤要防延期突出。

在突出危险煤层中掘进平巷时应采用超前钻孔、松动爆破、前探支架、水力冲孔等防突措施。但掘进上山时不应采取松动爆破、水力冲孔、水力疏松等措施；在急倾斜煤层中掘进上山时，应采用双上山、伪倾斜上山或直径在 300 mm 以上的钻孔等掘进方式，并加强支护。

有突出危险的采煤工作面可采用松动爆破、大直径钻孔、预抽瓦斯等防突措施，并应尽量采用刨煤机或浅截深滚筒式采煤机采煤，急倾斜突出煤层厚度大于 0.8 m 时应优先采用伪倾斜正台阶、掩护支架采煤法等。

在过突出孔洞及其附近 30 m 范围内采掘时，必须加强支护。

6.3.2　防治突出措施效果检验

1. 远距离和极薄保护层的保护效果检验

保护层的开采厚度等于或小于 0.5 m、上保护层与突出煤层间距大于 50 m 或下保护层与突出煤层间距大于 80 m 时，都必须对保护层的保护效果进行检验。检验应在被保护层中掘进巷道时进行。若各项测定指标都降到该煤层突出危险临界值以下，则认为保护层开采有效；反之，认为无效。

2. 预抽煤层瓦斯防突措施的效果检验

对预抽煤层瓦斯防突效果的检验应在煤巷掘进时进行，其有效性指标应根据矿井实测资料确定。若无实测数据，可依据下列指标之一确定。

（1）预抽煤层瓦斯后，突出煤层残余瓦斯含量应小于该煤层始突深度的原始瓦斯含量。

（2）煤层瓦斯预抽率（即钻孔抽放瓦斯量与钻孔控制范围内煤层瓦斯储量的比值）大于30%。

3. 石门揭煤工作面防突措施的效果检验

石门防治突出措施执行后，应采取钻屑指标等方法检验措施效果。检验孔数为4个，其中1个在石门中间并位于措施孔之间，其他3个孔位于石门上部和两侧，终孔位置应位于措施控制范围的边缘线上。如检验结果的各项指标都在该煤层突出危险临界值以下，则认为措施有效；反之，认为措施无效。

4. 煤巷掘进工作面防突措施的效果检验

煤巷掘进工作面执行防治突出措施效果检验时，检验孔孔深应小于或等于措施孔，并应布置在两个措施孔之间。如果测得的指标都在该煤层突出危险临界值以下，则认为措施有效；反之，认为措施无效。

5. 采煤工作面防突措施的效果检验

采煤工作面可采用钻孔瓦斯涌出初速度法、钻屑指标法或其他经试验证实有效的方法检验防治突出措施的效果。检验钻孔应打在措施孔之间。检验指标小于该煤层突出危险临界值时，则认为防灾措施有效；反之，认为防灾措施无效。

6.3.3 安全防护措施

为避免突出造成人身伤亡，在井巷揭穿突出煤层或在突出煤层中进行采掘作业时，必须采取震动爆破、远距离爆破、避难硐室、反向风门、压风自救系统等安全防护措施。

1. 震动爆破

震动性爆破的实质是一种石门揭煤时诱导突出的安全措施。它是通过多打眼、多装药、一次爆破，使承受地应力的含高压瓦斯的煤体在强大的震动力作用下突然暴露，给突出创造有利条件。由于爆破前人员已撤到安全地点，所以即使诱导突出也不会伤人。在厚度小于0.3 m的突出煤层中，可直接采用震动爆破或远距离爆破揭穿。

震动爆破有严格规定，具体规定如下。

（1）工作面必须有独立可靠的畅通的回风系统，爆破时回风系统必须断电，并严禁人员作业和通行。在其进风侧的巷道中必须设置两道坚固的反向风门，与该系统相连的风门、密闭、风桥等通风设施必须坚固可靠，防止突出后的瓦斯涌入其他区域。

（2）凿岩爆破参数、爆破器材及起爆要求、爆破地点、反向风门位置、避灾路线及停电、撤人、警戒范围等，必须有明确规定。

（3）震动爆破必须由矿技术负责人统一指挥，并由矿山救护队在指定地点值班，爆破 30 min 后矿救护队人员进入工作面检查。应根据检查结果，确定采取的恢复送电、通风及排除瓦斯等具体措施。

（4）震动爆破必须采用铜脚线的毫秒雷管，雷管总延期时间不得超 130 ms（毫秒），严禁跳段使用。

（5）为降低震动爆破时诱发突出的强度，应采用挡栏设施。

（6）震动爆破要求一次全断面揭穿或揭开煤层。如果爆破未能一次揭穿煤层，在掘进剩余部分时（包括掘进煤层和进入底、顶板 2 m 范围内），必须按照震动爆破的安全要求进行作业。

（7）对所有钻孔和防突措施在煤体中形成的孔洞在震动爆破前都应严密封闭孔口，孔内注满水砂或填上。

（8）揭开煤层后，在石门附近 30 m 范围内掘进煤巷时，必须加强支护。

2. 远距离爆破

石门揭煤采用远距离爆破时，必须制定包括爆破地点、避灾路线及停电、撤人和警戒范围等的专门措施；煤巷掘进工作面采用远距离爆破时，爆破地点必须设在进风侧反向风门之外的全风压通风的新风中或避难硐室内，距工作面的距离必须在措施中明确规定（不小于 300 m）；回风系统必须停电撤人，爆破 30 min后，方可进入工作面检查。

3. 挡栏设施

挡栏设施是限制突出强度的一种有效方法。挡栏设施可用金属、矸石或木垛等构成。挡栏设施距工作面的距离，可根据预计的突出强度确定。

4. 反向风门

突出危险区设置反向风门（防突风门），应遵守下列规定：

（1）掘进工作面进风侧，必须设置至少 2 道牢固可靠的反向风门以控制突出时的瓦斯沿着回风道进入回风系统。

（2）反向风门距工作面的距离和反向风门的组数，应根据掘进工作面的通风系统预计的突出强度确定。

（3）爆破时风门必须关闭，对通过门垛的风筒，必须设有隔断装置。爆破后，矿山救护队员进入检查时，必须把风门打开顶牢。

5. 井下避难硐室和压风自救系统

在突出煤层采掘工作面附近、爆破时撤离人员集中地点必须设有直通矿调度室的电话，并设置有供给压缩空气设施的避难硐室和压风自救系统。工作面回风系统中有人作业的地点，也应设置压风自救系统。

6. 自救器

突出矿井的入井人员，必须随身携带隔离式自救器，每天下井前与升井后必须对自救器进行称重和气密性检验，以保持仪器性能良好。

矿长对防突管理负全责，矿井必须建立防突机构和专业队伍，搞好开采突出煤层的专门设计，掌握突出动态和规律，填写突出卡片，总结经验，加强防突施工方面管理等。

6.4 煤矿开采瓦斯爆炸危险预控

矿井瓦斯爆炸是瓦斯与空气中的氧气进行剧烈氧化反应的结果。其反应过程非常复杂，最终产物为二氧化碳和水蒸气，并放出大量的热，这些热能够使反应过程中生成的二氧化碳和水蒸气迅速膨胀，形成高温、高压并以极高的速度向外冲击而产生动力现象，这就是瓦斯爆炸。

6.4.1 产生矿井瓦斯爆炸事故的原因分析

矿井内任何地点都有可能发生瓦斯爆炸事故，但是90%以上的瓦斯爆炸事故发生在采掘工作面。下面进行详细分析。

1. 瓦斯积聚

瓦斯积聚是指采掘工作面及其他巷道内，体积大于 0.5 m³ 的空间内积聚的瓦斯浓度达到或超过2%的现象。局部地点的瓦斯积聚是造成瓦斯爆炸事故的根源。

（1）工作面风量不足引起瓦斯积聚

通风系统的不合理、采掘布置过于集中、供风距离过远、工作面瓦斯涌出量过大而又没有抽放措施和通风路线不畅通等，都容易造成采煤工作面风量供给不足。对于掘进工作面，风筒漏风、局部通风能力不足、串联通风、风筒安设不当、单台局部通风机向多头供风等往往造成掘进工作面风量不足。此外循环风也会造成瓦斯积聚。

（2）串联通风、角联通风等引起的瓦斯积聚

串联通风的下工作面风流中的瓦斯，因为叠加而超限。角联通风会造成井下风流的无计划流动，从而造成难以预测的瓦斯积聚。

（3）通风设施质量差、管理不善引起的瓦斯积聚

改变煤矿井下的通风设施状态，往往造成风流短路或某些巷道、工作面风量的减小，引起瓦斯积聚。

（4）局部通风机停止运转造成的瓦斯积聚

局部通风机停止运转可能使掘进工作面很快达到瓦斯爆炸的界限。

（5）采空区及盲巷中积聚的瓦斯

当大气压力发生变化或采空区发生大面积冒顶时出，这些区域的高浓度瓦斯会突然涌出，造成采掘空间的瓦斯积聚。

（6）瓦斯异常涌出造成的瓦斯积聚

如喷出、突出、有瓦斯抽放系统的矿井抽放系统突然出现故障时等情况，都属于瓦斯异常涌出。

（7）巷道冒落空洞等的瓦斯积聚

巷道冒落空洞、采区煤仓由于通风不良容易形成瓦斯积聚。

（8）恢复通风排放瓦斯时期容易造成瓦斯事故

若不严格控制送风量，易使排放风流中的瓦斯浓度达到爆炸界限。

（9）小煤矿瓦斯积聚的原因

小煤矿的瓦斯积聚原因多样，除上述几个方面外，许多情况是缺乏最基本的通风设施和通风基本技术造成的。主要有：

①独眼井通风（矿井只有一个井筒，既进风，又回风）。

②自然通风。

③使用局部通风机代替主要通风机，井下风量过小。

④回风井筒兼作提升，矿井漏风严重。

⑤矿井停工停风或掘进工作面停工停风。

⑥井下通风系统混乱，串联通风严重。

⑦掘进工作面无局部通风机或一台局部通风机给多个掘进头通风。

⑧矿井无瓦斯检查、监测制度或制度很不完善，矿井缺乏相应的瓦斯检查仪器或瓦斯检查仪器仪表超期使用，误差太大。

⑨矿井无专门的安全技术人员从事安全管理工作，或安全技术及管理人员的素质低等。

2. 引火源

（1）电火花

电火花主要包括电弧放电、电气火花、静电火花。由于线路接头不符合要求、电器失爆、带电检修、违章私自打开矿灯或矿灯失爆、使用非煤矿用的电器设备等而产生。

（2）爆破火花

爆破火花主要是由于炮泥装填不满、最小抵抗线不够，放明炮、放糊炮、接线不良、炸药不合要求、发爆器不合格、明电爆破等引起的。

（3）摩擦撞击火花

如机械设备之间的撞击、坚硬顶板冒落时的撞击、金属表面之间的撞击等。因此在瓦斯浓度高的区域，例如排放瓦斯的线路上、瓦斯后巷等，应该减少或停止工作。

（4）明火

明火主要有煤炭自燃及形成的火区、井下电焊、吸烟等。

6.4.2　矿井瓦斯爆炸的预控

矿井瓦斯爆炸事故的防治应以预防为主，杜绝日常生产中存在的瓦斯隐患。由瓦斯爆炸的三个条件来看，氧浓度条件在井下总能满足，因此防止瓦斯的积聚和引火源的出现，就能预防瓦斯爆炸事故的发生。

1. 防止瓦斯积聚

（1）优化设计方案

开采方案必须考虑煤层条件、地质构造、水文条件、瓦斯等级、老窑分布等情况。

（2）合理采掘布置

不仅考虑采掘接替，还要充分考虑通风及瓦斯治理等要求，力求简单合理。

（3）加强通风管理

实现机械通风、分区通风、按需配风；加强对主要通风机的管理；井下通风设施安设位置合理，不得随意拆除；掘进工作面必须使用矿井全风压通风或局部通风机通风，严禁循环通风，严禁扩散通风，严禁不合理的串联，风筒要符合要求，临时停工点不得停风等。

（4）建立健全矿井瓦斯管理规章制度

（5）及时处理局部积聚的瓦斯

①采煤工作面上隅角处瓦斯积聚的处理

风障引导风流法。如图 6-3 所示安设简单、安全、经济；但引入风量有限，加剧了采空区漏风。

尾巷排放法。如图 6-4 所示，利用已有的巷道，不需要增加设备，易于实施，较经济，应用广泛，但是进入尾巷的瓦斯量难以控制。

风筒导风法。利用水力发射器、压气引射器处理聚积瓦斯，如图 6-5 所示。其处理能力大，适应范围广，但是需要安设设备，并占据一定的采掘空间。

充填置换法。将积聚瓦斯的空间用不燃性固体物质充填严密，同时设管抽放。这种方法效果明显又可预防自燃。

调整通风方法。采用后退式 Z 形，Y 形等，预防、排除上隅角聚集瓦斯，有

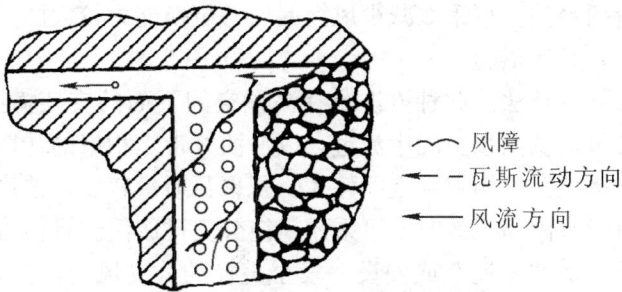

风障
瓦斯流动方向
风流方向

图 6-3　工作面挂风障排放上隅角聚积的瓦斯

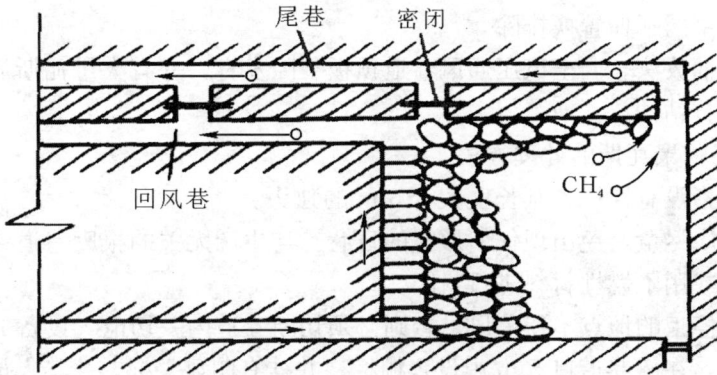

尾巷　　密闭

回风巷　　　　CH₄

图 6-4　利用尾巷排放上隅角聚积的瓦斯

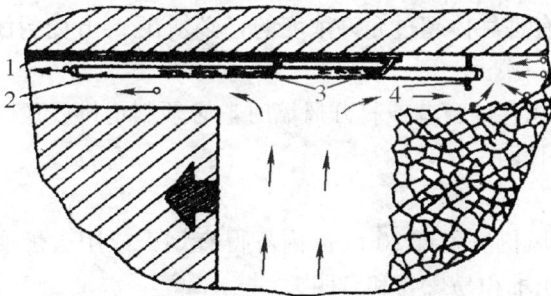

图 6-5　利用水力引射器排放上隅角聚积的瓦斯

1—水管；2—导风筒；3—水力引射器；4—风障

自然发火危险的煤层不宜采用。

瓦斯抽放法。即进行采空区的瓦斯抽放。

② 巷道积聚瓦斯的处理方法

巷道瓦斯积聚多发生在因冒顶而形成的高顶空间内以及供风不足的掘进头、巷道顶板等处。

• 增加风量稀释法。可采取减少风筒漏风、更换能力较大的局部通风机或增设局部通风机的台数等措施。

• 导风板引导排放法。此种方法是在高顶空间下面的支架横梁上钉导风板，使巷道中的部分风流从高顶空间中流过，以冲淡并带走积聚的瓦斯。

• 风筒分支排放法。当冒顶空间较大、积聚瓦斯量较多、浓度较高，采用导风板风流法因风量有限而无效时，可采用风筒分支排放法。具体方法是在局部通风机供风的风筒上加"三通"或安设一段小直径的分支风筒，向冒顶空间送风，以冲淡、排除积聚的瓦斯。

• 充填置换法。即在棚梁上铺设一定厚度的木板或荆笆，在其上填满黄土或河砂，将积聚的瓦斯置换排除。

• 钻孔抽放法。当全风压通风巷道顶板裂隙发育，并有大量瓦斯涌出时，可向巷道顶板打钻抽放瓦斯。

③ 盲巷积聚瓦斯的处理方法

盲巷是指没有通风、其长度大于 6 m 的独头。

• 井下应尽量避免出现任何形式的盲巷。与生产无关的报废巷道或旧巷，必须及时充填或用不燃性材料进行封闭。

• 临时停工的地点不得停风。否则必须切断巷道内一切电气设备的电源和撤出所有人员，在离巷道口 5 m 内设置栅栏，并挂有明显警标，严禁人员入内。

• 必须进入盲巷检查瓦斯时要有安全措施，由外向里检查。

• 瓦斯检查工每天在栅栏处至少检查一次。如果发现栅栏内侧 1 m 处瓦斯浓度超过 3% 或其他有害气体超过允许浓度的，必须在 24 h 内封闭。风墙外的瓦斯浓度至少每周检查一次。

• 恢复有瓦斯积存的盲巷或打开风墙时，必须制定排放瓦斯的安全措施。

2. 防止瓦斯引燃

(1) 防止明火

①井口房、通风机房附近 20 m 以内不得有烟火或用火炉取暖，瓦斯泵房周围 20 m 范围内禁止堆积易燃物和有明火。

②严禁携带烟草、点火物品和穿化纤衣服入井；严禁携带易燃品入井，必须带入井下的易燃品要经矿技术负责人批准。

③井下禁止使用电炉或灯泡取暖。

④不得在井下和井口房内从事电焊、气焊和喷灯焊接等工作。如必须在井下主要硐室、主要进风井巷和井口房内从事电焊、气焊和使用喷灯焊接时，每次都必须制定安全措施，报矿长批准，并遵守《规程》第 223 条的有关规定。

⑤严禁在井下存放汽油、煤油、变压器油等。井下使用的棉纱、布头、润滑油

等，必须放在盖严的铁桶内，不得乱扔放，严禁将剩油、废油泼洒在井巷、硐室内。

⑥防止煤炭氧化自燃，加强火区检查与管理，定期采气分析，防止复燃。

（2）防止电火

①井下电气设备应符合《规程》的要求。对电器设备的防爆性能要定期检查，不符合要求的要及时更换和修理；否则，不准使用。

②井口和井下电气设备必须有防雷和防短路保护装置，采取有效措施防治井下杂散电流。

③所有电缆接头严禁有"鸡爪子""羊尾巴"和明接头。

④修理开关、接线盒等不准带电作业。

⑤局部通风机开关要设甲烷风电闭锁装置、检漏装置等。

⑥发放的矿灯要符合要求，严禁在井下拆开、敲打和撞击灯头和灯盒。

（3）防止炮火

①严格炸药、爆破管理，井下严禁使用产生火焰的爆破器材和爆破工艺。

②井下爆破作业必须使用煤矿许用炸药和煤矿许用电雷管，不得使用过期或严重变质的炸药。

③炮眼深度和装药量要符合"作业规程"规定；炮眼封泥应用水炮泥，水炮泥外剩余炮眼部分应用黏土炮泥封实。

④禁止使用明接头或裸露的爆破母线；爆破母线与发爆器的联结要牢固，防止产生电火花；爆破工尽量在进风流中启动发爆器。

⑤禁止放明炮、糊炮。

⑥严格执行"一炮三检"制度（装药前、爆破前、爆破后检查瓦斯）。

（4）其他引火源的治理

①在摩擦发热的部件上安设过热保护装置；在摩擦部件金属表面熔敷活性低的金属；使用难引燃的合金工具。

②矿井中使用的如塑料、橡胶、树脂等高分子材料制品，其表面电阻应低于规定值。

③高瓦斯区域、突出危险区域掘进工作，严禁使用钢丝绳牵引的耙装机。

3. 防止瓦斯爆炸事故扩大

井下一旦发生瓦斯爆炸，应尽量控制事故的扩大，减少损失，因此防止灾害扩大的措施应集中在灾害发生前的预备设施和灾害发生时的快速反应工作上。这需要平时做好以下工作。

（1）建立完善合理、抗灾能力强的矿井通风系统。矿井通风系统应力求简单、合理，对井下各工作区域实行分区通风。分区通风是防止灾害蔓延扩大的有效措施。

（2）安设防爆门。

（3）安设反风装置。

（4）安设隔爆设施。《规程》第 150 条规定，高瓦斯矿井煤巷掘进工作面应安设隔（抑）爆设施。

（5）携带自救器。

（6）编制灾害预防与处理计划。

本章小结

本章首先分析了矿井瓦斯涌出及治理，包括矿井瓦斯的生成与赋存、影响矿井瓦斯涌出量的因素、矿井瓦斯等级划分以及矿井瓦斯涌出的分源治理、分级分类治理和综合治理；其次分析了瓦斯喷出及其预防，包括瓦斯喷出的分类及特点、瓦斯喷出的第一类防治方法和第二类预防方法；接着分析了煤与瓦斯突出灾害的控制对策，包括突出危险性预测、突出防治措施、防治突出措施效果检验和安全防护措施四个方面；最后分析了煤矿开采瓦斯爆炸危险的预控，包括矿井产生瓦斯爆炸事故的原因以及瓦斯爆炸的预控措施。

参考文献

［1］方兴. 国家安全生产规划纲要与重大危险源监控及应急救援体系建设［M］. 长春：银声音像出版社，2004.

［2］国家安全生产监督管理总局. 煤矿安全规程［M］. 北京：煤炭工业出版社，2009.

［3］焦作矿业学院瓦斯地质研究室. 瓦斯地质概论［M］. 北京：煤炭工业出版社，1990.

［4］煤炭工业部制定. 防治煤与瓦斯突出细则［M］. 北京：煤炭工业出版社，1995.

［5］于不凡，王佑安. 煤矿瓦斯灾害防治及利用技术手册［M］. 北京：煤炭工业出版社，2000.

［6］俞启香. 矿井瓦斯防治［M］. 徐州：中国矿业大学出版社，1992.

［7］张铁岗. 矿井瓦斯综合治理技术［M］. 北京：煤炭工业出版社，2002.

［8］周志伟. 煤矿企业安全生产许可达标验收规范与重大事故预警救援及处理办法实施手册［M］. 香港：中国知识出版社，2004.

第 7 章　煤矿瓦斯重大灾害的应急救援体系

7.1　安全生产应急救援概述

7.1.1　事故应急救援的基本原则和任务

事故应急救援工作是在预防为主的前提下，贯彻统一指挥、分级负责、区域为主、单位自救和社会救援相结合的原则。其中，预防工作是事故应急救援工作的基础，除了平时做好事故的预防工作，避免或减少事故的发生外，落实好救援工作的各项准备措施，做到预有准备，一旦发生事故就能及时实施救援。重大事故所具有的发生突然、扩散迅速、危害范围广的特点，也决定了救援行动必须达到迅速、准确和有效，因此，救援工作只能实行统一指挥下的分级负责制。以区域为主，并根据事故的发展情况，采取单位自救和社会救援相结合的形式，充分发挥事故单位及地区的优势和作用。

事故应急救援又是一项涉及面广、专业性很强的工作，靠某一个部门是很难完成的，必须把各方面的力量组织起来，形成统一的救援指挥部，在指挥部的统一指挥下，安全、救护、公安、消防、环保、卫生等部门密切配合，协同作战，迅速、有效地组织和实施应急救援，尽可能地避免和减少损失。

事故应急救援的基本任务，包括下述几个方面。

(1) 立即组织营救受害人员，组织撤离或者采取其他措施保护危害区域内的其他人员。抢救受害人员是应急救援的首要任务，在应急救援行动中，快速、有序、有效地实施现场急救与安全转送伤员是降低伤亡率，减少事故损失的关键。指导群众防护，组织群众撤离。由于重大事故发生突然、扩散迅速、涉及范围广、危害大，应及时指导和组织群众采取各种措施进行自身防护，并迅速撤离出危险区或可能受到危害的区域。在撤离过程中，应积极组织群众，开展自救和互救工作。

（2）迅速控制危险源，并对事故造成的危害进行检验、监测，测定事故的危害区域、危害性质及危害程度。及时控制造成事故的危险源是应急救援工作的重要任务，只有及时控制住危险源，防止事故的继续扩展，才能及时有效地进行救援。

（3）做好现场清洁，消除危害后果。针对事故对人体、动植物、土壤、水源、空气造成的现实危害和可能的危害，迅速采取封闭、隔离、洗消等措施。对事故外溢的有毒有害物质和可能对人和环境继续造成危害的物质，应及时组织人员予以清除，消除危害后果，防止对人的继续危害和对环境的污染。

（4）查清事故原因，评估危害程度。事故发生后应及时调查事故的发生原因和事故性质，评估出事故的危害范围和危险程度，查明人员伤亡情况，做好事故调查。

7.1.2　事故应急救援系统

由于自然灾害或人为原因，当事故或灾害不可避免的时候，有效的应急救援行动是唯一可以抵御事故或灾害蔓延并减缓危害后果的有力措施。因此，如果在事故或灾害发生前建立完善的应急救援系统，制订周密救援计划，而在事故发生时采取及时有效的应急救援行动，以及事故后的系统恢复和善后处理，可以拯救生命、保护财产、保护环境。

应急救援系统应包括以下几个方面的主要内容：

（1）应急救援组织机构。

（2）应急救援预案（或称计划）。

（3）应急培训和演习。

（4）应急救援行动。

（5）现场清除与净化。

（6）事故后的恢复和善后处理。

1. 应急救援系统的组织机构

应急救援系统的组织结构包括图 7-1 所示五个方面的运作机构。

（1）应急指挥机构——协调应急组织各个机构运作和关系。

（2）事故现场指挥机构——负责事故现场应急的指挥工作、人员调度、资源的有效利用。

（3）支持保障机构——提供应急物质资源和人员支持的后方保障。

（4）媒体机构——安排媒体报道、采访、新闻发布会。

（5）信息管理机构——信息管理、信息服务。

各机构要不断调整运行状态，协调关系，形成整体，使系统快速、有序、高效地开展现场应急救援行动。

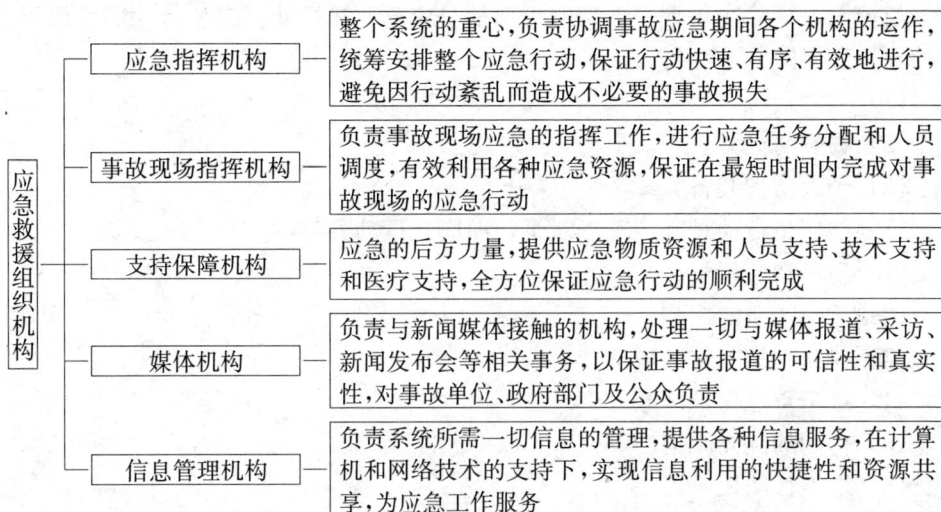

图 7-1　应急救援系统组成框架图

2．应急救援预案

要保证应急救援系统的正常运行必须事先制定一个应急救援预案（又称应急计划），用以指导应急准备、训练和演习，乃至迅速高效的应急行动。

（1）对可能发生的事故进行预测和评价。

（2）人力、物资等资源的确定与准备。

（3）明确应急组织和人员的职责。

（4）设计行动战术和程序。

（5）制订训练和演习计划。

（6）制订专项应急计划。

（7）制定事故后清除和恢复程序。

3．应急训练和演习

训练和演习可以看作应急预案的一部分或继续。它是通过培训和演练，把应急预案加以验证和完善，确保事故发生时应急预案得以实施和贯彻。主要目的是：

（1）测试预案和程序的充分程度。

（2）测试紧急装置、设备及物质资源供应。

（3）提高现场内、外的应急部门的协调能力。

（4）判别和改正预案的缺陷。

（5）提高公众应急意识。

4. 应急救援行动

发生煤与瓦斯突出、瓦斯爆炸和火灾等紧急情况时，所采取的营救与疏散、减缓与控制、清除净化等一系列的行动都是应急救援行动。应急行动需要以下资源的支持和保障：

（1）人力资源。

（2）物资与设备。

（3）个人防护装备。

首要的应急行动是确定现场对策，即应急行动方案：

（1）现场初始评估。

（2）危险物质的探测。

（3）建立现场工作区域。

（4）确定重点保护区域。

（5）行动的优先原则。

（6）增援梯队。

5. 事故现场的清洁与净化

对现场中接触污染的员工和应急队员必须进行清洁净化，例如对化学品及放射性物质染的清洁净化。净化的方法主要是稀释、处理、物理去除、中和、吸附和隔离等。此外，还要考虑伤害和医疗前的净化、分类及处理。

6. 事故后的恢复

在应急救援行动结束后必须对系统进行恢复，而且尽快恢复最重要。恢复活动主要包括：

（1）现场警戒和安全。

（2）清洁。

（3）对从业人员提供帮助。

（4）对破坏损失的评估。

（5）保险的索赔。

（6）事故调查。

7.1.3　应急救援系统的运作

应急救援系统内各个机构的协调努力是圆满处理各种事故的基本条件。当发生事故时，由信息管理机构首先接收报警信息，并立刻通知应急指挥机构和事故现场指挥机构在最短时间内赶赴事故现场，投入应急工作，并对现场实施必要的交通管制。如有必要，应急指挥机构进而通知媒体和支持保障单位进入工作状态，并协调各机构的运作，保证整个应急行动能有序高效地进行。同时，事故指挥机构在现场开展应急的指挥工作，并保持与应急指挥机构的联系，从支持保障机构调用应急所需的人员和物质支持投入事故的现场应急。同时，信息管理机构为其他各单位提供信息服务。这种应急救援运作能使各机构明确自己的职责，管理统一，从而满足事故应急救援快速、有效的需要。

应急救援系统为顺利完成救援任务，首先应明确系统的结构体制(图 7-2)。

前面已经论述了各机构在应急救援系统中的职责和功能。当事故发生时，系统进入有效的整体运作状态，完成整个应急救援任务，实现减轻事故后果的目的。

上述应急救援系统是以模块化设计为主进行的，通过对系统内五个方面机构的设计和建立，以实现机构的快速反应、整体行动、信息共享，尽可能提高应急救援的速度，缩短救援作业的时间，降低事故灾害后果。该系统能够在应急救援行动中动态调整应急救援行动，最大可能地完成最优化的应急救援。在该系统的建设中，应尽可能注意各机构的优势和能力的协调，强调一体化管理，步调要一致，行动要迅速，配备训练有素的救援人员和必要的设备等，从而保证应急救援系统的有效运转。

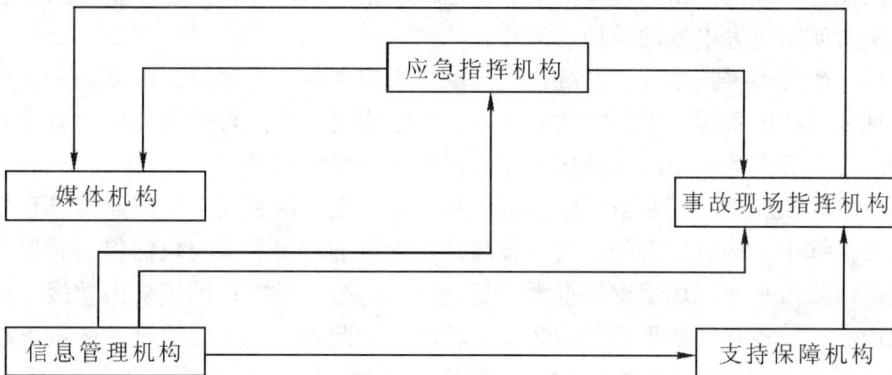

图 7-2 应急救援系统各中心关系图

7.2 应急救援的组织准备与基本程序

应急救援准备工作，主要抓好组织机构、人员、装备三落实，并制定切实可行的工作制度，使救援的各项工作达到规范化管理。

2003 年 2 月国家安全生产监督管理局（国家煤矿安全监察局）成立了"矿

山救援指挥中心"和"国家矿山应急救援委员会",并着手国家矿山应急救援体系建设。

国家矿山应急救援体系建设方案是根据国家安全生产监督管理局(国家煤矿安全监察局)关于建立国家矿山应急救援体系的工作部署,依据《中华人民共和国安全生产法》《中华人民共和国矿山安全法》《煤矿安全监察条例》及其他法律法规和矿山应急救援工作发展的客观需要制定的,该方案由矿山应急救援管理系统、组织系统、技术支持系统、装备保障系统、通讯信息系统五部分组成。

(1)矿山应急救援管理系统由国家矿山应急救援委员会、国家安全生产监督管理总局矿山救援指挥中心、省级矿山救援指挥中心、市级及县级矿山应急救援指挥部门及矿山企业应急救援管理部门等组织(机构)组成。国家矿山应急救援委员会是在国家安全生产监督管理总局领导下的负责矿山应急救援决策和协调的组织。国家安全生产监督管理总局矿山救援指挥中心是国家安全生产监督管理局直属的事业单位,受国家安全生产监督管理总局的委托,负责组织协调全国矿山救护及其应急救援工作。

(2)矿山应急救援组织系统分为救护队伍和医疗队伍两部分。救护队伍由区域矿山救援基地、重点矿山救护队和矿山救护队组成。急救医疗队伍包括国家安全生产监督管理局矿山医疗救护中心、区域和重点医疗救护中心和企业医疗救护站。负责矿山重大事故的救护及医疗。

(3)矿山救援技术支持系统包括国家矿山应急救援专家组、国家安全生产监督管理总局矿山救援技术研究实验中心、国家安全生产监督管理局矿山救援技术培训中心。负责为矿山应急救援工作提供技术和培训服务。

(4)矿山应急救援装备保障系统的基本框架是:国家安全生产监督管理局矿山救援指挥中心购置先进的、具备较高技术含量的救灾装备与仪器仪表,储存在区域矿山救援基地,用于支援重大、复杂灾害的抢险救灾;区域矿山救援基地要按规定进行装备并加快现有救护装备更新改造,配备较先进、关键性的救灾技术装备,用于区域内或跨区域矿山灾害的应急救援;重点矿山救护队负责省(市、自治区)内重大、特大矿山事故的应急救援,按规定配齐常规救援装备并保持装备的完好性。

(5)矿山应急救援通讯信息系统以国家安全生产监督管理总局中心网站为中心点,建立完善的矿山抢险救灾通讯信息网络,使国家安全生产监督管理局矿山救援指挥中心、省级矿山救援指挥中心、各级矿山救护队、各级矿山医疗救护中心、各矿山救援技术研究、实验、培训中心、地(市)及县(区)应急救援管理部门和矿山企业之间,建立并保持畅通的通讯信息通道,并逐步建立起救灾远程会商视频系统。矿山应急救援通讯信息系统在国家安全生产监督管理总局矿山救援指挥中心与国家安全生产监督管理总局调度中心之间实现电话、信息直通。

矿山应急救援的基本程序是：当矿山发生重大事故时，应以企业自救为主。企业救护队和医院在进行救助的同时，上报上一级矿山救援指挥中心（部门）及政府；救援能力不足以有效抢险救灾时，立即向上级矿山救援指挥中心提出救援要求；各级矿山救援指挥中心对得到的事故报告要迅速向上一级汇报，并根据事故的大小、处理的难易程度等决定调用重点矿山救护队或区域矿山救援基地以及矿山医疗救护中心实施应急救援。省内发生重特大矿山事故时，省内区域矿山救援基地和重点矿山救护队的调动由省级矿山救援指挥中心负责；国家安全生产监督管理总局矿山救援指挥中心负责调动区域矿山救援队伍进行跨省区应急救援。

7.3　安全生产应急救援预案策划及编制

7.3.1　应急救援预案概述

应急预案是应急救援系统的重要组成部分。针对各种不同的紧急情况制定有效的应急预案，不仅可以指导应急人员的日常培训和演习，保证各种应急资源处于良好的备战状态；而且可以指导应急行动按计划有序进行，防止因行动组织不力或现场救援工作的混乱而延误事故应急，从而降低人员伤亡和财产损失。应急预案对于如何在事故现场开展应急救援工作具有重要的指导意义，它帮助实现应急行动的快速、有序、高效，以充分体现应急救援的"应急精神"。

应急预案是针对各种可能发生的事故所需的应急行动而制定的指导性文件、应急预案通常应该包括以下内容。

（1）对紧急情况和事故灾害的辨识、评价。

（2）对人力、物资和工具等资源的确认与准备。

（3）指导建立现场内外合理有效的应急组织。

（4）设计应急行动战术。

（5）制定事故后的现场清除、整理及恢复措施等。

应急预案除上述内容外，还应该实现下列要求：明确应急系统中各机构权利和职责、建立培训及演习等准备程序、对所涉及的法律法规的论述、对特殊危险建立专项应急预案等。

1. 应急预案的基本要求

制定应急救援预案的目的是为了发生事故时，能以最快的速度发挥最大的效能，有序地实施救援，达到尽快控制事态发展，降低事故造成的危害，减少事故损失。

（1）科学性

事故应急救援工作是一项科学性很强的工作，制定预案也必须以科学的态度，在全面调查研究的基础上，开展科学分析和论证，制定出严密、统一、完整的应急反应方案，使预案真正具有科学性。

（2）实用性

应急救援预案应符合企业现场和当地的客观情况，具有适用性和实用性，便于操作。

（3）权威性

救援工作是一项紧急状态下的应急性工作，所制定的应急救援预案应明确救援工作的管理体系，救援行动的组织指挥权限和各级救援组织的职责和任务等一系列的行政性管理规定，保证救援工作的统一指挥。应急救援预案还应经上级部门批准后才能实施，保证预案具有一定的权威性和法律保障。

2. 应急救援预案的分级

重大事故应急预案由企业（现场）应急预案和现场外政府的应急预案组成。现场应急预案由企业负责，场外应急预案由各级政府主管部门负责。现场应急预案和场外应急预策应分别制定，但应协调一致。

根据可能的事故后果的影响范围、地点及应急方式，建立我国事故应急救援体系可将事故应急预案分为 5 种级别，如图 7-3 所示。

（1）Ⅰ级（企业级）应急预案

这类事故的有害影响局限在一个单位（如某个工厂、火车站、仓库、农场、煤气或石油管道加压站/终端站等）的界区之内，并且可被现场的操作者遏制和

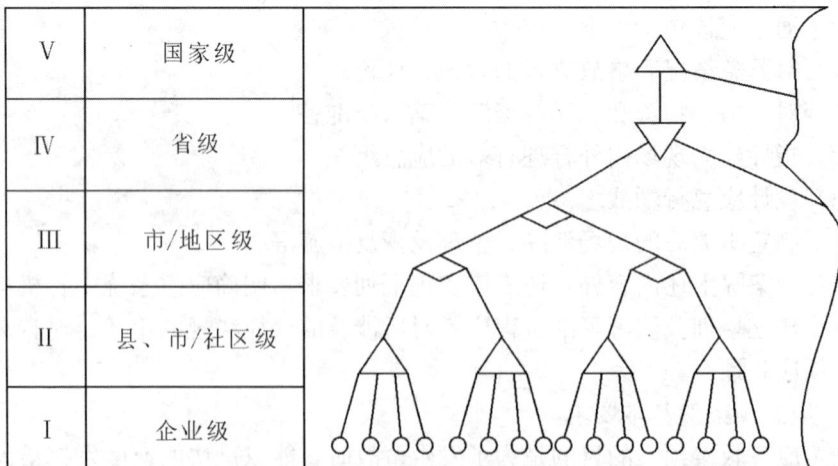

图 7-3　事故应急预案的级别

控制在该区域内。这类事故可能需要投入整个单位的力量来控制，但其影响预期不会扩大到社区（公共区）。

（2）Ⅱ级（县、市/社区级）应急预案

这类事故所涉及的影响可扩大到公共区（社区），但可被该县（市、区）或社区的力量，加上所涉及的工厂或工业部门的力量所控制。

（3）Ⅲ级（地区/市级）应急预案

这类事故影响范围大，后果严重，或是发生在两个县或县级市管辖区边界上的事故。应急救援需动用地区的力量。

（4）Ⅳ级（省级）应急预案

对可能发生的特大火灾、爆炸、属省级特大事故隐患、省级重大危险源应建立省级事故应急反应预案。它可能是一种规模极大的灾难事故，或可能是一种需要用事故发生的城市或地区所没有的特殊技术和设备进行处理的特殊事故。这类意外事故需用全省范围内的力量来控制。

（5）Ⅴ级（国家级）应急预案

对事故后果超过省、直辖市、自治区边界以及列为国家级事故隐患、重大危险源的设施或场所，应制定国家级应急预案。

企业一旦发生事故，就应即刻实施应急程序，如需上级援助应同时报告当地县（市）或社区政府事故应急主管部门，根据预测的事故影响程度和范围，需投入的应急人力、物力和财力逐级启动事故应急预案。

在任何情况下都要对事故的发展和控制进行连续不断的监测，并将信息传送到社区级指挥中心。社区级事故应急指挥中心根据事故严重程度将核实后的信息逐级报送上级应急机构。社区级事故应急指挥中心可以向科研单位、地（市）或全国专家、数据库和实验室就事故所涉及的危险物质的性能、事故控制措施等方面征求专家意见。

企业或社区级事故应急指挥中心应不断向上级机构报告事故控制的进展情况、所做出的决定与采取的行动。后者对此进行审查、批准或提出替代对策。将事故应急处理移交上一级指挥中心的决定，应由社区级指挥中心和上级政府机构共同决定。做出这种决定（升级）的依据是事故的规模、社区及企业能够提供的应急资源及事故发生的地点是否使社区范围外的地方处于风险之中。

政府主管部门应建立适合的报警系统，且有一个标准程序，将事故发生、发展信息传递给相应级别的应急指挥中心，根据对事故状况的评价，启动相应级别的应急预案。

3. 应急救援预案的类型及基本要素

（一）应急救援预案的类型

根据事故应急预案的对象和级别，应急预案可分为下列 4 种类型。

（1）应急行动指南（或检查表）

针对已辨识的危险采取特定应急行动。简要描述应急行动必须遵从的基本程序，如发生情况向谁报告，报告什么信息，采取哪些应急措施。这种应急预案主要起提示作用，对相关人员要进行培训，有时将这种预案作为其他类型应急预案的补充。

（2）应急响应预案

针对现场每项设施和场所可能发生的事故情况编制的应急响应预案，如化学泄漏事故的应急响应预案、台风应急响应预案等。应急响应预案要包括所有可能的危险状况，明确有关人员在紧急状况下的职责。这类预案仅说明处理紧急事务的必需的行动，不包括事前要求（如培训、演练等）和事后措施。

（3）互助应急预案

相邻企业为在事故应急处理中共享资源，相互帮助制定的应急预案。这类预案适合于资源有限的中、小企业以及高风险的大企业，需要高效的协调管理。

（4）应急管理预案

应急管理预案是综合性的事故应急预案，这类预案详细描述事故前、事故过程中和事故后何人做何事、什么时候做、如何做。这类预案要明确完成每一项职责的具体实施程序。应急管理预案包括事故应急的 4 个逻辑步骤：预防、预备、响应、恢复。

县级以上政府机构、具有重大危险源的企业，除单项事故应急预案外，应制定重大事故应急管理预案。

（二）应急救援预案的基本要素

应急预案基本要素应包括以下 10 项。

（1）组织机构及其职责

①明确应急反应组织机构、参加单位、人员及其作用。

②明确应急反应总负责人以及每一具体行动的负责人。

③列出本区域以外能提供援助的有关机构。

④明确政府和企业在事故应急中各自的责任。

（2）危害意识与风险评价

①明确可能发生的事故类型、地点。

②测定事故影响范围及可能影响的人数。

③按所需应急反应的级别，划分事故严重度。

（3）通告程序和报警系统

①确定报警系统及程序。

②确定现场 24 小时的通告、报警方式，如电话、报警器等。

③确定 24 小时与政府主管部门的通讯、联络方式，以便应急指挥和疏散居民。

④明确相互认可的通告、报警形式和内容（避免误解）。

⑤明确应急反应人员向外求援的方式。

⑥明确向公众报警的标准、方式、信号等。

⑦明确应急反应指挥中心怎样保证有关人员理解并对应急报警反应。

（4）应急设备与设施

①明确可用于应急救援的设施，如办公室通讯设备、应急物资等；列出有关部门，如企业现场、武警、消防、卫生、防疫等部门可用的应急设备。

②描述与有关医疗机构的关系，如急救站、医院、救护队等。

③描述可用的危险监测设备。

④列出可用的个体防护装备（如呼吸器、防护服等）。

⑤列出与有关机构签订的互援协议。

（5）应急评价能力与资源

①明确决定各项应急事件的危险程度的负责人。

②描述评价危险程度的程序。

③描述评估小组的能力。

④描述评价危险场所使用的监测设备。

⑤确定外援的专业人员。

（6）保护措施程序

①明确可授权发布疏散居民指令的负责人。

②描述决定是否采取保护措施的程序。

③明确负责执行和核实疏散居民（包括通告的机构、运输、交通管制、警戒）的机构。

④描述对特殊设施和人群的安全保护措施（如学校、幼儿园、残疾人等）。

⑤描述疏散居民的接收中心或避难场所。

⑥描述决定终止保护措施的方法。

（7）信息发布与公众教育

①明确各应急小组在应急过程中对媒体和公众的发言人。

②描述向媒体和公众发布事故应急信息的决定方法。

③描述为确保公众了解如何面对应急情况所采取的周期性宣传以及提高安全

意识的措施。

（8）事故后的恢复程序

①明确决定终止应急，恢复正常秩序的负责人。

②描述确保不会发生未授权而进入事故现场的措施。

③描述宣布应急取消的程序。

④描述恢复正常状态的程序。

⑤描述连续检测受影响区域的方法。

⑥描述调查、记录、评估应急反应的方法。

（9）培训与演练

①对应急人员进行培训，并确保合格者上岗。

②描述每年培训、演练计划。

③描述定期检查应急预案的情况。

④描述通讯系统检测频度和程度。

⑤描述进行公众通告测试的频度和程度并评价其效果。

⑥描述对现场应急人员进行培训和更新安全宣传材料的频度和程度。

（10）应急预案的维护

①明确每项计划更新、维护的负责人。

②描述每年更新和修订应急预案的方法。

③根据演练、检测结果完善应急计划。

4．应急救援预案的文件体系

应急预案要形成完整的文件体系，以使其作用得到充分发挥，成为应急行动的有效工具。一个完整的应急预案是包括总预案、程序、说明书、记录的一个四级文件体系。

（1）一级文件（总预案）

它包含了对紧急情况的管理政策、预案的目标，应急组织和责任等内容。

（2）二级文件（程序）

它说明某个行动的目的和范围。程序内容十分具体，例如该做什么、由谁去做、什么时间和什么地点等等。它的目的是为应急行动提供指南，但同时要求程序和格式简洁明了，以确保应急队员在执行应急步骤时不会产生误解，格式可以是文字叙述、流程图表或是两者的组合等，应根据每个应急组织的具体情况选用最适合本组织的程序格式。

（3）三级文件（说明书）

对程序中的特定任务及某些行动细节进行说明，供应急组织内部人员或其他个人使用，例如应急队员职责说明书、应急监测设备使用说明书等。

（4）四级文件（对应急行动的记录）

包括在应急行动期间所做的通讯记录、每一步应急行动的记录等。

从记录到预案，层层递进，组成了一个完善的预案文件体系，从管理角度而言，可以根据这四类预案文件等级分别进行归类管理，即保持了预案文件的完整性，又因其清晰的条理性便于查阅和调用，保证应急预案能有效得到运用。

不同类型的应急预案所要求的程序文件是不同的，应急预案的内容取决于它的类型。一个完整的应急预案应包括下述内容。

（1）预案概况：对紧急情况应急管理提供简述并做必要说明。

（2）预防程序：对潜在事故进行分析并说明所采取的预防和控制事故的措施。

（3）准备程序：说明应急行动前所需采取的准备工作。

（4）基本应急程序：给出任何事故都可运用的应急行动程序。

（5）专项应急程序：针对具体事故危险性的应急程序。

（6）恢复程序：说明事故现场应急行动结束后所需采取的清除和恢复行动。

7.3.2　应急救援预案的策划及编制

我国《安全生产法》规定，生产经营单位的主要负责人对本单位的安全生产工作全面负责。生产经营单位的主要负责人负有"组织制定并实施本单位的生产安全事故应急救援预案的职责"。

企业对每一个重大危险源都应有一套现场应急预案。现场应急预案应由企业管理部门准备并应包括对重大事故潜在后果的评估。通常企业编制事故应急预案的步骤，如下所示。

（1）成立预案编制小组。

（2）收集资料并进行初始评估。

（3）辨识危险源并评价风险。

（4）评价能力与资源。

（5）建立应急反应组织。

（6）选择合适类型的应急计划方案。

（7）编制各级应急计划。

1. 成立应急救援预案编制小组

企业管理层首先应指定应急预案编制小组的人员，组员是预案制定和实施中有重要作用或是可能在紧急事故中受影响的人。

预案编制小组代表来自以下职能部门。

（1）安全。

（2）环保。

（3）操作和生产。

（4）保卫。

（5）工程。

（6）技术服务。

（7）维修保养。

（8）医疗。

（9）环境。

（10）人事。

此外，小组成员也可以包括来自地方政府、社区和相关政府部门的代表（例如，安全、消防、公安、医疗、气象、公共服务和管理机构等）。这样可消除现场事故应急预案与政府应急预案中的不一致性，同时这样也可明确紧急事故影响到厂外时涉及单位及其职责。

2. 资料收集和初始评估

编制小组的首要任务就是收集制定预案的必要信息并进行初始评估，这包括：

（1）运用的法律、法规和标准。

（2）企业安全记录、事故情况。

（3）国内外同类企业事故资料。

（4）地理、环境、气象资料。

（5）相关企业的应急预案等。

编制小组应提出如下问题（但不只限于这些）：

（1）会发生什么样的事故？

（2）这种事故的后果如何（要包括对现场和企业外的影响）？

（3）这类事故是否可预防？

（4）如果不能，会产生什么级别的紧急情况？

（5）会影响到什么地区？

（6）如何报警？

（7）谁来评价这种紧急情况，根据什么？

（8）如何建立有效的通讯？

（9）谁负责做什么，什么时间，怎么做？

（10）目前具备什么资源？

（11）应该具备什么资源？

（12）如有可能，可得到什么样的外部援助，怎样得到？

这些问题是制订应急预案过程中必须分析和考虑的部分。在初始阶段，编制小组应辨识所有可能发生的事故场景并评价现有资源包括人力、物资和设备。初期，编制小组的工作可分为以下三部分。

（1）危险辨识、后果分析和风险评价。

（2）明确人员和职能。

（3）明确需要的资源。

3. 应急反应能力分析

根据最可能发生的事故场景，编制小组可以确定出不同紧急情况下相应的应急反应行动。据此，小组可回答以下问题。

（1）在紧急情况下谁该做什么，什么时候做，怎么做？

（2）整个应急过程由谁负责，管理结构应该如何适应这种情况？

（3）如何通报紧急情况，谁负责通知？

（4）可获得哪些外部援助，什么时候能到达？

（5）在什么情况下厂内和厂外人员应该进行避难或疏散？

（6）如何恢复正常操作？

这是预案编制过程中的综合部分，是在前面分析工作的基础上进行的研究。

4. 编制应急救援预案的注意事项

事故应急预案应当简明，便于有关人员在实际紧急情况下使用。一方面，预案的主要部分应当是整体应急反应策略和应急行动，具体实施程序应放在预案附录中详细说明；另一方面，预案应有足够的灵活性，以适应随时变化的实际紧急情况。前面所提到问题的所有结论和解决办法应缩减为一个简单明了的文件，便于评价和使用。

除了这些以外，预案中非常重要的内容是预案应包括至少六个主要应急反应要素，它们是：

（1）应急资源的有效性。

（2）事故评估程序。

（3）指挥、协调和反应组织的结构。

（4）通报和通讯联络程序。

（5）应急反应行动（包括事故控制、防护行动和救援行动）。

（6）培训、演习和预案保持。

根据企业规模和复杂程度不同，应急预案也存在各种形式。编制小组的另一个任务是使总体预案的格式应用于企业的具体情况。

最后，小组应确定出如何保证预案更新，如何进行培训和演习。根据预案格式，可以把一些条款放在总体内容中，或放在附录中。

预案编制不是单独、短期的行为，它是整个应急准备中的一个环节。有效的应急预案应该不断进行评价、修改和测试，持续改进。

5. 危险辨识与风险评价

危险辨识与风险评价是编制应急预案的关键，所有应急预案都是建立在风险评价基础之上的。

危险辨识与风险评价的一般程序，如图 7-4 所示。

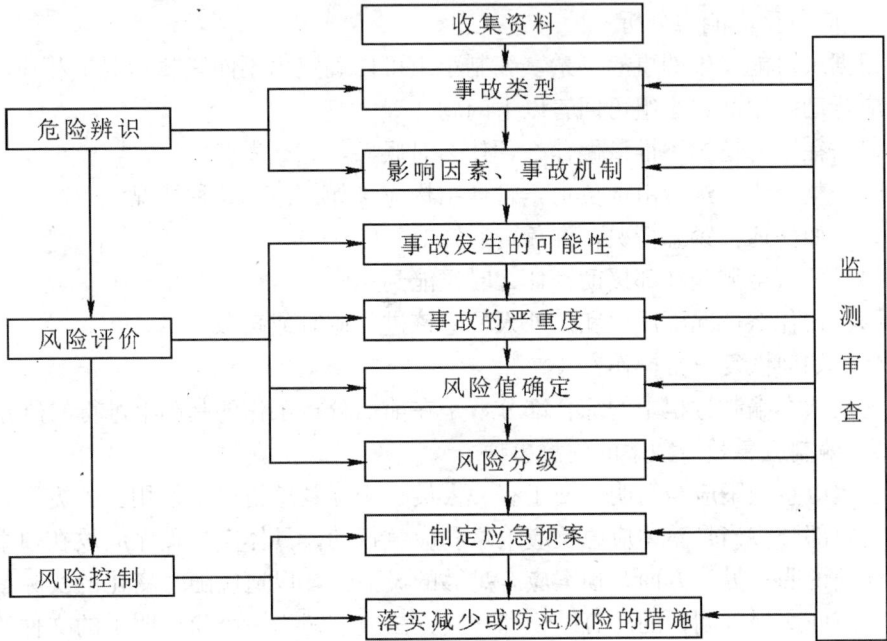

图 7-4　风险评价程序

风险评价的程序主要包括如下几个步骤。

(1) 资料收集。明确评价的对象和范围，收集国内外相关法规和标准，了解同类设备、设施或工艺的生产和事故情况，评价对象的地理、气象条件及社会环境状况等。

(2) 危险危害因素辨识与分析。根据所评价的设备、设施或场所的地理、气象条件、工程建设方案、工艺流程、装置布置、主要设备和仪表、原材料、中间体、产品的理化性质等，辨识和分析可能发生的事故类型，事故发生的原因和机制。

(3) 风险分级。在上述危险分析的基础上，划分评价单元，根据评价目的和评价对象的复杂程度选择具体的一种或多种评价方法。对事故发生的可能性和严重程度进行定性或定量评价，在此基础上按照事故风险的标准值进行风险分级，以确定管理的重点和需要制订应急预案的设备、设施和场所。

(4) 提出降低或控制风险的安全对策措施。根据评价和分级结果，高于标准值的风险必须采取工程技术或组织管理措施，降低或控制风险。低于标准值的风险属于可接受或允许的风险，应建立监测措施，防止生产条件变更导致风险值增加，对不可排除的风险要采取防范措施。

7.4　应急救援训练和演习

7.4.1　应急救援训练与演习的目的

应急救援训练与演习是检测培训效果、测试设备和保证所制定的应急预案和程序有效性的最佳方法。它们的主要目的在于测试应急管理系统的充分性和保证所有反应要素都能全面应对任何应急情况。因此，应该以多种形式，开展有规则的应急训练与演习，使应急队员能进入"实战"状态，熟悉各类应急操作和整个应急行动的程序，明确自身的职责等。

应急救援演习是为了提高救援队伍间的协同救援水平和实战能力，检验应急救援综合能力和运作情况，以便发现问题，及时改正，提高应急救援的实战水平。事故是小概率事件，因此应急救援预案似乎从来没有实施过，于是演习便是应急管理人员检验和评估应急救援的主要方式，以便确定他们在实际紧急事件中是否可以运行。

训练和演习将尽可能地模拟实际紧急状况，因此它们是实现以下目标的最好方法。

(1) 在事故发生前暴露预案和程序的缺点。

(2) 辨识出缺乏的资源（包括人力和设备）。

(3) 改善各种反应人员、部门和机构之间的协调水平。

(4) 在企业应急管理的能力方面获得大众认可和信心。

(5) 增强应急反应人员的熟练性和信心。

(6) 明确每个人各自岗位和职责。

(7) 努力增加企业应急预案与政府、社区应急预案之间的合作与协调。

(8) 提高整体应急反应能力。

7.4.2　应急救援训练和演习类型

1. 应急救援训练的类型

应急训练的基本内容主要包括基础训练、专业训练、战术训练和自选科目训练四类。

(1) 基础训练。基础训练是应急队伍的基本训练内容之一，是确保完成各种应急救援任务的前提基础。基础训练主要是指队列训练、体能训练、防护装备和通讯设备的使用训练等内容。训练的目的是应急人员具备良好的战斗意志和作风，熟练掌握个人防护装备的穿戴，通讯设备的使用等。

（2）专业训练。专业技术关系到应急队伍的实战水平，是顺利执行应急救援任务的关键，也是训练的主要内容。主要包括专业常识、救援技术、抢险和清污，以及现场急救等技术。通过训练，救援队伍应具备一定的救援专业技术，有效地发挥救援作用。

（3）战术训练。战术训练是救援队伍综合训练的重要内容和各项专业技术的综合运用，提高救援队伍实践能力的必要措施。通过训练，使各级指挥员和救援人员具备良好的组织指挥能力和实际应变能力。

（4）自选科目训练。自选科目训练可根据各自的实际情况，选择开展如防化、气象、侦检技术、综合演练等项目的训练，进一步提高救援队伍的救援水平。

在开展训练科目时，专职性救援队伍应以社会性救援需要为目标确定训练科目；而单位的兼职救援队伍应以本单位救援需要，兼顾社会救援的需要确定训练科目。

救援队伍的训练可采取自训与互训相结合；岗位训练与脱产训练相结合；分散训练与集中训练相结合的方法。在时间安排上应有明确的要求和规定。为保证训练效果，在训练前应制订训练计划，训练中应组织考核、验收和评比。

2. 应急救援演习类型

应急救援演习可以分为全面演习、组合演习和单项演习。演习既可在室外也可在室内进行。演习既可由机关单独进行，以指挥、通信联络为主要内容，也可由机关带部分应急救援专业队伍进行演练。

（1）单项演习。这是为了熟练掌握应急操作或完成某种特定任务所需的技能而进行的演习。这种单项演习或演练是在完成对基本知识的学习以后才进行的。根据不同事故应急的特点，单项演习的大体内容包括下述内容。

①通信联络、通知、报告程序演练。

②人员集中清点、装备及物资器材到位（装车）演练。

③化学监测动作演练：固定监测网络中各点之间的配合；快速出动实施机动监测，食物、饮用水的样品收集与分析，危害趋势分析等。

④化学侦察动作演练：对事故发生区边界确认行动，对危害区边界变化情况时判定行动，对滞留区地点及危害程度侦察等。

⑤防护行动演练：指导公众隐蔽与撤离，通道封锁与交通管制，发放药物与自救互救练习，食物与饮用水控制，疏散人员接待中心的建立，特殊人群的行动安排，保卫重要目标与街道巡逻的演练等。

⑥医疗救护行动演练。

⑦消毒去污行动演练。

⑧消防行动演练。

⑨公众信息传播演练。

⑩其他有关行动演练。

（2）组合演习。这是一种为了发展或检查应急组织之间及其与外部组织（如保障组织）之间的相互协调性而进行的演习。由于部分演习主要是为了协调应急行动中各有关组织之间的相互协调性，所以演习可涉及各种组织，如化学监测、侦察与消毒去污之间的衔接；发放药物与公众撤离的联系；各机动侦察组之间的任务分工及协同方法的实际检验；扑灭火灾、消除堵塞、堵漏、闭阀等动作的相互配合练习等。通过带有组合性的部分联系，可以达到交流信息、加强各应急救援组织之间的配合协调的目的。

（3）全面演习或称综合演习。这是应急预案内规定的所有任务单位或其中绝大多数单位参加的为全面检查执行预案可能性而进行的演习。主要目的是验证各应急救援组织的执行任务能力，检查他们之间相互协调能力，检验各类组织能否充分利用现有人力、物力来减小事故后果的严重度及确保公众的安全与健康。这种演习可展示应急准备及行动的各方面情况。因此，演习设计要求能全面检查各个组织及各个关键岗位上的个人表现。通过演习，应该能发现应急预案的可靠与可行度，能发现预案中存在的主要问题，能提供改善预案的决策性措施。全面演习要考虑公众的有关问题，尤其要顾及危险源区附近公众的情绪，使公众能够正确评价危害的性质，从而使推荐的防护措施能得到公众的确认。公众信息传播部门应借助全面演习的机会，向有关公众宣传演习的目的，以及当真实事故发生时，应该采取的措施。必要时可组织公众中骨干力量参观，甚至多加演习。全面演习应在单项和组合演习进行后实施，并应有缜密的演习计划，严密的演习组织领导，充分的准备时间。

全面演习是最高水平的演习，并且是演习方案的最高潮。全面演习是评价应急管理系统在一个持续时期里的行动能力。它通过一个高压力环境下的实际情况，检验应急救援预案的各个部分。美国联邦紧急事务管理局要求每一个接受联邦紧急事务管理局资助的管辖区每 4 年进行一次全面演习。

一个全面演习需要很长的准备时间，一般超过 3 个月。这是因为必须保证演习应急预案所规定的行动：响应机构必须做的事、资源转移、开放避难所、派遣车辆等。应急救援指挥中心作为全面演习的一部分，全面投入该项活动。

7.4.3 应急救援训练和演习的准备与计划

1. 应急救援训练的准备与计划

虽然各种类型训练的计划准备程度及训练时间变化很大，但是训练准备都包括以下内容。

(1) 确定目的（即必要性分析）。

(2) 辨识现有资源以及进行训练的能力（即资源分析）。

一旦完成必要性分析和资源分析，就可开始计划过程。它包括以下几步。

(1) 确定范围。

(2) 选择训练类型。

(3) 确定成本和责任。

(4) 目的说明。

(5) 优化目标。

为了使准备更加充分，可参考表 7-1 的"训练计划和日程安排表"。

表 7-1 训练计划和日程安排表

项　　目	计划日期	完成日期
1. 进行必要性分析		
2. 进行资源分析		
3. 确定计划需要人数		
4. 确定要进行训练的预案要素		
5. 确定训练氛围		
6. 选择训练类型		
7. 明确参加者任务		
8. 确定训练经费和责任		
9. 优化目标/预期行动		
10. 训练场景叙述		
11. 确定设施/设备		
12. 确定通讯联络		
13. 编制训练模拟材料		
14. 确定训练人员需要		
15. 进行人员训练		
16. 编制评估材料		
17. 进行训练前讲话		
18. 开始训练		

　　2. 演习的组织与准备

　　应急演习是一种综合性的训练，也是训练的最高形式，演习应该在培训和训练后进行。演习是在模拟事故的条件下实施的，是更加逼近实际的训练和检验训练效果的手段。事故应急演习也是检查应急准备周密程度的重要方法，是评价应急预案准确性的关键措施，演习的过程，也是参演和参观人员的学习和提高的过程。

　　(1) 成立演习委员会

　　成立一个演习委员会是组织地方政府和企业应急演习的有效方法。演习委员会是演习的领导机构，是演习准备与实施的指挥部门，对演习实施全面控制，其主要职责是：①确定演习目的、原则、规模、参演的单位。确定演习的性质与方法，选定演习的地点与时间，规定演习的时间尺度和公众参与的程度。②协调各参演单位之间的关系。③确定演习实施计划、情景设计与处置方案，审定演习准备工作计划、导演和调整计划。④检查和指导演习准备与实施，解决准备与实施过程中所发生的重大问题。⑤组织演习总结与评价。根据情况，应急管理人员可以担任，也可以不担任委员会的主席。除了应急管理人员，演习委员会包括消防、安全、环保部门、地方医院、应急医疗系统的代表。这仅仅是一个基本名单，可以根据管辖的需要而扩大。

　　有人建议举行不公开宣布的演习。这样做，存在两个问题：为了搞好不宣布的演习，要求很高的效率并进行培训；而且开展不宣布的演习，对于一直把白天作为响应模式的组织来说是比较困难的。

　　尽管应急救援预案中某些部分的演习（如执行应急行动计划、预警和召回人员）采取不宣布的方式可能是适用的，但是对于正在进行中的工作以及日常紧急事件，采用不宣布的方式做试验却是很困难的，应该慎重决定是不是采取不宣布的演习。

　　(2) 阐明演习的文件

　　一个演习是否能成功，部分地取决于参加者是否理解这个演习。应急管理人员通过向参加者提供一份阐明演习目的、内容和做法的文件，保证帮助参加者理解这次演习。下述提纲可以作为应急管理人员组织编写演习文件的案例，应根据具体的要求和演习的种类及范围对这个提纲进行修订：序言、演习目的、演习科目、演习日程表、演习的组织、演习内容、演习事项表、准备演习通告、培训、特别指令。

　　(3) 对演习的述评

　　对演习的述评由指挥者准备，他们有责任确保演习达到预定计划并完成任务：指挥者们要密切观察演习，做出标记以便随后进行述评。在正常情况下，每位指挥者评估计划的某一部分（是他们特别了解的部分）。而在一些小的企业或社区，则可以由一位指挥者观察所有的演习。指挥者除了是应急管理人员外，一般来自参加演习单位以外的部门。

（4）计算机模拟

现在对于应急演习有一个很强烈的趋势，就是把计算机模拟技术与实物演习相结合。目前，美国紧急事务管理人员通过州紧急事务管理办公室，可获得由联邦紧急事务管理局供给的计算机演习程序包。程序包包括对一些常见事故和灾害（如龙卷风、特大伤亡的事故、核事故和洪水等）的演习项目。输入地方数据，可以设计社区的演习。采用计算机演习程序包的经验表明，它是设计演习的一种极好工具。

另一种利用计算机的方法，是准备演习通告，并把它存在计算机数据库中。它们将按规定的时距自动地存储在演习科目中。这些通告根据参加者的位置，转送到演习现场以及非现场的打印机上。这种技术可以使多个应急行动在同一时间进行演习（如一个省内的几个不同城市），并且允许对演习进行良好的全面控制。但是，采用这种方法的应急管理人员应注意：每个地方都应保存通告的复印件，以防当计算机发生故障时，可采取手工操作。

7.4.4 应急救援训练和演习的评估

1. 评估的主要目的

（1）辨识应急预案和程序中的缺陷。

（2）辨识出培训和人员需要。

（3）确定设备和资源的充分性。

（4）确定培训、训练、演习是否达到预期目标。

确定评估什么的第一步是审查培训、训练演习的专项目标。评估每项目标的标准应该在培训、训练、演习计划制定过程中考虑。如果它不能测定或评估，它不应考虑作为目标。

2. 训练和演习的评估

训练和演习的评估可分为三个阶段：评估人审查、参加者汇报、训练和演习的改正。

评估者和上级主管人员在一定位置观察和记录参加者的反应，通过观察参加者在训练和演习中的行动和预期行动进行比较。

许多应急预案的缺陷可通过参加者自己对照训练和演习立即辨识出来，因为评估人不能发现训练或演习中出现的每个问题。如果参加训练或演习的人数规模较小，总结时，每个参加者都要进行口头汇报，依次被提问，提出意见。如果人数规模很大，则可要求书面意见。评估会议中要使参加者反映对应急预案和应急行动的评估意见。

3. 评估报告

评估报告是提出纠正措施和纠正行动的重要依据，应该由训练或演习的指挥者准备。评估报告应经所有参加训练或演习的部门及人员充分讨论后形成，并交企业领导或上级主管机构。评估报告应包括：

（1）训练或演习总结，包括目的、目标和场景的评论。

（2）对重大偏差/缺陷的总结。

（3）建议和纠正措施。

（4）完成这些纠正措施的日程安排。

应急管理者负责检测纠正措施进展，完善应急预案和程序，改进未来的训练和学习，一旦完成所有纠正措施，应向企业经理报告。

4. 应急训练和演习应注意事项

（1）可设立专门的小组来负责训练和演习的设计、监督和评价。

（2）负责人应拥有完整的训练和演习记录，作为评价和制订下一步计划的参考资料。

（3）可邀请非受训部门应急人员参加，为训练、演习过程和结果的评价提供参考意见。

（4）应尽量避免训练和演习给生产与社会生活造成干扰。

大型演习的计划和情景设计要经过有关部门的审查和批准。应急训练与演习是检测人员培训效果、测试设备和保证所制定的应急预案和程序有效性的最佳方法。因此，应该以多种形式开展有规则的应急训练与演习，使应急队员能进入"实战"状态，熟悉各类应急操作和整个应急行动的程序，明确自身的职责等。

工业化国家的经验表明：军事体制不适合于制定地方政府的应急预案。但是，尽管远离军队的模式，地方应急管理人员仍需要标准格式的指导。这种指导有助于各级培训和所有部门的接受与执行。

其次，必须加快应急管理人员的职业化，雇用标准要严格，而且要通过培训进一步强化，必须扩大利用计算机模拟，以帮助地方政府应急管理人员和其他与应急管理有关人员的培训和演习。

7.5 应急救援行动

应急救援行动是指在紧急情况发生时，即发生煤与瓦斯突出、瓦斯爆炸和火灾等重大事故时，为及时营救人员、疏散撤离现场、减缓事故后果和控制灾情而采取的一系列抢救援助行动。

事故发生前应该设计和建立应急系统，制订应急预案，并进行培训、训练和演习，以保证应急行动的有效性；一旦事故发生时，则应及时调动并合理利用应急资源，包括人力资源和物质资源投入行动；在事故现场，针对事故的具体情况选择应急对策和行动方案，从而能及时有效地使伤害和损失降低到最低程度和最小范围。

7.5.1　应急救援行动的一般程序

一旦发生重大事故，启动企业内应急救援行动的一般程序如下。

1. 事故发生区

事故现场、企业或社区负责人或安全主管部门应采取以下行动。

（1）掌握情况。不论事故现场何种局面，必须掌握的情况有：事故发生时间与地点；种类、强度；已泄漏物质数量；已知的危害方向；事故现场伤亡情况，现场人员是否已安全撤离；是否还在进行抢险活动；有无火灾与爆炸伴随，这种伴随的可能性；现场的风向、风速；泄漏（释放）危及企业外的可能性。

（2）报告与通报。在基本掌握事故情况，并判明或已经发现事故危及企业外时，应立即向各有关部门进行如下报告：①报告负责本厂附近应急工作的市或区的应急指挥中心；②上报本系统直接领导部门；③根据事故的严重程度及情况的紧急程度，按预案规定的应急级别发出警报。

（3）组织抢救与抢险。制止危害扩散的最有效措施是迅速消除事故源，制止事故扩展。同时，事故发生单位最熟悉事故设施和设备的性能，懂得抢险方法，必须组织尽早抢救与抢险。事故发生单位要迅速集中抢险力量和未受伤的岗位职工，投入先期抢险，这包括：①抢救受伤害人员和在危险区的人员，组织本单位医务力量抢救伤员，并将伤员迅速转移至安全地点；②堵漏、闭阀、停止设备运转、灭火、隔离危险区等；③清点撤出现场的人员数量，必要时，组织本单位人员撤离危害区；④组织力量消除堵塞，为前来应急救援的队伍创造条件。

2. 应急指挥中心（部）

（1）值班员的行动：①记录事故发生区报告的基本情况；②按预案规定，通知指挥部所有人员到达集中地点，并规定到达时限；③报告市（区）行政当局值班室；④与参与应急救援工作的当地驻军取得联系，并向他们通报情况；⑤根据情况的危急程度，或按预案规定通知各应急救援组织做好出动准备。

（2）指挥组的行动：①根据事故发生区报告的情况，指示安全技术人员进行危害估算；②会同专家咨询组判断情况，研究应急行动方案，并向总指挥提出建议。其主要内容是：事故危害后果及可能发展趋势的判断，应急的等级与规模，需要调动的力量及其部署，公众应采取的防护措施，现场指挥机构开设的必要性、开设的地点与时间；③按总指挥的指令调动，并指挥各应急救援组投入行动；④开设现场指挥机构；⑤向驻军通报应急救援行动方案，并提出要求支援的具体事宜。

（3）其他有关组织的行动：①专家咨询组进行技术判断及力量使用估计，会同指挥组向总指挥提供建议的内容；②安全评价（扩散估算）组根据事故发生区报告的基本情况和已知的气象参数，进行事故后果评价，扩散趋势预测，向指挥组做出技术报告；③气象保障组收集天气资料，若有可能可在现场开设气象观测哨；④各保障组做好后援准备；⑤各应急救援专业组织按指挥组指令投入行动。

7.5.2　事故评估程序

在应急救援的不同阶段实施什么行动要依靠决策过程，反过来这要求对事故发展过程的连续评价。无论是谁只要发现危险的异常现象，第一反应人就要开始启动应急。这种事故评估过程在特定时间首先由主管协调反应行动的人来履行，然后由企业应急总指挥和其工作人员来执行，这些以后再详细讨论。在紧急事件初始阶段，某人可能是第一个发现者，会决定是否启动报警程序，这也会启动相应的反应机制。应急行动启动的顺序流程图，如图 7-5 所示。

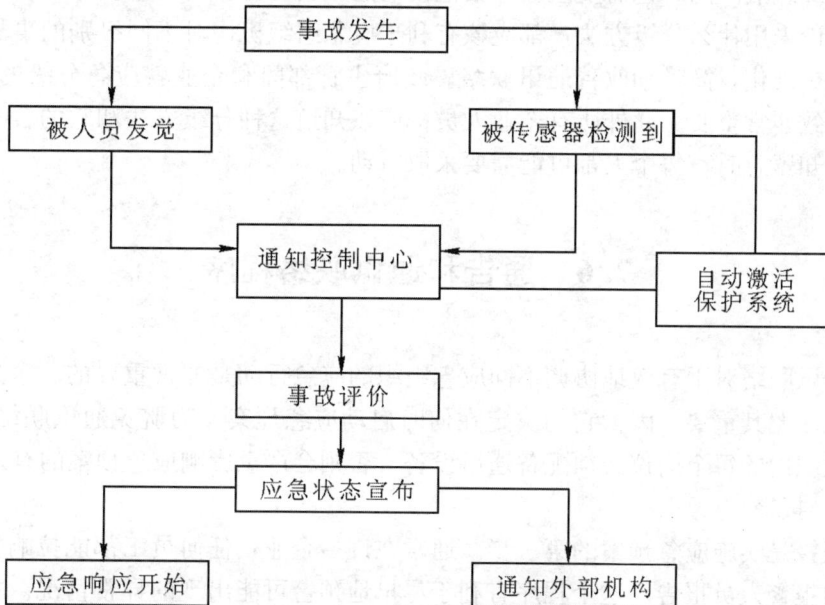

图 7-5　应急行动流程图

对事故分级有几种方法。不同的人判断相同事故会产生不同的分级。为了消除紧急情况下产生的混乱，应参考企业和政府有关部门制定的事故分级指南。

应急行动级别是事故不同程度的级别数。事故越严重，数值越高。根据此分级标准，负责人可在特定时刻把事故严重程度转化为相应的应急行动级别。应急行动级别数值跟企业性质和内在危险有关。大多工业企业采用三级分类系统就足够了。

一级——预警，这是最低应急级别。根据企业不同，这种应急行动级别可以是可控制的异常事件或容易被控制的事件。像小型火灾或轻微毒物泄漏对企业人员的影响可以忽略，这样的事故可定为此级。根据事故类型，可向外部通报，但不需要援助。

二级——现场应急，这是中间应急级别，包括已经影响企业的火灾、爆炸或毒物泄漏，但还不会超出企业边界。外部人群一般不会受事故的直接影响。这种级别表明企业人员已经不能或不能立即控制事故，这时需要外部援助。企业外人员像消防、医疗和泄漏控制人员应该立即行动。

三级——全体应急，这是最严重的紧急情况，通常表明事故已经超出了企业边界。在火灾、爆炸事故中，这种级别表明要求外部消防人员控制事故。如有毒物质泄漏发生，根据不同事故类型和外部人群可能受到影响，可决定要求进行安全避难或疏散。同时也需要医疗和其他机构的人员支持、启动企业外应急预案。

无论采用什么分级方法，都应该有利于应急组织机构对不同级别的事故应急反应的标准化，简化和改善通讯联络。政府主管部门和企业就应急分级的标准，达成一致非常重要。此外所有企业人员都应该知道这种分级方法和它的含义，因为当得知紧急时，每个人都可能需要采取行动。

7.6 通告和通讯联络程序

通讯联络对于有效地协调不同应急组织的应急行动是非常重要的。事故最初通告程序尤其重要，因为它们决定在何时启动应急预案。为避免通讯联络中断，应急组织内的每个岗位必须配备通讯设备，否则会严重影响应急预案的有效性。

1. 报警

报警是实施应急预案的第一步。通常在许多企业，任何员工都能拉响警报或至少向报警人员报告。这个程序有利于尽早地预警可能出现的异常情况。如果有充分的事前准备，任何企业员工或操作人员都会知道在这种情况下首先该采取什么行动（例如，打企业应急热线电话）。从这开始，应急反应会按计划实施：热线操作人员将通知最初的应急评估负责人，要确定应急级别并根据应急行动级别启动相应的应急反应预案。

2. 通知企业人员

最初应急组织有许多任务，首先是让企业内人员知道发生紧急情况。无论使用什么报警系统完成这个目的，最常使用的是声音报警。报警有两个目的：动员应急人员并提醒其他无关人员采取防护行动（例如，转移到更安全的地方，进入安全避难点，或撤离企业）。

就企业应急通讯系统（包括人员和设备）而言，让应急人员知道应急发生是关键。组织有序和经过演习验证的预案使每个人知道做什么。

3. 通知外部企业

根据应急的类型和严重程度，企业应急总指挥或企业有关人员（业主或操作人员）必须按照法律、法规和标准的规定将事故有关情况上报政府安全生产主管部门。通报应该包括以下信息。

(1) 将要发生或已发生事故或泄漏的企业名称和地址。

(2) 通报人的姓名和电话号码。

(3) 泄漏化学物质名，该物质是否为极危险物质。

(4) 泄漏时间或预期持续时间。

(5) 实际泄漏量或估算泄漏量，是否会产生企业外效应。

(6) 泄漏发生的介质是什么。

(7) 已知或预期的事故的急性或慢性健康风险和关于接触人员的医疗建议。

(8) 由于泄漏应该采取预防措施，包括疏散。

(9) 获取进一步信息，需联系人的姓名和电话号码。

(10) 气象条件，包括风向和风速和预期企业外效应。

(11) 应急行动级别。

尽管可靠的电话联系很有效，但在应急过程中设置应急通知的热线会十分有用。应急人员必须熟悉这种程序并理解它的重要性。

应急通报是强制的，不只是因为是法规要求。还在于通报企业外应急反应组织，并动员他们。此外，通知应急严重程度时，使用一套事先确定的应急行动级别非常有效。企业外的应急行动是否启动，要根据应急预案中事故类型和严重程度由现场应急总指挥的判断来决定。

4. 建立与保持企业内的通讯联络

一旦企业应急总指挥决定启动应急预案，通讯协调和联络部门就要负责保持各应急组织之间高效的通讯能力。最重要的通讯联络是应急指挥中心，它装备有固定通讯设备。任何应急指挥中心与外部的通讯中断（特别是应急指挥中心和现场应急组织之间），必须报告通讯联络负责人，他会动员现有资源和人力来解决问题。

可以使用警笛和公共广播系统向企业人员通报应急情况，必要时通知他们疏散，从企业部分或全部撤离。

5. 建立和保持与外部组织的通讯联络

一旦应急预案启动，企业应急总指挥和副指挥在应急指挥中心进行应急指挥与协调，保持与外部机构联络，现场操作负责人直接与应急指挥中心联系。

6. 向公众通报应急情况

在事故影响到社区居民的情况下，可采取两种行动：疏散或避难在建筑物内。无论采取什么行动，社区居民和公众必须得到应急通知。如果没有有效的通讯程序，这几乎不可能实现。用警笛报警系统通知事故发生的社区效果较差，而且这种系统只有在公众明白警报的含义，知道该采取的行动才会有效。紧急广播系统与警笛报警系统结合使用会更有效。紧急广播系统能发射无线电和电视信号，信息内容应该尽可能简明，告诉公众该如何采取行动。此外，应该通知公众避免使用电话通报附近地区发生紧急情况（避免增加电话线负担）。如果决定疏散，应该通知居民避难所位置和疏散路线。

公众防护行动的决定权一般由当地政府主管部门掌握。应急组织应该做好如下一系列准备行动。

（1）准备向当地政府主管部门提供建议。

（2）（根据危险分析）制定关于何时进行公众疏散或是安全避难的指南。

（3）根据事故性质、气象条件、地形和原有逃生路线提出疏散的最佳路线。

（4）保存当地电台、电视台的电话簿。

（5）事先联系这些电台以协调信息发布。

（6）建立填单式信息向公众广播（这样减少紧急时的混乱和避免忽略某些信息）。

企业负责人没有权力决定涉及公众的行动，可是这并不减少他们的事故责任。因而他们应该（特别对大众）确保建立起防护措施和有效通讯机制，尽量减小事故后果。

7. 向媒体通报应急信息

在紧急情况下，媒体很可能获悉事故消息，当地报纸、电视和电台的记者会涌到事故现场或至少到企业大门前采集有关新闻消息。保卫人员应该确保若非允许不得入内。尤其是无关人员，不能进入应急指挥中心或应急人员正在控制险情的地方，因为他们会干扰应急行功。要防止媒体错误报道事件，因此，应急组织要有专门负责处理公众、媒体的部门。

此项功能的负责人应该定期举办新闻发布会，提供准确信息，避免错误报道。当没有进一步信息时，应该让人们知道事态正在调查，将在下次新闻发布会通知媒体。无理由地回避或掩盖事实真相只可能让日后尴尬。

　　在这种情况下，用预先制好的填空式信息单在新闻发布会上宣读是很方便的。在任何情况下，应准备好书面说明以便在新闻发布时分发，发布前由负责人员审定。作为应急准备方案的一部分在新闻发布会使用的其他材料，如地图、表格、黑板和其他声像材料应该事先准备好。

7.7　现场应急对策的确定和执行

　　应急人员赶到事故现场后首先要确定应急对策，即应急行动方案。正确的应急行动对策，不仅能够使行动达到所预期的目的，保证应急行动的有效性，而且可以避免和减少应急人员的自身伤害。无数事实表明，在营救过程中，应急救援人员的风险很大。没有一个清晰、正确的行动方案，会使应急人员面临不必要的风险。应急对策实际上是正确的评估判断和决策的结果，而初始的评估来源于最初应急行动所经历的情况。

　　现场应急对策的确定和执行，包括下述内容。
　　（1）初始评估。
　　（2）危险物质的探测。
　　（3）建立现场工作区域。
　　（4）确定重点保护区域。
　　（5）防护行动。
　　（6）应急行动的优先原则。
　　（7）应急行动的支援。

本章小结

　　本章在对安全生产应急救援体系简要介绍的基础上，首先分析了矿山应急救援的组织准备与基本程序；其次分析了安全生产应急救援预案的策划及编制，包括应急预案的基本要求、分级、类型、文件体系、编制方法、编制注意事项以及危险辨识与风险评价等内容；再次分析了应急救援训练和演习，包括应急救援训练与演习的目的、类型、准备、计划和评估等内容；接着分析了应急救援行动与通告和通讯联络程序，包括报警、通知企业人员、通知外部企业、建立与保持企业内的通讯联络、建立和保持与外部组织的通讯联络、向公众通报应急情况、向媒体通报应急信息等内容；最后分析了现场应急对策的确定和执行。

参考文献

［1］方兴. 国家安全生产规划纲要与重大危险源监控及应急救援体系建设［M］. 长春：银声音像出版社，2004.

［2］国家安全生产监督管理总局. 煤矿安全规程［M］. 北京：煤炭工业出版社，2009.

［3］刘茂，吴宗之. 应急救援概论—应急救援系统及计划［M］. 北京：化学工业出版社，2004.

［4］吴宗之，刘茂. 重大事故应急救援系统及预案导论［M］. 北京：冶金工业出版社，2003.

［5］俞启香. 矿井瓦斯防治［M］. 徐州：中国矿业大学出版社，1992.

［6］周志伟. 煤矿企业安全生产许可达标验收规范与重大事故预警救援及处理办法实施手册［M］. 香港：中国知识出版社，2004.

第 8 章　煤矿瓦斯重大灾害预警的信息系统

8.1　瓦斯灾害预警管理信息系统概述

随着生产技术的进步，社会活动的复杂化，人类控制灾害的能力有所增强，但是人为造成的灾害却越来越频繁，特别是在采掘业中各种灾害更是不断发生，为了有效控制和减少灾害的发生及其危害，建立瓦斯灾害预警管理信息系统是非常必要的。

现代的管理工作越来越离不开信息，利用计算机进行信息处理已成为当今世界上一项主要的社会活动。随着信息工作的迅速增长，计算机的应用范围也日益广泛，应用的功能由一般的数据处理走向支持决策。尤其是近一二十年来，随着现代科学技术和社会经济的迅速发展，世界正在向信息化社会迈进，信息同物质、能源一起构成了当代社会的三大支柱产业。以现代计算机技术、信息技术、管理科学和系统科学为基础建立的管理信息系统（management information system，MIS），在现代社会经济生活中，特别是企业经营管理决策中，正在发挥日益重要的作用。

瓦斯灾害预警管理信息系统是一门综合性、系统性和边缘性学科。瓦斯灾害预警管理、信息与系统是三个不同领域的学科，由于人类的进步，科学技术的发展，现代电子技术、管理科学和信息科学的发展以及大生产和社会化的需要，使得它们成了一个完整的新学科。

灾害管理是指运用组织、计划、指导、控制和协调等基本行动，来有效地利用人、材料、资金、设备和方法等各种资源，发挥最高的效率，以实现控制和减少灾害发生及其危害的目标和任务。

20世纪80年代出现了信息革命，信息被视为重要的无形资源用于管理。于是信息论、控制论、系统论在管理中有机结合，产生了管理信息系统学科，它的出现极大地推动了管理科学的发展，而且成为一门完整的科学学科。

数据与信息是管理信息系统中最基本而且也是最重要的两个概念。数据是事实的反映，是人们用来反映客观世界而记录下来的可以被鉴别的符号。除数值数据外，文字、声音、语言、图形、图像等也是数据。

信息的定义归纳起来，有如下几种：

（1）信息是有一定含义的数据，是人们用来描述客观世界的知识。

（2）信息是加工（处理）后的数据，是事物存在或运动状态的表达。

（3）信息是对决策或行为有现实或潜在价值的数据。

由此可见，数据和信息是两个互相联系、互相依存又互相区别的概念。信息是处理后的数据，是数据所表达的内容，而数据则是信息的表达形式。它们的关系如图8-1所示。

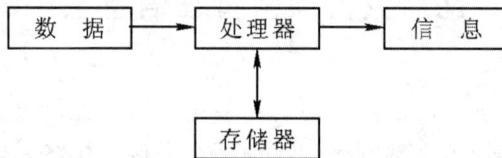

图8-1 数据加工为信息

信息可以从不同角度分类。按照重要性可以分为战略信息、战术信息和作业信息。按照应用领域可以分为管理信息、社会信息、科技信息和军事信息等；按照加工次序可分为一次信息、二次信息和三次信息等；按照反映形式可分为数字信息、图像信息和声音信息等。而管理信息系统中的信息是反映与控制管理活动中经过加工的数据，是管理上一项极为重要的资源，瓦斯灾害预警管理信息主要分为四大类：

（1）描述型信息：用于描述客观世界中所发生事件的规律性、实体的状态、特性和变化等的信息。

（2）概率型信息：用于判断、推理、建模和决策等方面的信息。

（3）解释和估价型信息：回答某种事件怎样发生、发展以及一些定性或定量的描述方面的信息。

（4）宣传型信息：对客观事物具有某种渲染性的信息，以引起各界的广泛关注。

信息系统就是指输入数据，经过加工处理，输出信息的系统。信息系统通常具有以下功能。

（1）数据的收集和输入，把分散在各地的数据进行收集并记录下来整理成信息系统要求的格式或形式。

（2）数据传输，主要有两种方式：一是计算机网络形式，二是盘片传输。随着网络技术的发展，计算机网络数据传输已逐步取代了盘片传输。

（3）数据存储管理中的大量数据被保存在磁盘、磁带等存储设备上。

（4）数据加工处理，对数据进行核对、变换、分类、合并、更新、检索、抽出、生成和计算等处理。

（5）数据输出，根据不同需要，将加工处理后的数据以不同的方式进行输出。

管理信息系统是在数据处理系统上发展起来的，其特征是面向管理的一个集成系统，它覆盖了整个管理系统，对管理信息进行收集、传递、存储与处理，是多用户共享的系统。从总体上说，管理信息系统由四大部件组成，即信息源、信息处理器、信息用户和信息管理者，如图 8-2 所示。

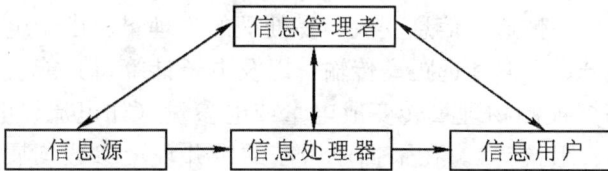

图 8-2　灾害管理信息系统总体结构

信息源是信息的产生地；信息处理器是进行信息的传输、加工、保存等任务的设备；信息用户是信息的使用者，它应用信息进行灾害控制预防决策；信息管理者负责信息系统的设计实现，在实现以后负责信息系统的运行和协调。

8.2　瓦斯灾害预警信息采集及输入

8.2.1　瓦斯灾害预警信息采集及输入概述

采掘业瓦斯灾害预警管理信息系统的信息采集与输入是整个系统的基础，有关的数据及信息主要是通过采掘业的安全监测得到。安全监测得到的数据输入管理信息系统经过处理后，可应用于以下情况。

（1）提供信息。为各级生产指挥和业务部门提供安全状况和工作状况动态信息。

（2）探测和预报灾害事故。通过被测参数的比较和分析，为预防灾害事故提供重要技术数据。

（3）制止灾害事故的发生。通过对测试参数实施有效控制，及时实现自动报警、断电和闭锁，以制止事故的扩大。

（4）设施的自动调控。通过对生产工艺活动的动态监测分析，实现各种设施的自动调控。

（5）为救灾提供决策信息。在发生事故的情况下，能及时指示最佳救灾和避灾路线，为抢救和疏散人员、器材提供决策信息。

通过各种现代化的监测仪器和手段可实现以下功能。

（1）全面系统监测。

（2）多参数同时连续动态监测。

（3）预测发展趋势，力争达到超前调整与控制。

（4）全面实现采掘业的自动化生产。

在监测工作中一般所得到的信息，往往为非电量信息，这些信息即使能够被检测出来，也难以放大、处理和传输。为此，需要有一种特殊功能的装置来灵敏地检测有关信息，并把这些信息变成容易处理的物理量。由于电信号易于放大、反馈、滤波、微分、存储和远距离传输，以及电子计算机只能直接处理电信号，所以，目前大都把被测物理量转变成电量或电参量（如电流、电压、电阻、电感、电容、频率、阻抗等）。在采掘业所需的矿井环境参数均属非电量，所以，在检测过程中，普遍采用参数变换方法进行测量和传输。也就是将所接收的非电量值用某种特定的变换手段，变换为电量或电参量，以利于后续传输及处理工作。

采掘业中所需要测定的矿井环境参数主要有：①沼气浓度；②氧气浓度；③一氧化碳、二氧化碳，以及二氧化氮、二氧化硫和硫化氢等有毒、有害气体的浓度；④粉尘浓度；⑤井巷和硐室温度以及煤炭自燃；⑥风量与负压；⑦其他参数，如顶板活动状态、地层构造、水文情况等。这些环境参数都与井下作业安全有直接的联系，是进行瓦斯灾害预警管理，实行有效控制的重要参数。

8.2.2 传感器的构成与分类

传感器是实现自动检测和自动控制的首要环节。传感器是一种检测装置，它直接接受被测参数的有关数据（信息），并能将所接受的物理量信息按一定规律转变成同种或别种物理置信息。精确可靠的传感器，是实现精确可靠的自动检测和控制系统的前提。

1. 传感器的构成

传感器一般由检出元件、调整电路、显示器、传输信号和接口等部分组成，有时也把工作电源电路包括在内。

（1）检出元件

检出元件是直接感受被测物理量的元件，其输出信号件与被测参数构成某种确定的关系，并用所输出的信号表示被测参数的实际状态。检出元件按变换方式可分为直接变换与间接变换两种。

①直接变换式。输入为非电量而输出为电量者，称之为直接变换式检出元件。如：热电偶可将温度直接变换为电压，热电阻可将温度变为电阻信号等。

②间接变换式。输入为非电量而输出仍然是非电量，只有再经变换才能获得电量信号，这种经过两次以上变换才能得到电量输出信号的，称作间接变换式检出元件。如：膜片或波纹管，先将压力数据变换为位移值，然后再将位移值信号变换为电量输出。井下测压的差压膜盒式传感器就属于这类变换。

（2）调理电路

传感器输出往往不能满足显示电路的要求，因此，在传感器与显示器之间需要有接口及调理电路。典型的接口及调理电路包括：电桥、激励源、放大、滤波、线性化、隔离、偏置、阻抗变换、电平转换以及各种各样的计算（模拟量或数字量）等电路组成。

（3）显示器

①模拟显示器又称为小式显示器，被测量值的大小靠指针、标尺等的相应位置指示。有时也带有机构，能以曲线形式绘制出被测量动态变化。

②数字显示器多用液晶或数码管显示。它直接用数字符号显示被测量值，也可附有打印机打印数据。其优点在于精度较高，且可与计算机联用。

③屏幕显示器。它是一种靠电视屏幕显示被测量值的部件，可以同时显示多个被测量值及其变化规律（曲线或表格），有利于对被测值的比较和分析。

（4）传输信道

传输信道是联系仪器各个环节，为各环节的输入和输出提供信息通路的设施。信号传输方式分为：模拟信号传输和数字信号传输。可采用无线传输和有线传输。

工业生产中应用较多的是有线模拟信号和数字信号传输，即应用导线或电缆传输直流电压或电流信号。煤矿监测信号的传输较多借用电话通讯电缆作信道，因电话通讯是低频通讯，监测信号可通过调制装置搬移到高频段传输。因而，传输时电话通讯信号与高频监测信号可以同时在同一电缆上传输而互不干扰。

由于信号传输过程中存在来自内部和外部的干扰，所以，近年来大量采用抗干扰能力强的数字信号传输。

传输信道对传输信号影响较大，所以，在选择信道有关参数时，要匹配适当，否则，不仅会使灵敏度降低，而且可能出现信号失真严重等故障。

2. 传感器类别划分

传感器种类繁多，用途十分广泛，实用传感器有如下几种分类方法。

（1）按输入物理量分类

按输入物理量的性质可区分为：位移传感器、速度传感器、温度传感器、力传感器（压力、力矩、转矩和力敏等）、流量传感器、湿敏传感器、气敏传感器、热敏传感器、光敏传感器、磁传感器、超声及声波传感器、红外传感器、压敏传感器、射线与微波传感器、化学及电化学传感器、色敏传感器、图像传感器、物位传感器、尺寸传感器及压差传感器等。

（2）按工作原理分类

按工作原理不同，可区分为：压电式、动圈式、电磁式、磁阻式、电感式、电容式、液压式、气压式、流量计式、浮子式、活塞式、电阻式等。

（3）按能量传递方式分类

按能量的观点分类. 传感器可划分为能量控制型（无源传感器）、能量变换型（有源传感器）和能量传递型（间接传感器）三类，见表 8-1。

表 8-1　传感器按能量传输方式的分类

能量控制型	能量变换型	能量传递型
电阻式	压电式	红外式
电感式	热电式	磁声波式
电容式	磁电式	激光式
谐振式	光电式	核辐射式

①能量控制型（无源传感器）：能量控制型传感器不起换能作用，被测物理量仅能对传感器中的能量起控制作用（或调制作用）。传感器本身不是一个信号源，因此，必须有辅助能源，如电阻、电感、电容传感器等。这类传感器的测量电路通常采用测量电参数的测量电路，如电桥电路、谐振电路等。

②能量变换型（有源传感器）：能量变换型传感器，它像一台微型发电机，能将非电能变换为电能。和它配合的测量电路通常为电压测量电路或放大器，如磁电式、压电式、热电式、光电式等。

③能量传递型传感器：能量传递型传感器，在被测物理量传递过程中实现测量。如超声波式传感器，为了实现检测目的，必须要有一个超声波发射器及接收器，将被测物理量作为对超声波进行调制的信号，则超声波被调制后的变化，也就反映了被测物理量的变化。这类传感器还有激光传感器、热辐射传感器等。

（4）按输出的信号性质划分

按输出信号性质可将传感器分为模拟式传感器和数字式传感器两类。

①模拟式传感器：模拟式传感器的输出是一组与被测物理量呈一定量值关系的信号，不论连续的或离散的信号，都可用幅值或频率方式反映其变化规律。但

如果要与数字计算机或数字显示器连接，则需引入模、数（A/D）转换环节，将模拟量转换为数字量。

②数字式传感器：数字式传感器的输出，是一组与被测物理量呈一定关系的脉冲信号，通常以 0，1 表示。数字式传感器可以将被测非电物理量直接转换成脉冲、频率或二进制数码输出，抗干扰能力强。

上述两类传感器均可通过模/数转换或数/模转换环节与监测系统连接。

3. 传感器的主要技术性能指标

监测仪器的基本特性是指输出对输入的响应质量，它包括静态特性和动态特性两大类。

当被测物理量是恒定量或缓慢变化量时，可通过一系列静态指标加以衡量。当被测量存在阶跃式变化或变化速率大时，需要连续监测其特性变化，此时，必须研究在输入量的变化过程中，输出量的响应动态误差，所以，此时还必须通过仪器的动态指标加以衡量，也就是必须通过动态特性去加以研究。

传感器是检测仪表（仪器）的敏感元件，一切被测物理量首先通过传感器接收，它的技术性能优劣，直接影响仪器测试结果。传感器静态特性可通过以下性能指标体现。

（1）精确度、精密度和正确程度：精确度反映测量误差的综合状态，综合误差小，则精确度自然就高。精确度的含义是：传感器反映的信号值与被测物理量真值（约定）的一致程度。精密度指的是在一定条件下进行多次测量时，在测量结果比较集中和仪器分辨率较高的条件下，随机误差的大小。正确程度是指在规定条件下，测量结果的正确程度。三个概念不应混同。

传感器的精确度，往往用误差为指标，一般采用以百分数表示的相对误差。

（2）测量范围与量程：测量范围是指被测物理量可以按规定的精确度进行测量的范围。量程是指测量范围的上限值与下限值的代数差。

（3）线性度误差：理想情况下，传感器的输入和输出是线性关系，其图形是一条理想直线。而实际测量系统的静态特性并不是严格按照线性变化，所以线性度误差是实际曲线与理想直线的最大偏差，通常用百分数来表示。这个百分数就是表示输入—输出特性的非线性度，或称线性度误差。

（4）灵敏度：灵敏度反映传感器对被测物理量的变化程度。灵敏度用输出变化值（ΔY）除以输入变化值（ΔX），即：

$$K = \Delta Y / \Delta X$$

式中：K——灵敏度；

　　　　ΔY——输出量变化值；

　　　　ΔX——输入量变化值。

线性系统的灵敏度就是特性曲线的斜率，且灵敏度 K 为一常数。非线性系统，其灵敏度是特性曲线某点处的切线斜率，随输入量的变化而变化。

灵敏度可用百分数或绝对值表示，一定用途的传感器要限定其范围。

（5）回差：回差也称变差。在测量的全范围内，同一个输入信号所对应的上、下行程输出之间的最大差值称回差。

（6）分辨率：仪器能够检测出被测信号的最小增量，称为该仪器的分辨率。如：某一温度传感器的量程是 $-50 \sim 99.9℃$，其分辨率应是 $0.1℃$。

（7）阈值：能引起传感器（仪器）输出的被测物理量最小变化值，称作传感器的阈值。

（8）重复性：在同一工作条件下，传感器对同一输入，并按同一方向连续多次检测时，其输出值相互间的一致程度，称传感器的重复性。有时用重复误差来表示重复性。

（9）过载：在不致引起规定性能指标永久改变的前提下，允许传感器超过测量范围的能力，称过载。过载能力可用下式表示：

$$过载 = 允许超过被测上限（或下限）的测量值 / 过载 \times 100\%$$

（10）飘移：传感器输入—输出特性，随某一外界因素的影响而出现缓慢变化的现象，称飘移。对于采用电桥电路的传感器，零点飘移是仪器主要性能指标之一。

静态特性是从静态角度考察传感器测量精度的指标，为了获取准确的输出信号，要求传感器应具备静态响应良好的综合性能。为此，就应尽量获取合适的测量范围和量程，具备足够的灵敏度、分辨率和重复性，以及尽量小的阈值、线性度误差、回差和飘移。

传感器动态特性，是指传感器对于随着时间变化的输入信号的响应性能，一般用响应时间来表示。因为被测参数在输入—输出过程中，存在一定的运动惯性和能量传递时间，必然引起输入与输出之间出现一定的差值。这一误差称做动态误差。衡量动态误差（响应时间），常用时间常数 T 和传递滞后时间（又称时滞或死区）表示：

（1）时间常数（T）：T 值越大，响应时间越长，动态误差存在的时间也越长，动态误差的数值也越大，反之，误差数值就小。T 值越小越好。

（2）传递滞后时间（时滞或死区）（τ）：从输入信号产生变化的瞬间开始到所引起的输出量变化瞬间为止，这段时间间隔叫时滞。在时滞阶段，动态误差最大，并一直持续到时滞结束，所以，时滞（τ）越小越好。

为了选取良好的动态特性，应选择响应时间小的传感器。各种类型的传感器，是各类监测装置的"前沿哨兵"，任何物理量信息几乎都可依靠一定的传感器接收、变换和输送，因而，传感器是各种监测装置的首要环节。

8.2.3　矿井瓦斯监测

采掘业中各种环境参数的变化是引起灾害的原因，是一个从量变到质变的过程，瓦斯灾害预警系统就是随时观测各种环境参数的变化，以达到预测和控制的目的。采掘业中所需要测定的矿井环境参数主要有：沼气浓度、氧气浓度、一氧化碳、二氧化碳，以及二氧化氮、二氧化硫和硫化氢等有毒有害气体的浓度；粉尘浓度，井巷和硐室温度以及煤炭自燃，风量与负压等，还有其他参数，如：顶板活动状态、地层构造、水文情况等。这些环境参数都与井下作业安全有直接的联系，是进行瓦斯灾害预警管理，实行有效控制的重要参数。

在矿井生产过程中，经常出现瓦斯浓度超限的问题，影响煤矿安全生产，为了有效管理瓦斯，掌握矿井瓦斯的分布及存在的危险状况，因此必须进行矿井瓦斯的监测，以便及时采取有效措施加以处理，防止瓦斯事故的发生。

1. 监控系统主要技术指标

矿井瓦斯的监测是在三遥技术（即遥测、遥讯、遥控）的基础上发展起来的，主要用于煤矿井下空气成分（以瓦斯为主）监测、空气物理状况的监测和通风设备（设施）运行状态的监控。监控系统主要技术指标要求，如下。

（1）中心站到最远测点距离不小于 10 km，对于只适应中小煤矿的系统不小于 7 km。

（2）传感器到分站的传输距离不小于 1 km。

（3）系统误差不大于 1%。

（4）时分制监测系统的误码率不大于 10^{-6}。

（5）系统巡检时间不超过 30 s。

（6）控制执行时间不超过 30 s。

2. 瓦斯监测系统的组成

矿井瓦斯监测系统一般由监测传感器、井下分站、信息传输系统和地面中心站等部分组成。通常可分为开环监测控制系统和闭环监测控制系统，前者为不利用监测量去控制（调节）所关联的井下设施或设备，只进行一般的遥控的系统；后者则还需利用监测量去控制（调节）所关联的井下设施或设备。

（1）监测传感器

监测传感器是矿井瓦斯监测系统的感知部分，它是用来测量系统所需测量的量或判断设备、设施状态的部件。其主要有甲烷传感器、一氧化碳传感器、二氧化碳传感器、氧气传感器、温度传感器、风速传感器、压力传感器及各种状态（开关）传感器等。

　　传感器的供电方式有两种：一种是一个传感器一个电源箱；另一种是集中供电的方式，即若干个传感器共用一个电源箱，而这种电源箱大多和系统分站在一起。井下使用的传感器的供电电源必须是本质安全型的。

　　传感器模拟出的被测量的电信号分为电压型、电流型和脉冲型三种。我国初期设计的传感器的输出制式还有电压型，其中档次分的较多。目前常用的瓦斯检测（遥测）报警断电仪，如 AYJ—1 型或 AYJ—2 型、ABD—21 型采用的都是脉冲型。

　　（2）井下分站

　　由传感器输出的统一制式的信号必须进入井下发送装置才能进入信息传输系统，这个发送装置称为井下分站。分站的作用是，收集接入的各种传感器送来的模拟信号并进行整理；根据中心站的命令将各种监测参数和设施、设备工作状态参数发送给中心站；接收中心站的控制信息，执行中心站的各种控制命令，控制所关联的设备、设施。一些智能化程度比较高的分站，在系统电缆断开后，分站仍能独立工作，如实现超限报警、断电、连续记录监测参数等。目前井下分站的发展趋势主要是提高智能化程度。一般来说分站备有备用电源，在电网停电时仍能继续工作。大多数分站可以接入 4～8 个模拟量、2～4 个开关量，输出 2～3 个控制量。我国早期生产的各种瓦斯断电仪（遥测仪），一些监测系统，如MJG—100A、A—1，采用一个传感器一个分站的形式。这种方式适用于中小型煤矿。

　　（3）信息传输系统

　　井下分站和地面中心站的联接部分即是信息传输系统，它直接影响着信息的传输质量和系统的投资费用。在电磁干扰大，环境潮湿，有易燃、易爆、腐蚀性气体，空间小，有顶板冒落危险的井下，对信息传输提出了特殊的要求，特别是传感器分散分布，信号无法集中发送时，情况尤其突出。这就造成了矿井信息传输系统在结构上的特殊性。信息传输系统按结构可分为放射状、环状和树状 3 种。

　　① 放射状系统

　　图 8-3 所示的即为一放射状系统。该系统的监控信号不复用信道，一路信号使用一对传输电缆。法国的 CTT63/40U、波兰的 CMM—20 m 及我国的 AU1 的信息传输都是采用这种结构方式。放射性结构可靠性高，各路信号之间影响小，能达到较好的阻抗匹配，大大地简化了接收和发送设备；但由于各路监控信号不复用电缆，电缆的利用率很低，当监控容量较大时，电缆的需求量很大，一次投资较大，同时大量的电缆在井下敷设也带来了可靠性下降及维护量增大的弊病。放射状信息传输系统适用于小容量的矿井安全监测系统。

　　② 环状结构

　　环状结构分为串联环状结构和并联环状结构两种，如图 8-4 和图 8-5 所示。

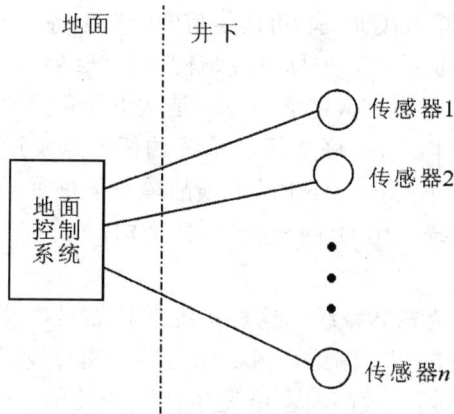

图 8-3　放射状系统

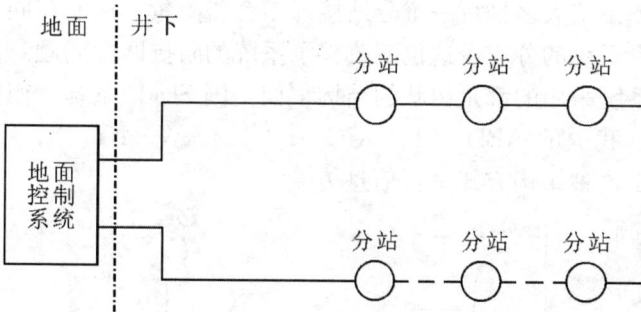

图 8-4　串联环状结构

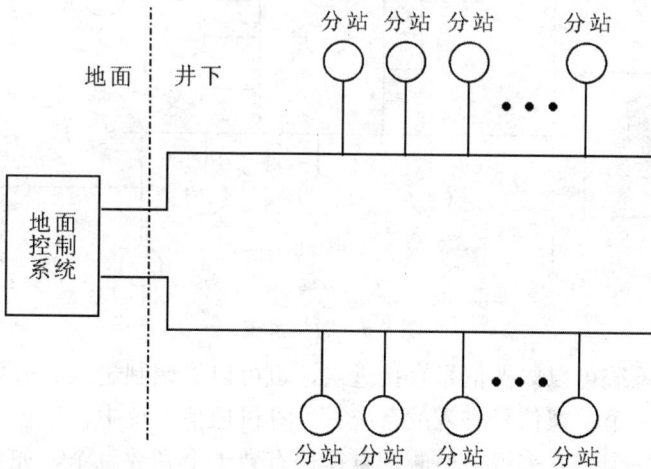

图 8-5　并联环状结构

从图 8-4 中可以看出，串联环状结构是将井下分站和井上中心站用传输电缆串成一环，井下各分站既是下一分站的发送机，又是前一分站的接收机，各分站具有中断接力的功能。这种系统能做到较好的阻抗匹配，但各分站对系统影响较大。

图 8-5 是并联式环状系统，也称总线结构或带状结构。在这种系统中，井下分站用短线并接在系统电缆上（这里的短线是从工程角度来说，它的长度远小于所传的电磁波的最小波长）。并联式环状系统的任一路发送时，其余各分站和中心站都同时接收，因此不必担心环中的电线故障，但这种系统中的信噪比相对降低。英国的 MINOS 系统采用的就是这种环状结构。

③ 树状系统

图 8-6 所示系统即为树状系统。这种系统的特点是，井下各分站就近接入由井上中心站下来的系统电缆。因此，树状结构的电缆敷设量最小，造价最低，但阻抗难以匹配，当信号频率较高时，可发生严重的反射，降低了系统的可靠性。由于矿井监测系统的范围一般在 10 km 之内，可以做到较好的阻抗匹配，因而目前矿井安全监测系统大多推行一个分站接入多个监测量，从而在同等的监控容量的情况下，减少系统的分支，这也就改善了系统的阻抗匹配问题。国内外大多数矿井安全监测系统采用的都是树状的结构，如美国 Scada 系统、德国的 TF—24、TF—200 系统，我国的 ABD—21、MJC—100A、AW—BY—2、A—1、A—2 系统等采用的都是这种结构方式进行信息传输。

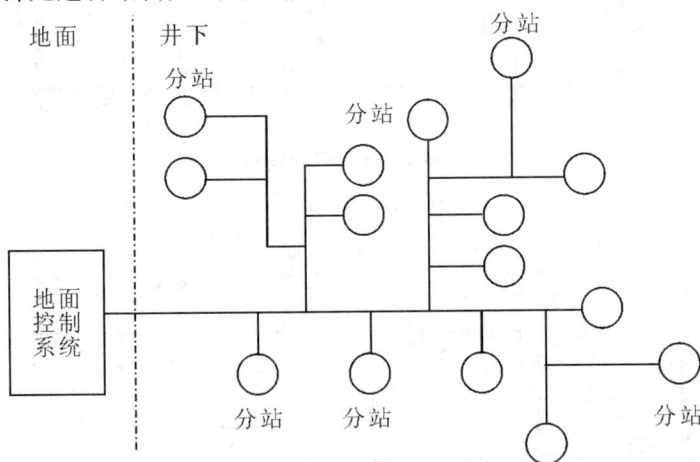

图 8-6　树状系统

信息进入系统可以以裸信号直接进入，也可以加调制进入。放射状矿井信息传输系统就是一个以裸信号进入的系统。计算机通信系统中往往也采用裸信号进入系统。对于一个矿井来说，监测信息往往有数十个到数百个，如此大的信息量若采用简单的一信息一对线的裸信息进入系统将是不经济的，因此在传输制式上采用了频分制和时分制两种办法。将信息进行一次频率调制，使一定数目的信息在同一对线路上同时传输，也就是使一对传输线路从独用变为复用，这种信息传输方式称为频分制；使若干个信息在规定的时间周期内依次传送的信息传输方式称为时分制。信息的量值可以是电压（或电流）型，也可以是电脉冲型。直接或调制进入传输系统的方式称为模拟量传输方式；经量化处理，使信号变成二进制数据链直接或被调制后进入传输系统的方式称为数据（数字）传输方式。

ABD—21 瓦斯遥测断电仪，AYJ—2、AWBY—2 瓦斯检测（遥测）报警断电仪和德国的 TF—200 矿井监控系统都是模拟量传输（电脉冲调制载波）的频分多路系统。

我国生产的 A—1、KJ4 都是数字式时分制系统，前者是裸信号直接进入系统，后者则采用频移键控方式。从发展角度来看，矿井监测系统将越来越多的采用时分制数字传输方式传输监控信息。

（4）地面中心站

矿井瓦斯监测系统的核心部分是地面中心站。地面中心站目前大多由计算机和信号传输接口部分组成（另有少部分是地面中心柜）。信号传输接口将井下传来的信号解调送入计算机，而计算机则通过信息传输系统，向井下各分站进行通讯联系，发出指令，指挥各分站向中心站送回各种监测量。地面中心站的计算机根据井下各分站送来的各种监测信息的处理结果，必要时可向有关分站发出指令，指挥分站控制某种对象（如井下某地区瓦斯浓度超限，切断该地区的电源），操作人员也可根据计算机提供的清单，向计算机发出控制命令，计算机通过显示屏显示各种数据，既有实时监测数据，也可以了解过去某一阶段的监测数据，还可以知道发展趋势。

计算机是整个矿井安全监测系统的核心，目前可分为两大类，一类是集中式计算机监控系统；另一类是分布式。前者把计算机作为整个系统数据采集和处理的中心，其优点是构成简单，易于管理；缺点是当主机或传输系统发生故障时，将导致整个系统的瘫痪。后者是利用智能远程分站将数据的采集、处理分散进行，一些可以通过本地分站就地处理的监测对象就不必进入监测系统连续遥测，而可以改为呼唤遥测，一些系统的分站有病肢切断功能，当系统某部位出现故障时，可以切断病肢，使系统其余部分正常工作。分布式矿井安全监测系统适用于地域分散、负载分散、环境条件较差的情况，其优点是在传输系统或主机出现故障时仍可进行工作。

3. 监测系统的选择配置

矿井使用瓦斯监测系统的目的是为了通过采用新技术来改进来采掘过程中的安全状况，即矿井无论是采用简单的检测手段还是采用复杂的矿井瓦斯监测系统，其目标应是：改善矿井的环境与安全条件，提高生产率；保证矿井的生产计划和工程的实现。为此，系统的选择主要应从如下几个方面考虑。

（1）矿井灾害情况

如矿井瓦斯涌出量（是否突出）、煤层自然发火、冲击地压及地温地热等灾害及程度都是确定建立矿井瓦斯监测系统类型的依据。

（2）矿井生产情况

要根据矿井生产能力的大小与生产系统复杂程度以及井下采掘工作面的数量、机电硐室数目、装煤点数目、风硐等一些需要监测地点的数量来确定瓦斯监测系统的装备容量，并应在此基础上再考虑20%～30%的备用量。

（3）系统的功能

选择矿井瓦斯监测系统时应优先配用计算机系统进行数据处理，除汉字功能外，其软件功能要强，易于开发，有足够的容量，能够用来开展通风安全管理、数据统计、计算及报表编制工作，当监测点数较多时，应考虑生产监控和安全监测自成系统。在计算机的选型上应优先使用兼容机种，要能方便地和矿、局计算机网联网。

（4）综合技术、经济方面

在进行矿井瓦斯监测系统的选择设计时应从技术的先进性、性能的稳定性、安全和经济效益、使用维护方便性、吨煤投资和吨煤维护费用等方面进行综合技术经济分析，以作为选择矿井瓦斯监测系统的依据。

原则上，被监测的信息量多少是确定选择系统大小的依据。一般来说，大型矿井应该选择 KJ—4、KJ—2 系统，也可以选择 TF—200 系统，中小型矿井可选择 TF—200、A—1、A—2、MJC—100A、AU1、AYJ—80 等系统。小型矿井可选择 A—1、A—2、AU1、AYJ—16 系统和 ABD—21、AYJ—2、AWBY—2 等不带微机的单一瓦斯监测系统。

需要指出的是，目前我国的矿井瓦斯监测系统仍处于开发阶段，大部分产品并没有最后定型，因此对每一种系统从技术发展上要有深入地了解。另外，由于我国的矿井有相当一部分是处于改扩建的过程中，因此在建立矿井瓦斯监测系统时，应把矿井的近期目标和矿井的中长期目标结合起来考虑。

4. 信息传输系统的电缆选用与布置要求

（1）监测系统传输电缆要专用，不能与井下通信电缆合用，以提高可靠性。

（2）监测系统各设备之间本质安全信号的连接宜选用蓝色外护套的矿用通信和信号电缆，井下非本质安全信号之间的连接不宜使用蓝色外护套的电缆。

（3）监测系统中井下设备所使用的电缆应具有不延燃性能。

（4）监测系统中各设备之间的连接电缆需加长或作分支连接时，被连接电缆的芯线应采用盒线或具有接线盒功能的装置用螺钉压接或插头插座插接，不得采用电缆芯线导体的直接搭接或绕接的方式。

（5）具有屏蔽层的电缆，其屏蔽层不宜用作信号的有效通路。在用电缆加长或分支连接时，相应电缆之间的屏蔽层应具有良好的连接，而且在电气上连接在一起的屏蔽层一般只允许一个点与大地相连。

（6）所有传输系统直流电源和信号的电缆尽量与电力电缆沿巷道两侧敷设，若必须在同一侧平行敷设时，它们与电力电缆的距离不宜小于 0.5 m。

5. 井下分站的安装要求

井下分站应安装在便于工作人员观察、调度、检验、支护良好、无滴水、无杂物的入风巷道或硐室中。其距离巷道底板的高度不应小于 0.3 m，并加垫木或支架牢固固定。独立的声光报警箱要悬挂在巷道顶板以下 300～400 mm 处，悬挂位置应满足报警声能让需要听到的人听到的要求。

6. 传感器的布置安装要求

各种传感器的安装应符合传感器说明书的要求。井下传感器的布置应满足下列要求。

（1）回采工作面传感器的布置要求

如图 8-7 所示为回采工作面的瓦斯传感器布置示意图。在低瓦斯矿井的回采工作面，只需安装传感器 T_1，该传感器的瓦斯报警浓度为 $1\%CH_4$，瓦斯断电浓度为 $1.5\%CH_4$，复电浓度为小于 $1\%CH_4$，其断电范围为工作面及回风巷中全部非本质安全型电气设备。

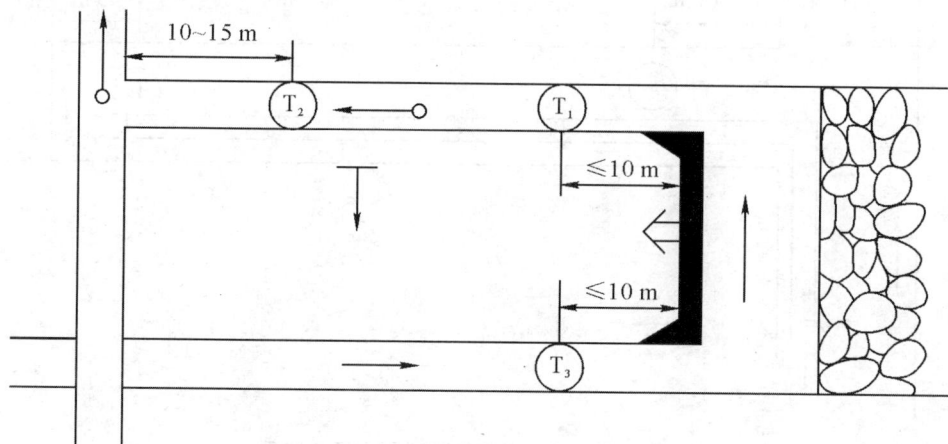

图 8-7　回采工作面瓦斯传感器布置示意图

在高瓦斯矿井的回采工作面，必须按图 8-7 中所示设置传感器 T_1 和 T_2，其中 T_1 的规定同上，T_2 的报警浓度为 $1\%CH_4$，瓦斯断电浓度为 $1\%CH_4$，复电浓度为小于 $1\%CH_4$，断电范围为回风巷中全部非本质安全型电气设备。

在有瓦斯喷出或煤与瓦斯突出矿井的回采工作面，必须按图 8-7 中所示同时

安装传感器 T_1 和 T_2，但 T_2 的断电范围扩大到进风巷中的全部非本质安全型电气设备，如不能实现断电，也可增设 T_3。其中 T_1，T_2 的规定同上，T_3 的报警浓度为 $0.5\%CH_4$，瓦斯断电浓度为 $1\%CH_4$，复电浓度为小于 $0.5\%CH_4$，断电范围为工作面进风巷中全部非本质安全型电气设备。回采工作面采用串联通风时，进入串联工作面的风流中必须装设瓦斯传感器，瓦斯报警、断电浓度为 $0.5\%CH_4$。

综采工作面和高档普采工作面应在采煤机上安设机载式瓦斯断电仪。当机组附近瓦斯浓度达到 1% 时，发出声、光报警信号，达到 1.5% 时自动切断采煤机电源。

高瓦斯矿井与低瓦斯矿井涌出量大、变化异常的回采工作面进风巷道或回风巷道中，应设置系统风速传感器。风速传感器应设置在巷道前后 10 m 内五分支风流、无拐弯、无障碍、断面无变化、能准确计算风断面的地点。当风速低于或超过设计风速的 20% 时，应发出声、光报警信号。

(2) 掘进工作面传感器的布置要求

在瓦斯矿井的煤巷、半煤岩巷和有瓦斯涌出的岩巷掘进工作面，瓦斯传感器按图 8-8 所示设置。

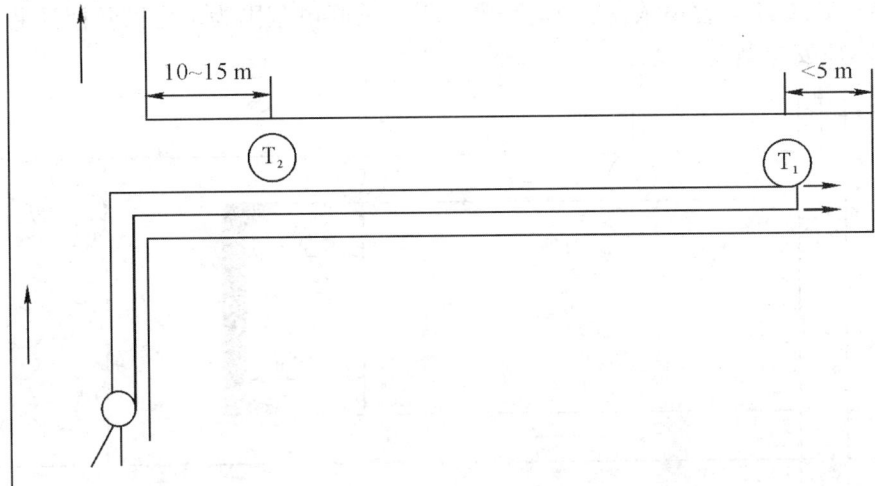

图 8-8 掘进工作面瓦斯传感器布置示意图

在高瓦斯、煤与瓦斯突出矿井，T_1，T_2 应为高低浓度组合式瓦斯传感器。低瓦斯矿井的掘进工作面可不设 T_2。T_1 的报警浓度为 $1\%CH_4$，瓦斯断电浓度为 $1.5\%CH_4$，复电浓度为小于 $1\%CH_4$，断电范围为掘进工作面中全部非本质安全型电气设备。T_2 的报警浓度为 $1\%CH_4$，瓦斯断电浓度为 $1\%CH_4$，复电浓度为小于 $1\%CH_4$，断电范围为掘进工作面巷道中非本质安全型电气设备。

（3）主要巷道内传感器的布置要求

高瓦斯矿井的主要进风（全风压通风）运输巷道内使用架线电机车时，装煤点处都必须安设瓦斯传感器，其设置位置如图 8-9 所示。T_1 的报警浓度为 0.5% CH_4，瓦斯断电浓度为 0.5% CH_4，复电浓度为小于 0.5% CH_4，传感器的断电范围为装煤点上风流 100 m 内及其下风流的架空线电源和全部非本质安全型电气设备。

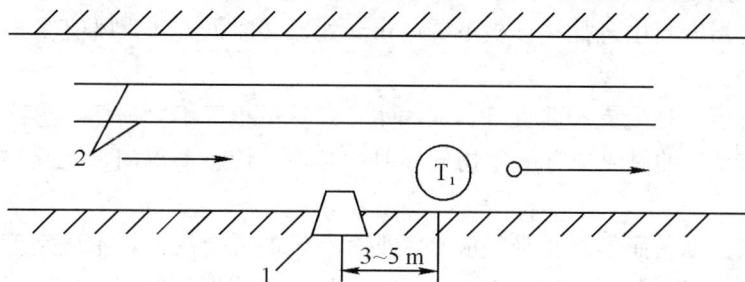

图 8-9　掘进工作面瓦斯传感器布置示意图
1—装煤点；2—架空线；T_1—瓦斯传感器

矿井的每一个采区、一翼回风巷及总回风巷的测风站应安设瓦斯和风速传感器。矿井主要通风机的风硐内应安设风速和压差传感器。

（4）瓦斯抽放与井下抽放站机房内传感器的布置要求

瓦斯抽放与井下抽放站机房内，都应在距房子顶部 300 mm 处安设瓦斯传感器，空气中瓦斯浓度超过 0.5% 时，发出声、光报警信号。

抽放泵输入管路中应安设高浓度瓦斯、流量、压差、温度传感器时，采用于式泵抽放时，输入管路中的瓦斯浓度低于 25% 时，应发出声、光报警信号。

利用瓦斯时，还应在储气罐输出管路中安设高浓度瓦斯、流量、压差、温度传感器，当输出管路中的瓦斯浓度低于 30% 时，应发出声、光报警信号。

（5）安设传感器的其他注意事项

①瓦斯检测（遥测）报警断电仪的传感器如系由本质安全型（或安全火花型）的电源供电，瓦斯检测（遥测）报警断电仪的主机箱必须由被控断电开关的电源侧及以上的电源来供电；瓦斯检测（遥测）报警断电仪的传感器若是非本质安全型的（非安全火花型）电源供电，其主机箱可接在被控断电开关的负荷侧，在瓦斯浓度超限时，被控开关负荷侧和瓦斯检测（遥测）报警断电仪的主机相同时断电。

②瓦斯检测的（遥测）报警断电仪的主机箱应置于该装置监测范围以外的入风巷和硐室中，并且到监测范围的距离应大于 20 m。

③瓦斯检测（遥测）报警断电仪控制的断电开关，应置于该监测范围以外的人进风巷或硐室中，并且到监测范围的距离应大于 20 m。

④瓦斯检测（遥测）报警断电仪的传感器，除有超量程自动切换或超量程自动停止测量性能以外，其他的不得在瓦斯浓度高于 3％的环境中测量。

⑤使用瓦斯检测（遥测）报警断电仪实现超限断电的采掘工作面、硐室、井巷等地点，严禁采用自动复电接线方式复电。人工复电前，必须进行瓦斯检查，确认瓦斯及其他方面均符合《煤矿安全规程》的规定后，方可进行人工复电。

⑥传感器应自由悬挂在顶板下 300 mm 处，其迎风流和背风流 0.5 m 之内不得有阻挡物。

⑦传感器悬挂处支护要良好，无滴水，运输过程等不会损坏传感器。

⑧测量环境的风流中有硫化物气体时，必须在传感器罩内加硫化物气体吸收剂。

⑨校验瓦斯传感器的标准气应是瓦斯和空气的混合气体，不确定度不得大于 4％。向瓦斯传感器充气流量应为 0～500 mL/min 或按厂家规定的充气标准进行充气，流量计精度不得大于 4％。

7. 地面中心站的布置要求

矿井监测系统中心站应配备 2 台计算机，1 台工作、1 台备用，并配有打印机和屏幕显示器。中心站要能遥测和记录所有瓦斯传感器的数据。中心站计算机电源应由在线式不间断电源或交流稳压器加后备式不间断电源供给。中心站机房应采用空调设施及抗静电地板。

8.3　瓦斯灾害预警信息处理技术

8.3.1　计算机数据库技术

瓦斯灾害预警管理信息系统使用计算机技术管理数据并为管理提供决策支持，使管理人员更有效率地工作，可更快地做出预警处理方案，防止灾害的发生。

迅速发展的计算机技术，包括数据库管理系统是推动瓦斯灾害预警管理信息系统领域前进的动力和基础。开发瓦斯灾害预警管理信息系统最根本的问题有两个：一是对数量庞大的数据的组织与管理；二是对数据的"加工"，这两个问题贯穿于系统开发的整个过程。

数据库是数据组织与管理的最新技术，是计算机软件的一个重要分支。由于数据库具有结构化程度高、数据冗余度低、数据的独立性高以及易于扩充、编程工作量小等特点，因而获得了广泛的应用。

瓦斯灾害预警管理信息系统就是建立在数据库系统的基础上的，因此，数据库是瓦斯灾害预警管理信息系统的基础和核心。

1. 数据库与其特征

数据库是以一定的方式组织、存储起来的相关数据的集合，它具有最小的数据冗余度和较高的数据独立性，可供多种应用（用户或应用程序）服务。

2. 数据库的特点

（1）数据是结构化的。

（2）数据的组织面向系统。数据库用整体的观点、从系统的全部应用出发，来组织系统的全部数据，因此数据的组织是面向系统的，这样，可大大降低数据的冗余度，节省存储空间，减少数据输入与维护的工作量，保证数据的一致性。

（3）数据的独立性高。采用数据库后，数据和应用程序之间彼此依赖的程度低，即应用程序不依赖于数据的组织和物理存储方式，数据的结构需要修改时，也不必修改相应的应用程序，因而数据具有较高的独立性。

（4）数据的共享性高。由于整个数据是结构化的，而且数据的组织是面向系统的全体用户、全部应用的，因此可以最大限度地满足多个用户、多种应用对数据共享的要求。

（5）具有对数据的安全性、完整性和并发操作的控制功能。数据的安全性是指保证数据库中数据的安全，防止对数据的不合法使用；完整性包括数据的正确性、有效性和相容性；并发控制是指在多个用户同时存取同一数据的情况下应采取的控制措施。

（6）对数据进行管理、操作的功能强。有一组专门的软件，即数据库管理系统软件负责对数据进行统一管理和操作。

3. 数据模型

数据库把相关数据的集合以综合的方法进行组织，使用户能有效地处理数据。数据的结构和表示及其性质和特征相当复杂，需要有形式化的方法来描述数据的逻辑结构和各种操作，于是产生了数据模型的概念。

数据模型是对客观事物及其联系的数据描述，即实体模型的数据化，是指数据在数据库中排列、组织所遵循的规则，以及对数据所能进行操作的总体。简单地说，数据模型是表示实体及实体之间联系的模型。具体地说，数据库数据结构、数据库操作集合和完整性规则集合组成数据库的数据模型。

数据模型可分为三类：面向记录的传统数据模型、注重描述数据及其之间语义的语义数据模型和面向对象数据模型。

（1）传统数据模型：传统数据模型早在 20 世纪 60～70 年代就发展起来了，主要有网络、层次和关系三种数据模型。层次数据模型是一种树结构；网络数据模型是一种网络结构，数据间紧密相连，呈现出一种网络状的关系形式。网络数据模型与层次数据模型的主要区别在于：层次数据模型中，从子结点到父结点的联系是唯一的，而在网络数据模型中，从子结点到父结点的联系不是唯一的。关系模型是以数学理论为基础而构造的数据模型，它是把数据看成是一张二维表，这个表就称为关系。关系模型以集合论和一阶逻辑为数学基础，最终却以二维表形式把数据的简单视图提供给用户。在关系模型中，数据以关系的形式组织，每个数据库可划分成多个关系，每个关系由关系模式定义，数据库的全部关系模式的集合称为数据库模式。关系模型由关系、关系上定义的操作和对关系的完整性规则组成。由于关系模型具有结构简单灵活、数据独立性高、理论严格、描述一致等优点，因此得到了广泛的流行。目前普遍使用的几乎都是关系型数据库管理系统。关系模型为处理字符、文本等结构化数据提供了简单的形式化手段，但缺乏处理复杂数据的能力。

（2）语义数据模型：语义数据模型发展的最初动力是克服传统数据模型的缺陷，提供不受具体的实现结构限制、更多地面向用户的模型。语义数据模型提供一种"自然"的机制来说明数据库的设计，同时更准确地表示数据及数据间关系。语义数据模型提供了强有力的抽象构造机制，如概括、聚合、联合和分类等。除抽象构造外，语义数据模型的另一重要特点是支持"派生数据"的概念。派生数据是指并不实际存于库中的，需要时可由库中数据及其之间的关系派生出来的数据。

（3）面向对象数据模型：面向对象的概念起源于程序设计语言。对象是客观世界实体的抽象描述，由信息（数据）和对数据的操作组合而成；类是对多个相似对象共同特性的描述；消息是对象之间通信的手段，用来表示对象的操作；方法是对象接收到消息后应采取的动作序列的描述；对象具有封装特性，对外部只提供一个抽象接口而隐藏具体实现细节；类具有继承的特性。另外，面向对象数据模型还吸收了语义数据模型中概括和聚合的概念，以及传统数据库管理中持久性、二级存储管理、并发、数据恢复和查询语言的概念，这样就形成了新的面向对象的数据模型。

面向对象数据模型提供了表示复杂对象的能力。可在任意层次上嵌套各种类型构造（数组、表、元组等），同时可表示数据之间各种特殊关系。由以上分析可以看出，传统数据模型适于处理大量相似的简单数据，不适合处理复杂数据；语义数据模型试图从数据的内容和关系中获取更多的意义来增强对可操作消息的表示；面向对象模型充分吸收了面向对象技术及前两种数据模型的优点，被认为是描述多媒体信息的较理想的数据模型。

4. 数据库系统的组成

数据库系统与图书馆系统十分相似。图书馆系统有书库、图书馆管理系统、图书馆管理员及用户组成。书库是有组织的图书的集合，图书馆管理系统十分复杂，简单地说，它包含管理图书馆的一套规则和工具以及借还图书的一套规则和工具；管理人员按规则维护书库；读者按规则查找、借还图书。狭义地讲，数据库系统由数据库、数据库管理系统以及用户组成。

（1）数据库。数据库是存储在计算机系统内的有结构的数据集合。通俗地讲，这些数据是被数据库管理系统按一定的组织形式存放在各个数据库文件中的。也就是说，数据库是由很多数据库文件以及若干辅助操作文件组成的。存放在数据库中的数据可以被所有合法用户使用。

（2）数据库管理系统。数据库管理系统是数据库系统中对数据进行管理的软件。它是在操作系统支持下进行工作的。该软件十分庞大复杂，通俗地讲，它是为用户管理数据所提供的一整套命令。利用这些命令，用户可以建立数据库文件及各种辅助操作文件，可以定义数据，并对数据进行各种操作，如增删、更新、查找、统计、输出等。总之，一切操作都是通过数据库管理系统进行的。

（3）用户。用户利用数据库管理系统提供的命令访问数据库，进行各种操作。

广义地说，数据库系统是由计算机硬件、操作系统、数据库管理系统以及由它支持建立起来的数据库、应用程序、用户和维护人员组成的一个整体。

采掘业瓦斯灾害预警管理信息系统的大量数据就是通过数据库进行管理、处理和应用的。

8.3.2 计算机网络技术

采掘业瓦斯灾害预警管理信息系统是由计算机技术、网络通讯技术、信息处理技术、管理科学和人组成的一个综合系统，在这个系统中，计算机网络成为整个系统结构的主体和系统运行的基础。

计算机网络是利用通信线路把分布在不同地点上的多个独立的计算机系统连接起来，并按照网络协议进行数据通信，使广大用户能够共享网络中的所有硬件、软件和数据等资源。

1. 计算机网络的发展

计算机网络经历了一个从简单到复杂、从低级到高级的发展过程。概括地说，其发展可划分为以下几个过程。

（1）联机系统。它是由一台主机和若干个终端，通过电话系统连接而成。联机系统具有终端—通信线路—计算机系统这样简单的结构。联机系统有远程批处理系统和远程实时处理系统两种类型。

（2）终端网。联机系统存在两个显著的缺点：其一，是主机系统负荷较重，它既要承担数据处理工作，又要承担通信工作；其二，通信线路的利用率很低，尤其是终端距离主机较远时更是如此。

为了克服第一个缺点，可以在主机之前设置一个前置处理机，专门负责与终端的通信工作，这样就使主机系统能有较多的时间进行数据处理工作。为克服第二个缺点，通常采用的办法是在终端较为集中的地区设置线路集中器，用低速通信线路把附近的终端先汇集到线路集中器上，然后再用高速通信线路把集中器和主机相连，这样就可能把终端送来的信息通过集中器汇总，再复用高速通信线路把汇总的信息送主机去处理。因此，出现了终端网。与联机系统相比它是终端群—低速通信线路—小型计算机（集中器）—高速通信线路—主机系统这样较为复杂的结构，已具备了计算机网络的雏形。

（3）计算机通信网络。我们把以传输信息为主要目的，并用通信线路将各计算机中心中的计算机连接起来的计算机群称为计算机通信网络。该网络的主要任务是在各个计算机系统之间进行通信。例如，地理上分散的大型企业、事业单位或军事部门相互交换信息等。

（4）以资源共享为主要目的的计算机网络。为了使网络中的丰富资源（如硬件、软件、数据资源）得到高度共享，以及均衡各计算机系统的负荷，甚至将一个计算机系统难于完成的大型任务，分配给几个计算机系统共同完成。因此，人们提出了以资源共享为主要目的的计算机网络。

2. 计算机网络的构成

以资源共享为主要目标的计算机网络从逻辑上可分成两大部分：通信子网和资源子网。

（1）通信子网。通信子网的主要任务是实现不同数据终端设备之间的数据传输，通常由以下几部分组成。

①分组交换器。它用于实现分组交换，即接收从一条物理链路上送来的分组，经过适当处理后据分组中的目标地址选择一条最佳传输路径，将分组发往下一个结点。

②集中器或多路转换器。这两种设备的主要功能都是用于实现从多路到一路，一路到多路的转换，多个终端共享一条通信信道，提高信道的利用率。

③分组组装/卸设备。它用于连接大量的同步和异步终端。其功能主要有：组装，接收从终端发来的字符流，将它们组装成适于在网络中传输的信息分组后送入网络中；拆卸，接收从网络传来的分组相应的终端。再根据分组中的目标地址，将分组拆卸成字符流。

④网络控制中心。其主要任务是管理整个网络的运行，为网络中的用户进行注册、登记和记账，对网络发生的故障进行检测。

⑤网关。用于实现各网络之间的互联，其作用是作为各网络之间的硬件和软

件接口，计算机网络之间信息的格式变换和规程变换。

（2）资源子网：资源子网负责全网的面向应用的数据处理，实现网络资源的共享。它由各种硬件（主机和外机）和软件（网络操作系统和网络数据库等）所组成。

①主机。它是资源子网中的主体，在主机中除了装有本地操作系统外，还应配置网络操作系统以及各种工具软件。联网的主机可以是微机、小型机、中型机甚至大型机。

②终端设备。它是用户与网络之间的接口，用户可通过终端获得网络服务。

③网络操作系统。网络操作系统是建立在各主机操作系统之上的一个操作系统，用于实现在不同主机系统之间的用户通信，全网硬件和软件资源的共享，并向用户提供统一、方便的网络接口，以方便用户使用网络。

④网络数据库系统。网络数据库系统是建立在网络操作系统之上的一种数据库系统，它可以集中地驻留在一台主机上（集中式网络数据库系统），也可分布在多台主机上（分布式网络数据库系统），它向网络用户提供存、取、修改网络数据库中数据的服务，以实现网络数据库的共享。

3. 宽带网—信息高速公路

随着现代信息社会进程的推进，以及现代计算机技术、通信技术和微电子技术等的迅速发展与相互渗透、结合，计算机网络已深入到社会的各个方面，对生产的结构、社会的发展及人类的生活方式等均产生了深刻的影响与冲击，在社会信息化的进程中扮演着重要角色，成为国家经济发展的重要支柱之一。

1993 年 9 月，美国副总统戈尔和商务部长布朗正式宣布了实施美国国家信息基础设施的"行动日程"计划，揭开了美国兴建"信息高速公路"的序幕，并引发了全球建设"信息高速公路"的浪潮。各国也纷纷提出了相应的口号，开始建设"信息高速公路"。

"信息高速公路"即国家信息基础设施，是一个由通信网、计算机、数据库以及日用电子产品组成的完备网络。通信网、信息源、终端设备和人是其四大要素。国家信息基础设施中的通信网平台必须做到无缝链接，即统一标准、互相开放、互联互通、互操作。

"信息高速公路"的建设为建立采掘业瓦斯灾害预警管理信息系统打下了基础。采掘业的各种安全监测设备、仪器可以联网运行，对可能产生的灾害及时做出预警，减少采掘业灾害所造成的损失。

8.3.3　GPS 全球卫星定位系统

采掘业一旦发生灾害，就需要立即准确确定其发生的位置，以便迅速进行紧急救援工作。因此灾害发生地点的定位技术在瓦斯灾害预警管理信息系统中具有极其重要的作用。

全球卫星定位系统是以人造卫星作为定位系统，能为全球陆、海、空、各类军民载体，全天候24h连续提供高精度的三维位置、速度和精密时间信息。当今备受世人瞩目的是美国的GPS系统和俄罗斯的GLONA5S系统，其中，尤以GPS为最。两个系统同时并存又互相竞争，出于军事对抗的需要，美国对GPS采取了降低服务精度的人为措施；而俄罗斯则宣布不受限制地为民用用户提供服务，以扩大其影响。为克服GPS采取降低精度措施带来的影响，人们研究并着力发展了差分GPS、局域GPS增强系统和广域GPS增强系统技术，并开发自适应调零天线、GPS/GLONA5S兼容机，发展GPS/INS组合技术，以获得精度更高、完善性和可靠性更好、抗干扰能力更强的定位服务。随着微电子技术、计算机软/硬件技术、通信网络技术和电子数字地图技术的发展，作为用户设备的GPS接收机，正在向微小型化、数字化、硬件软化、多功能组合化方向迅猛发展。预计在不远的将来，GPS将悄然走向人们的私人生活，将在采掘业瓦斯灾害预警管理信息系统中充分展示它的广阔应用前景。

全球卫星定位系统或GPS，实际上是由美国国防部负责研制，主要满足军事需求，用于地球表面及近地空间用户（载体）的精确定位、测速和作为一种公共时间基准的全天候星际无线电导航定位系统。

1. GPS系统的组成

GPS系统由三部分组成：广播信号的卫星组成的空间部分；控制整个系统运行的控制部分；各种类型的GPS接收机组成的用户部分。

（1）空间部分。星座空间部分包括由多颗卫星组成的星座。在空间星座布满卫星以后，可在全天任何时间为全球任何地方提供4～8颗仰角在15°以上的同时可观测卫星。如果将遮蔽仰角降到10°，有时则最多可观测到10颗卫星。若将遮蔽仰角进一步下降到5°，那么，最多可同时见到12颗卫星。这是由卫星运行在地球表面以上约20 230 km的近圆轨道和约12 h的运行周期来保证的。目前的星座和所用的卫星数目是从早期的相对赤道面倾角为63°的3个轨道平面上的24颗卫星星座演变而来的。实际上，该星座由24颗工作卫星组成，均匀分布在6个倾角为55°的轨道面上，每个轨道有4颗卫星。此外，还有4颗有源备份卫星在轨运行。

GPS卫星为无线电收/发信机、原子钟、计算机及系统工作的各种辅助装置提供了一个平台。24颗卫星的电子设备支持用户测量该卫星的伪距离，而每颗卫星广播的信号则可使用户测定该卫星在任何时刻的空间位置，据此，用户便能确定他们自己的位置。每颗卫星的辅助设备包括两块7 m^{2}太阳能电源帆板和用于轨道调整与稳定性控制的推进系统。

所有卫星均有各种识别系统：发射序号、分配的伪码编号、轨道位置编号、NASA（美国国家航空航天管理局）产品编号和国际命名等。为避免混乱，并保持与卫星导航电文的一致性，主要使用伪码编号这种识别形式。

（2）控制部分。控制部分由一个主控站、5 个全球监测站和 3 个地面控制站组成，主要任务是：跟踪所有的卫星以进行轨道和时钟测定，预测修正模型参数，卫星时间同步和为卫星加载数据电文等。

①主控站。主控站早期位于加州范登堡空军基地，现在早已迁到空间联合工作中心（CSOC）。该中心位于科罗拉多州，科罗拉多斯普林斯，福尔肯（Falcon）空军基地：CSOC 从各监测站收集跟踪数据，计算卫星的轨道和钟参数，然后，将这些结果送到 3 个地面控制站中，以便最终向卫星加载数据。此外，卫星控制和系统工作也是主控站的责任。

②监测站。5 个监测站分别设在：夏威夷、科罗拉多斯普林斯、阿森松岛（南大西洋）、迭戈加西亚岛（印度洋）和夸贾林环礁（北太平洋马绍尔）群岛。监测站均配装有精密的铯钟和能够连续测量到所有可见卫星伪距的接收机。所测伪距每 1.5 s 更新一次，利用电离层和气象数据. 每 15 min 进行一次数据平滑，然后发送给主控站。上述的跟踪网是为确定广播星历和星钟校正模型的系统。对精密星历，要用另外 5 个地点的数据。然而，私营网也是存在的，这些私营网只用来确定卫星星历而不参与系统管理。1983 年起，Macrometer 厂就建立了这样的一个私营跟踪网。另一个更通用的定向跟踪网是国际协调 GPS 网（CIGNET）。

③地面控制站。地面控制站有时也称作地面天线，它们分别与设在阿森松、迭戈加西亚和夸贾林的监测站共置。地面控制站与卫星之间有通信链路，主要由地面天线组成。由主控站传来的卫星星历和钟参数以 S 波段射频链上行注入到各个卫星。以前上行注入是每天 3 次，现在则每天 1 次或 2 次。如果某地面站发生故障，那么，在各卫星中预存的导航信息还可用一段时间，但导航精度却会逐渐降低。

（3）用户部分。用户部分主要是各种类型的 GPS 接收机。GPS 标准定位服务接收机的种类很多，但其基本结构是相同的，都由天线/低噪声前置放大器、连接电缆、接收主机组成。准全向天线接收其视界内空中所有 GPS 卫星辐射的 L_1（1 575.42MHz）、C/A 码扩频信号，由随后的低噪声前置放大器滤波放大，设置前置放大器是为抑制接在其后的传送电缆及接收机后级产生的噪声，以改善信噪比。多颗卫星的信号被同时放大后经电缆馈送到接收机主机。

当 GPS 接收机捕获跟踪到卫星信号以后，即可测量出接收天线至卫星的伪距离和距离变化率，解调出卫星轨道参数等数据。根据这些数据，接收机中的微处理计算机就可按定位解算方法进行定位计算，计算出用户所在的地理经纬度、高度、速度、时间等信息。

2. GPS 系统的主要特点

（1）全球覆盖。GPS 系统是以人造卫星作为导航台的星际无线电定位系统，形成能同时覆盖全球的卫星网。我们知道，卫星离地面越高，可见卫星的地球表面或卫星的覆盖区域也越大，众多的 GPS 导航卫星，借助地球自转，可使地球上的任何地方至少能同时看到 6～11 颗卫星。实际上只需 4 颗卫星已足够完成一次有效定位。这种可见卫星的裕度设计可保证用户挑选视野中几何配置最佳的 4 颗卫星来实现高精度的定位。

（2）全天候。GPS 的卫星是人造天体，可以将描述卫星位置的轨道参数以及测距信号，居高临下地以无线电波发射给用户，这种无线电定位信号不受气象条件和昼夜变化的影响，是全天候的。但无线电波穿过电离层、对流层时，会产生相应延迟，电波的直视也会因高大的建筑、稠密的森林遮挡对信号跟踪带来一定的影响，但它们并不影响 GPS 卫星定位的全天候特性。

（3）高精度。GPS 定位精度取决于卫星和用户间的几何结构、卫星星历精度、GPS 系统时同步精度、测距精度和机内噪声等诸因素的组合。卫星和用户间的最佳几何配置由可见星的裕度设计保证；由于大地测量技术的飞速发展以及人造卫星在测量领域的广泛应用，已经能够得到精确的地球重力模型，地面跟踪网对卫星的定轨精度可精确到 1～10 m 以内；卫星和用户之间的相对位置测量精度，利用伪码测距可达米级，利用载波相位可精确到毫米级；电波传播的电离层折射影响可采用双频接收技术消除，对流层折射的影响也可通过本地气象观测得到精确模型予以降低；有效利用用户和基准站（置于位置精确已知的点上）间误差在空间和时间上的相关性，即差分定位原理，可使实时定位精度提高到厘米量级。

（4）多用途。由于 GPS 具有全天候、全球覆盖和高精度的优良性能，可广泛用于陆、海、空各类军民载体的导航定位、精密测量和授时服务，在军事和国民经济各部门，乃至个人生活中，都有着极其广阔的应用前景，曾在海湾战争期间大显神通。实际上，随着微电子和计算机技术的飞速发展，GPS 应用已迅速扩展到国民经济的各行各业，不再局限于传统的导航定位。在采掘业瓦斯灾害预警中将发挥其巨大的作用。

在采掘业瓦斯灾害预警中采用 GPS 全球卫星定位系统可迅速得到灾害发生的地点、时间、速度等重要参数，对于快速做出正确合理的决断非常有利，指挥人员可迅速掌握全盘情况，及时调配人力、物力等，对灾害加以控制。

8.4 瓦斯灾害预警信息的决策

采掘业瓦斯灾害预警管理信息系统首先通过各种传感器和监测仪器、设备的环境信息输入，然后采用数据库技术对其信息进行各种处理，再通过网络技术进行传输，通过 GPS 全球卫星定位系统可迅速得到灾害发生的地点、时间、速度等重要参数，即可做出快速正确合理的决策。

采掘业瓦斯灾害预警管理信息系统中控制子系统的主要功能是及时取得反映生产安全状况的各种数据，建立有关文件，辅助安全管理人员对安全灾害进行分析和控制，力求把安全灾害事故消灭在萌芽之中。瓦斯灾害预警控制的方法可采用控制图法。由于控制图是变事后检查为事前预防，因此，它在瓦斯灾害预警中具有极大的优越性。

瓦斯灾害预警控制图，是根据数理统计原理，分析和判断采掘业生产环境是否处于稳定状态所使用的、带有控制界限的一种管理图表。采用该方法，可从终端屏幕上判断生产环境的稳定程度。瓦斯灾害预警控制图的原理是，首先根据数据库提供的生产环境定期抽样数据，计算出控制图的控制上限、控制下限和中心线；然后，按时间顺序用亮点显示出检验数据。如果点全部落在上、下控制限内，那么，就判断生产环境特性控制在由正常原因所造成的质量波动界限之内；否则控制图发出警报，就可及时采取相应措施，消除异常原因。

控制图的基本格式，如图 8-10 所示。如果连续多次出现检验数据虽未超出控制限，但却都处在上控制限或下控制限一方，就要引起注意，可能是生产环境参数出现了某种变化的预兆，整个系统正从稳定状态逐渐向不稳定状态过渡，需要采取预警措施以查出具体原因。这样才能做到防患于未然。

如果发现检测数据超出控制上限或下限，就要断然采取措施，防止灾害事故的发生。采取措施越及时，则灾害事故的损失就越小。

上、下控制限的确定需要大量的数理统计数据，在对生产环境进行长期检测、分析、研究的基础上合理确定。上、下控制限范围太大，往往会发生漏报，起不到控制灾害发生的作用；如果上、下控制限范围太小，则会产生误报，导致不必要的人力、财力、物力的浪费。因此要对系统进行优化，以确定最佳控制值。

本章小结

本章首先分析了瓦斯灾害预警管理信息系统，包括数据和信息的概念、信息

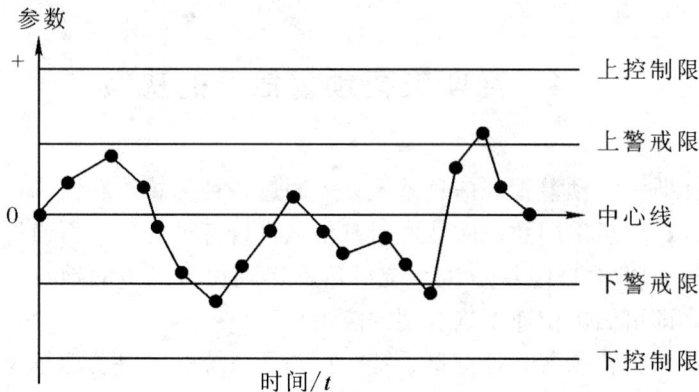

图 8-10　灾害预警控制图

的分类、信息系统的概念和瓦斯灾害管理信息系统的组成；其次分析了瓦斯灾害预警信息采集及输入，包括传感器的构成、传感器的分类、传感器的技术性能指标、监控系统的技术指标、瓦斯监测系统的组成、监测系统的选择配置、信息传输系统的电缆选用与布置要求、井下分站的安装要求、传感器的布置安装要求、地面中心站的布置要求等内容；接着分析了瓦斯灾害预警信息处理技术，包括计算机数据库技术、计算机网络技术和 GPS 全球卫星定位系统；最后分析了瓦斯灾害预警信息的决策。

参考文献

［1］方兴. 国家安全生产规划纲要与重大危险源监控及应急救援体系建设［M］. 长春：银声音像出版社，2004.

［2］国家安全生产监督管理总局. 煤矿安全规程［M］. 北京：煤炭工业出版社，2009.

［3］俞启香. 矿井瓦斯防治［M］. 徐州：中国矿业大学出版社，1992.

［4］张志明，李树刚，潘宏宇. 基于 WEB—GIS 构建煤矿瓦斯灾害信息系统［J］. 陕西能源职业技术学院学报，2008，3(4)：5-7.

［5］周志伟. 煤矿企业安全生产许可达标验收规范与重大事故预警救援及处理办法实施手册［M］. 香港：中国知识出版社，2004.

第9章 煤矿瓦斯重大灾害预警系统的应用

9.1 预警分析

平顶山东矿区是煤与瓦斯突出的高发区，严重影响了矿井的安全高效生产。该区域中的八矿、十矿和十二矿等矿井均为高突出矿井，矿井瓦斯地质条件具有代表性，主要开采戊组、己组煤层。所以，以该区域为例开展煤与瓦斯突出预警研究既具有重要的现实意义，又具有广阔的推广应用前景。

通过对平顶山东矿区八矿、十矿和十二矿的灾害调查，选取了4个样本点进行预警分析，这4个样本点采集的原始数据，如表9-1所列。对其中的定性指标如软分层厚度变化、倾角变化、地质构造、打钻时的动力现象，邀请10名专家进行打分，每项指标实行10分制，专家评分的平均值作为该指标的评定值。

表 9-1　原始数据

样本编号	X_1/m	X_2/m	X_3	X_4	X_5	X_6	X_7	X_8	X_9/Mpa
1	490	3.3	8.5	6.1	8.6	0.18	3.9	7.3	2.84
2	557	3.4	6.8	7.5	9.2	0.25	3.5	8.6	1.45
3	446	5.0	5.4	9.3	8.9	0.21	1.5	9.1	3.95
4	840	5.2	8.7	8.9	7.4	0.28	3.5	9.4	3.23

注：X_1 为开采深度，m；X_2 为煤层厚度，m；X_3 为软分层厚度变化；X_4 为煤层倾角变化；X_5 为地质构造；X_6 为煤的普氏系数 f；X_7 为最大瓦斯涌出初速度 v，L/min；X_8 为打钻时动力现象；X_9 为最大瓦斯压力，Mpa。

下面就利用可拓综合预警模型进行预警分析。

（1）确定经典域和节域

根据平顶山东矿区的瓦斯赋存和突出规律，结合专家的意见，确定出突出严重、中等和一般各等级的经典域物元为：

$$
R_{01} = \begin{bmatrix} N_{01}, & c_1 & <500,1\,200> \\ & c_2 & <5,10> \\ & c_3 & <8,10> \\ & c_4 & <8,10> \\ & c_5 & <8,10> \\ & c_6 & <0,0.2> \\ & c_7 & <10,18> \\ & c_8 & <8,10> \\ & c_9 & <3,6> \end{bmatrix}, \quad
R_{02} = \begin{bmatrix} N_{02}, & c_1 & <200,500> \\ & c_2 & <3,5> \\ & c_3 & <4,8> \\ & c_4 & <4,8> \\ & c_5 & <4,8> \\ & c_6 & <0.2,0.3> \\ & c_7 & <5,10> \\ & c_8 & <4,8> \\ & c_9 & <1.1,3> \end{bmatrix},
$$

$$
R_{03} = \begin{bmatrix} N_{03}, & c_1 & <100,200> \\ & c_2 & <1,3> \\ & c_3 & <1,4> \\ & c_4 & <1,4> \\ & c_5 & <1,4> \\ & c_6 & <0.3,1.5> \\ & c_7 & <1,5> \\ & c_8 & <1,4> \\ & c_9 & <0.3,1.1> \end{bmatrix}
$$

节域物元为：

$$
R_D = \begin{bmatrix} D, & c_1 & <80,1\,300> \\ & c_2 & <0,10> \\ & c_3 & <0,10> \\ & c_4 & <0,10> \\ & c_5 & <0,10> \\ & c_6 & <0,1.8> \\ & c_7 & <0,20> \\ & c_8 & <0,10> \\ & c_9 & <0.1,7> \end{bmatrix}
$$

（2）确定待评物元

待评物元为：$R_1 = \begin{bmatrix} p_1, & c_1 & 490 \\ & c_2 & 3.3 \\ & c_3 & 8.5 \\ & c_4 & 6.1 \\ & c_5 & 8.6 \\ & c_6 & 0.18 \\ & c_7 & 3.9 \\ & c_8 & 7.3 \\ & c_9 & 2.84 \end{bmatrix}, \quad R_2 = \begin{bmatrix} p_2, & c_1 & 557 \\ & c_2 & 3.4 \\ & c_3 & 6.8 \\ & c_4 & 7.5 \\ & c_5 & 9.2 \\ & c_6 & 0.25 \\ & c_7 & 3.5 \\ & c_8 & 8.6 \\ & c_9 & 1.45 \end{bmatrix},$

$R_3 = \begin{bmatrix} p_3, & c_1 & 446 \\ & c_2 & 5.0 \\ & c_3 & 5.4 \\ & c_4 & 9.3 \\ & c_5 & 8.9 \\ & c_6 & 0.21 \\ & c_7 & 1.5 \\ & c_8 & 9.1 \\ & c_9 & 3.95 \end{bmatrix}, \quad R_4 = \begin{bmatrix} p_4, & c_1 & 840 \\ & c_2 & 5.2 \\ & c_3 & 8.7 \\ & c_4 & 8.9 \\ & c_5 & 7.4 \\ & c_6 & 0.28 \\ & c_7 & 3.5 \\ & c_8 & 9.4 \\ & c_9 & 3.23 \end{bmatrix}。$

（3）首次评价

在该评价指标体系中，没有非满足不可的指标（特征），故该步可省略。

（4）确定各特征的权系数

由于待预警分析的样本数不止一个，所以可以采用客观权系数——熵权。

在信息论中，信息熵是系统无序程度的度量。信息熵定义为：

$$H(y_j) = -\sum_{i=1}^{m} y_{ij} \ln y_{ij}, \quad \text{其中：} 0 \ln 0 \equiv 0$$

式中，m——预警对象的个数。

一般来说，综合预警中某项指标的指标值变异程度越大，信息熵 $H(y_j)$ 越小，该指标提供的信息量越大，该指标的权重也应越大；反之，该指标的权重也应越小。因此，就可以根据各项指标值的变异程度，利用信息熵这个工具，计算出各指标的权系数——熵权。

首先，求解输出熵 E_j：$E_j = H(y_j) / \ln m$。

其次，求解指标的差异度 G_j，即：

$$G_j = 1 - E_j \quad (1 \leqslant j \leqslant n)$$

最后，计算熵权：

$$a_j = G_j / \sum_{i=1}^{n} G_i \ (j=1, \ 2, \ \cdots, \ n)$$

将样本数据代入上式即可求出各指标的熵权系数，分别为：

$A = \{ 0.152, \ 0.102, \ 0.081, \ 0.060, \ 0.015, \ 0.064, \ 0.247, \ 0.021,$
$0.258\}$。

（5）建立关联函数，计算关联度

根据式（4-19）和式（4-20）可计算各评价对象与各等级的关联度。

$$K_{p1} = \begin{bmatrix} -0.024 & 0.025 & -0.414 \\ -0.340 & 0.100 & -0.083 \\ 0.500 & -0.250 & -0.750 \\ -0.328 & 0.950 & -0.350 \\ 0.750 & -0.300 & -0.767 \\ 0.125 & -0.100 & -0.400 \\ -0.610 & -0.220 & 0.393 \\ -0.206 & 0.350 & -0.550 \\ -0.055 & 0.062 & -0.388 \end{bmatrix}, \ K_{p2} = \begin{bmatrix} 0.136 & -0.107 & -0.428 \\ -0.32 & 0.133 & -0.105 \\ -0.273 & 0.6 & -0.467 \\ -0.167 & 0.25 & -0.583 \\ 7.000 & -0.6 & -0.867 \\ -0.167 & 0.25 & -0.167 \\ -0.65 & -0.3 & 0.75 \\ 0.750 & -0.3 & -0.767 \\ -0.534 & 0.35 & -0.206 \end{bmatrix},$$

$$K_{p3} = \begin{bmatrix} -0.129 & 0.173 & -0.402 \\ 0 & 0 & -0.286 \\ -0.361 & 0.438 & -0.233 \\ 6.000 & -0.650 & -0.883 \\ 4.500 & -0.450 & -0.817 \\ -0.045 & 0.050 & -0.300 \\ -0.850 & -0.700 & 0.500 \\ 8.000 & -0.550 & -0.850 \\ 0.452 & -0.238 & -0.483 \end{bmatrix}, \ K_{p4} = \begin{bmatrix} 2.833 & -0.425 & -0.582 \\ 0.043 & -0.040 & -0.314 \\ 1.167 & -0.350 & -0.783 \\ 4.500 & -0.450 & -0.817 \\ -0.188 & 0.300 & -0.567 \\ -0.222 & 0.077 & -0.067 \\ -0.650 & -0.300 & 0.750 \\ 5.000 & -0.700 & -0.900 \\ 0.079 & -0.068 & -0.405 \end{bmatrix}$$

（6）关联度的规范化

根据式（4-21）可将关联度规范化为：

$$K'_{p1}=\begin{bmatrix} -0.008 & 0.059 & -0.712 \\ -1.000 & 0.750 & -0.265 \\ 0.429 & -0.417 & -0.957 \\ -0.055 & 1.000 & -0.396 \\ 0.107 & -0.500 & -0.885 \\ 0.563 & -0.400 & -1.000 \\ -0.718 & -0.314 & 0.524 \\ -0.026 & 0.500 & -0.611 \\ -0.103 & 0.177 & -0.804 \end{bmatrix},\ K'_{p2}=\begin{bmatrix} 0.048 & -0.251 & -0.736 \\ -0.941 & 1.000 & -0.335 \\ -0.234 & 1.000 & -0.596 \\ -0.028 & 0.263 & -0.660 \\ 1.000 & -1.000 & -1.000 \\ -0.750 & 1.000 & -0.417 \\ -0.765 & -0.429 & 1.000 \\ 0.094 & -0.429 & -0.852 \\ -1.000 & 1.000 & -0.426 \end{bmatrix},$$

$$K'_{p3}=\begin{bmatrix} -0.045 & 0.407 & -0.691 \\ 0 & 0 & -0.909 \\ -0.310 & 0.729 & -0.298 \\ 1.000 & -0.684 & -1.000 \\ 0.643 & -0.750 & -0.942 \\ -0.205 & 0.200 & -0.750 \\ -1.000 & -1.000 & 0.667 \\ 1.000 & -0.786 & -0.944 \\ 0.846 & -0.679 & -1.000 \end{bmatrix},\ K'_{p4}=\begin{bmatrix} 1.000 & -1.000 & -1.000 \\ 0.128 & -0.300 & -1.000 \\ 1.000 & -0.583 & -1.000 \\ 0.750 & -0.474 & -0.925 \\ -0.027 & 0.500 & -0.654 \\ -1.000 & 0.308 & -0.167 \\ -0.765 & -0.429 & 1.000 \\ 0.625 & -1.000 & -1.000 \\ 0.148 & -0.196 & -0.838 \end{bmatrix}$$

（7）计算评价对象的综合关联度

根据式（4-22），可得各评价对象的综合关联度分别为：

$$K(p_1)=A \cdot K'_{p1}=(-0.238 \quad 0.057 \quad -0.405)$$
$$K(p_2)=A \cdot K'_{p2}=(-0.587 \quad 0.352 \quad -0.156)$$
$$K(p_3)=A \cdot K'_{p3}=(0.017 \quad -0.358 \quad -0.457)$$
$$K(p_4)=A \cdot K'_{p4}=(0.088 \quad -0.407 \quad -0.401)$$

（8）结果分析

通过上述预警分析，可以得出如下一些结论。

①3 号和 4 号样本属于突出严重等级，但根据关联度的大小可以得知，4 号样本属于严重的程度要远远大于 3 号样本，即其严重突出的可能性最大；1 号和 2 号属于突出中等等级，但 2 号样本属于中等突出等级的关联度远大于 1 号样本。

②根据预警分析的结论，4 号和 3 号样本是防突的重点区域，尤其是 4 号样本，必须采取必要的防突措施，以消突或诱导突出；2 号和 1 号样本也不能放松，尤其是 1 号样本，其隶属于中等的程度比较小，介于中等和严重之间，所以更应采取防范措施。

9.2 应急救援

9.2.1 事故报告程序

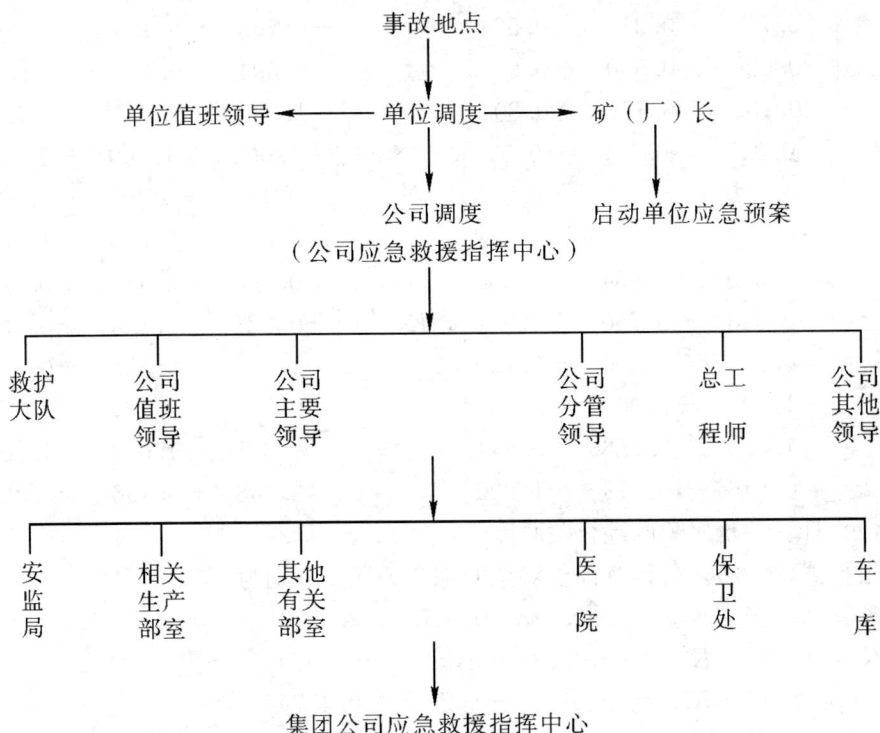

事故地点

单位值班领导 ← 单位调度 → 矿（厂）长

公司调度　　　　启动单位应急预案
（公司应急救援指挥中心）

救护大队　公司值班领导　公司主要领导　公司分管领导　总工程师　公司其他领导

安监局　相关生产部室　其他有关部室　医院　保卫处　车库

集团公司应急救援指挥中心

9.2.2 瓦斯事故应急救援预案

1. 领导机构

为加强对瓦斯事故应急救援工作的组织领导，公司成立瓦斯事故应急救援领导小组，包括组长、副组长和成员。

领导小组的主要职责：

（1）负责制定完善事故应急救援预案，检查指导各单位事故应急救援预案及年度矿井灾害预防与处理计划的制订和落实情况；统一协调指挥重大事故现场的应急救援工作，调动多方面力量快速有效处理重大生产安全事故，控制事故的蔓延和扩大。

（2）根据事故现场情况，对抢险救灾方案进行决策指挥，对应急救援工作中发生的问题进行紧急处理。

（3）及时协调解决抢险救灾所需物资和救护队伍。

（4）对各有关单位的抢险救灾、物资储备、应急经费、信息传递、事故善后处理、伤员医疗救护、矿区秩序维护等工作进行监督检查。

（5）组织指导各矿干部职工进行重大事故应急救援知识的普及教育，不断提高应急救援能力。

（6）督促有关单位提高应对矿突发生产安全事故的防范能力，经常组织应急救援技术演练。

（7）负责指挥、维护事故现场秩序。

为确保抢险救援合理高效，领导小组下设四个业务工作组。

（1）应急救援组

组　长：

副组长：

成　员：公司有关副总工程师、业务部室部长、救护大队队长、事故单位矿（厂）长

职　责：

①负责落实指挥组下达的各项命令，指导、组织现场救援工作。

②负责事故调查取证工作，及时调查事故发生的原因和事故性质，查明人员伤亡情况，配合上级调查组做好事故调查。

（2）技术支持组

组　长：

副组长：公司有关副总工程师

成　员：相关部室部长、事故单位总工程师及外援技术专家

职　责：

①负责制定现场抢险技术方案，对抢险救援工作进行技术决策和指导，为领导小组和现场抢险救灾指挥部决策提供技术支持。

②帮助矿（厂）正确辨识重大危险源和重大事故隐患，对隐患整改提供技术指导。

③参与事故鉴定和事故调查工作。

（3）后勤保卫组

组　长：

副组长：

成　员：

供应公司、机电公司总经理、事故单位后勤副矿（厂）长、工会主席、总会

计师、职工总医院、职工二院院长、保卫处处长

职　责：

①负责应急救援经费的筹备，协调解决抢险救灾所需物资的准备和供应。

②负责事故受伤人员的抢救、监护及安全转送工作，尽量降低事故伤亡率，减少事故损失。

③负责指挥、维护事故现场秩序，确保抢险救灾工作有序进行。

④负责参加抢险人员和遇难职工家属的住宿、安置，协调做好事故善后处理等工作。

（4）媒体协调组

组　长：

成　员：

职　责：

①负责组织指导各级干部职工进行矿（厂）重大事故应急救援知识的普及教育，不断提高应急救援能力。

②当发生重大生产安全事故时，负责对事故动态及现场救援情况信息发布。

③接待协调新闻媒体，真实报道抢险救援情况。

④接待来信来访，稳定矿区秩序。

同时成立应急救援办公室，应急救援办公室设在公司调度室，办公室执行24小时值班制度。

办公电话：

应急救援办公室职责：

①负责重大生产安全事故救援通信联络工作，根据指挥部决定传达抢险救灾命令和上级指示，并负责监督落实。

②及时调度事故现场抢险救灾进展情况，并向领导小组和上级部门报告。

2. 应急救援体系

（1）各矿要结合实际，制定本单位的瓦斯、煤尘预防处理计划和事故救援预案。一旦发生事故，事故单位应首先启动本单位制定的应急抢救预案，实施抢险救灾。需要场外援助的，及时请求上一级支援。

（2）应急救援预案实行逐级启动。当本级预案不能满足抢险救灾需要时，请求启动上一级预案。

（3）公司救护大队必须提高应急救援装备水平，确保抢险物资储备，定期组织应急救援预案的训练和演习。救护人员必须具备相应的应急救援知识和技能，提高应急救援能力。

3. 应急响应

（1）事故报告和现场保护

当矿井发生瓦斯、煤尘事故，事故单位要首先搞好现场自救，并按规定立即上报公司应急救援办公室（公司总调度室）。上报的主要内容包括以下几点。

①事故发生单位概况。

②事故发生的时间、地点及事故现场情况。

③事故的简要经过。

④事故已经造成或者可能造成的伤亡人数（包括下落不明的人数）和初步估计的直接经济损失。

⑤已采取的应急抢救措施和进展情况。

⑥其他应当报告的情况。

⑦事故报告人和电话联络方式。

应急救援公室接到事故报告后，必须在 10 分钟内通知领导小组正、副组长和有关领导，根据事故程度决定是否启动《预案》。并在 1 小时内向市政府、豫南分局、河南省煤管局、河南省煤矿安全监察局汇报。

事故发生后，事故单位应保护好事故现场，保卫部门应迅速赶赴事故单位，做好警戒保卫和维护治安秩序。

（2）事故应急救援

发生瓦斯、煤尘事故后，事故单位应立即成立以矿长为指挥长的现场抢险救灾指挥部，启动本单位救援预案，迅速开展事故的抢险救灾工作，确保矿区稳定和抢险工作的顺利进行。

公司预案启动时，至少有 1 名领导小组副组长在领导小组办公室坐镇指挥，并指派领导小组有关成员立即赶赴事故现场，组织指导事故的抢险救援工作。根据抢险救灾需要，领导小组办公室指派相关专家组成员赶赴事故现场，指导制定抢险救灾技术方案。帮助处理抢险救灾过程中遇到的技术难题，为制定科学合理的抢险救灾方案提供技术支持和指导。

（3）应急救援工作原则

①统一指挥原则。必须在指挥部的统一领导下开展抢险救灾工作。

②自救互救原则。事故发生初期，事故单位应按照本单位《应急救援预案》积极组织抢救，组织遇险人员沿避灾路线撤离，防止事故扩大。

③安全抢救原则。在事故抢救过程中，应采取措施，先救人，并确保救护人员的安全，严防抢救过程中再次发生事故。

④通讯畅通原则。井上下应设立专线指挥电话，并保持畅通。

⑤物资供应满足抢险救灾需要原则。确保抢险救灾物资及时供应满足需求。

在抢险救灾过程中，要充分利用本单位的救援队伍、医疗机构、物资、设备和场地。当本单位的抢险救灾资源不能满足需要时，现场指挥部负责向公司应急救援领导小组办公室报告，在全公司范围内进行协调，确保抢险救灾工作的顺利进行。

（4）应急救援结束

事故抢救结束或认为没有抢救价值时，现场救援指挥部下达应急救援终止命令。

抢险救灾工作结束后，在规定时间内编写出抢险救灾总结报告。

4. 处理灾害事故应具备有关技术资料

各矿调度室必须有以下技术资料。

（1）通风系统图和通风网络图（必须标明设施的位置、风流方向、风量），全矿井反风试验报告。

（2）矿井供电系统图和井下通讯系统图。

（3）采掘工程现状平面图和井上、下对照图，其中，井上、下对照图必须标明井口标高和位置，地面铁路、公路、钻孔、水管、水井、储水池、泵房以及存放处理事故用的材料、设备和工具的地点。

（4）井下消防洒水管路、压风管路、运输系统、灌浆、排水等系统图。

（5）矿井地质和水文地质图，井下避灾路线图。

（6）井上、下消防材料库的位置及其储备的材料，设备的品名和数量登记表。

以上图纸资料必须按规定及时填绘修改，确保能够反映实际情况。

5. 救援方案

（1）安全撤离措施

当井下发生瓦斯、煤尘爆炸事故后，处于灾区的人员一定要保持头脑清醒，行动沉着，决策果断，对瓦斯、煤尘爆炸事故类型和发生地点作出正确判断，迅速向调度室汇报，并采取有效措施进行抢救。如不能抢救，要立即采取自救与互救措施，位于瓦斯、煤尘爆炸事故地点进风侧人员，应迎着风流撤退。位于回风侧人员要迅速戴好自救器以最快速度通过捷径路进入新鲜风流中。波及区的人员在接到通知后要立即撤离。撤离时，应两人以上编组同行，要互相帮助，互相照顾，不准单独乱跑。撤离过程中，不要盲目奔跑，防止自救器的鼻夹掉下。当爆炸冲击波或火焰来时，应立即趴下，暂停呼吸，以避开爆炸冲击，火焰的灼伤。当通过风门时，应随手将风门关好，以防风流短路、混乱，造成事故范围扩大。

（2）避灾自救措施

发生瓦斯事故后，要根据矿井生产现状制定的避灾路线撤退。

在发生瓦斯事故、通路因冒顶阻塞、自救器出现故障或者无法撤离时，灾区人员应考虑下列方法避灾自救。

①迅速进入附近的避难硐室或独头巷道（最好是岩巷），关闭局扇，掐断风筒，利用棚腿、棚梁、风筒、衣服等构筑临时避难室，阻止 CO 等有害气体侵入。

②避难人员要沉着、冷静，尽量减少动作；并要在避难硐室外或所在地点附近采取写字、遗留物品等方式，设置明显的标志，为救护人员指示营救目标。在避难地点，若有压风管，可设法打开管路，以便向避难人员输送新鲜空气。若附近情况变化发现有危险时应及时转换地点。

③当发生瓦斯、煤尘爆炸事故，若无其他巷道躲避或来不及撤离时，避灾人员要迅速背着冲击波的来向，脸朝下扑倒在巷道底板或水沟内，用湿毛巾堵住嘴和鼻子，以杜绝火焰或防止高浓度有害气体的伤害；与此同时，迅速佩戴好自救器，待冲击波过去后，要快速迎着风流方向撤离到安全地点。

④在避灾过程中，一定要发扬团结友爱的精神，严格遵守纪律、听从指挥，发现有人受伤，要及时救治，主动照顾好受伤人员，并派有经验的老工人（至少两人同行）出去侦察。经过探险，确认安全后，组织大家有秩序地向井口撤退。如果矿灯都熄灭了，应沿着轨道或摸着水管、绞车钢丝绳走。若有可能，争取尽早与地面取得联系，以便尽快得到救护队的救援。

（3）抢救措施

①当井下发生瓦斯、煤尘爆炸后组织由矿山救护队员组成的抢救小分队，进入灾区抢救人员。救护队员在到达事故地点后应对灾区进行全面侦察，查清事故地点、范围、遇难人员数量及分布地点，并及时向调度室汇报，发现幸存者立即使用防护仪器救出灾区，发现火源要立即扑灭并切断灾区内的电源，防止二次爆炸。

②在证实确无二次爆炸的可能时，应迅速修复被破坏的通风系统、运输系统、排水系统、供电系统、通讯系统等。

6. 对应的安全技术措施

（1）矿井发生瓦斯、煤尘爆炸重大事故后，井下救灾基地指挥由指挥部选派人员担任。

（2）矿井发生瓦斯、煤尘爆炸重大事故后，救护队必须首先组织侦察工作，准确探明事故性质、原因、范围、遇难人员数量和所在位置，以及巷道通风、瓦斯等情况，为指挥部制定抢救方案提供可靠依据。

（3）抢救遇难人员是矿山救护队的首要任务。救护人员应千方百计创造条件，以最快的速度、最短的路线，先将受伤人员送到新鲜风流中进行急救；同时派人员引导未受伤人员撤离灾区，然后陆续抬出已牺牲的同志。

（4）处理事故时，应在灾区附近的新鲜风流中选择安全地点设立井下基地。井下基地应有矿山救护队指挥员待机小队和急救员值班，并设有通往地面指挥部和灾区的电话，备有必要的装备和救护器材，同时设有明显的灯光标志。根据事故处理情况的变化，救护基地可向灾区推移，也要撤离灾区。

（5）入井救灾人员要及时和指挥部联系，汇报情况，听从命令，服从指挥。

7. 恢复正常状态的原则和程序

（1）恢复正常状态的原则

①井下通风系统全面恢复正常，能够实现井下的正常通风。

②由瓦斯检查员或救护队员检查中央变电所及泵房风流中的瓦斯情况，确认瓦斯浓度低于 0.5％时，立即汇报调度室，由调度室通知地面变电所，恢复中央变电所电源。

依次检查各采区变电所（点）瓦斯情况，确认瓦斯浓度低于 0.5％时，通知调度室由调度室安排送电。

③瓦斯检查员检查各采煤工作面瓦斯浓度情况，确认瓦斯浓度低于 1％或二氧化碳浓度低于 1.5％时，经调度室同意方可恢复送电。

④经瓦斯检查员检查，掘进工作面瓦斯浓度低于 1％或二氧化碳浓度低于 1.5％（局部通风机及其开关附近 10m 以内风流中的瓦斯浓度低于 0.5％）时，汇报调度室，经调度室同意后方可恢复送电通风。瓦斯浓度在 1％以上、3％以下时，由瓦检员（救护队员）和跟班干部进行就地排放，瓦斯浓度在 3％以上时，由通风区制定专门措施进行排放，长度大于 200m 且瓦斯浓度在 5％以上的盲巷，由救护队负责排放。

⑤采掘工作面电动机或开关安设地点附近 20 m 巷道内，都必须检查瓦斯，只有瓦斯浓度低于 0.5％时，方可启动。

（2）恢复正常状态的程序

①首先检查中央变电所及泵房风流中瓦斯情况，在瓦斯浓度在《规程》规定以下时先恢复中央变电所电源。

②其次检查各采区变电所（点）瓦斯情况，确认瓦斯浓度低于《规程》规定以下时恢复采区变电所（点）电源。

③再次检查采面及掘进工作面的瓦斯情况，确认瓦斯浓度低于《规程》规定以下时恢复采面、掘进工作面的电源。

④待井下全面恢复正常供电后，即可恢复矿井正常状态。

8. 瓦斯、煤尘应急处理预案的学习和演练

（1）各基层单位要组织全体员工学习本应及预案、应急救援知识、岗位职责，不断提高应急救援的能力。

（2）为保证本预案的科学性、符合性及可操作性，本应急预案每年进行一次修订，如遇到井下生产条件有变化时要随时进行预案的修订和补充。

（3）为保证本预案的有效性，各矿每年对预案进行一次演练。

9.2.3　煤与瓦斯突出事故应急救援预案

1. 领导机构

为加强对煤与瓦斯突出事故应急救援工作的组织领导，公司成立煤与瓦斯突出事故应急救援领导小组。

组　长：

副组长：

成　员：

领导小组的主要职责：

（1）负责制定完善事故应急救援预案，检查指导各单位事故应急救援预案及年度矿井灾害预防与处理计划的制定和落实情况；统一协调指挥重大事故现场的应急救援工作，调动多方面力量快速有效处理重大生产安全事故，控制事故的蔓延和扩大。

（2）根据事故现场情况，对抢险救灾方案进行决策指挥，对应急救援工作中发生的问题进行紧急处理。

（3）及时协调解决抢险救灾所需物资和救护队伍。

（4）对各有关单位的抢险救灾、物资储备、应急经费、信息传递、事故善后处理、伤员医疗救护、矿区秩序维护等工作进行监督检查。

（5）组织指导各矿干部职工进行重大事故应急救援知识的普及教育，不断提高应急救援能力。

（6）督促有关单位提高应对煤矿突发生产安全事故的防范能力，经常组织应急救援技术演练。

（7）负责指挥、维护事故现场秩序。

为确保抢险救援合理高效，领导小组下设四个业务工作组：

（1）应急救援组

组　长：

副组长：

成　员：公司有关副总工程师　业务部室部长　救护大队队长　事故单位矿长

职　责：

①负责落实指挥组下达的各项命令，指导、组织现场救援工作。

②负责事故调查取证工作，及时调查事故发生的原因和事故性质，查明人员伤亡情况，配合上级调查组做好事故调查。

（2）技术支持组

组　长：

副组长：公司有关副总工程师

成　员：相关部室部长 事故单位总工程师及外援技术专家

职　责：

①负责制定现场抢险技术方案，对抢险救援工作进行技术决策和指导，为领导小组和现场抢险救灾指挥部决策提供技术支持；

②帮助矿长正确辨识重大危险源和重大事故隐患，对隐患整改提供技术指导；

③参与事故鉴定和事故调查工作。

（3）后勤保卫组

组　长：

副组长：

成　员：供应公司、机电公司总经理、事故单位后勤副矿长、工会主席、总会计师、职工总医院、职工二院院长、保卫处处长

职　责：

①负责应急救援经费的筹备，协调解决抢险救灾所需物资的准备和供应。

②负责事故受伤人员的抢救、监护及安全转送工作，尽量降低事故伤亡率，减少事故损失。

③负责指挥、维护事故现场秩序，确保抢险救灾工作有序进行。

④负责参加抢险人员和遇难职工家属的住宿、安置，协调做好事故善后处理等工作。

（4）媒体协调组

组　长：

成　员：

职　责：

①负责组织指导各级干部职工进行煤矿重大事故应急救援知识的普及教育，不断提高应急救援能力。

②当发生重大生产安全事故时，负责对事故动态及现场救援情况信息发布。

③接待协调新闻媒体，真实报道抢险救援情况。

④接待来信来访，稳定矿区秩序。

同时成立应急救援办公室，应急救援办公室设在公司调度室，办公室执行24小时值班制度。

办公电话：

应急救援办公室职责：

（1）负责重大生产安全事故救援通信联络工作，根据指挥部决定传达抢险救灾命令和上级指示，并负责监督落实。

（2）及时调度事故现场抢险救灾进展情况，并向领导小组和上级部门报告。

2．应急救援体系

（1）各矿要结合实际，制定本单位的煤与瓦斯突出预防处理计划和事故救援预案。一旦发生事故，事故单位应首先启动本单位制定的应急抢救预案，实施抢险救灾。需要场外援助的，及时请求上一级支援。

（2）应急救援预案实行逐级启动。当本级预案不能满足抢险救灾需要时，请求启动上一级预案。

（3）公司救护大队必须提高应急救援装备水平，确保抢险物资储备，定期组织应急救援预案的训练和演习。救护人员必须具备相应的应急救援知识和技能，提高应急救援能力。

3．应急响应

（1）事故报告和现场保护

当矿井发生煤与瓦斯突出事故，事故单位要首先搞好现场自救，并按规定立即上报公司应急救援办公室（公司总调度室）。上报主要包括以下内容。

①事故发生单位概况。

②事故发生的时间、地点及事故现场情况。

③事故的简要经过。

④事故已经造成或者可能造成的伤亡人数（包括下落不明的人数）和初步估计的直接经济损失。

⑤已采取的应急抢救措施和进展情况。

⑥其他应当报告的情况。

⑦事故报告人和电话联络方式。

应急救援办公室接到事故报告后，必须在 10 分钟内通知领导小组正、副组长和有关领导，根据事故程度决定是否启动《预案》。并在 1 小时内向市政府、豫南分局、河南省煤管局、河南省煤矿安全监察局汇报。

事故发生后，事故单位应保护好事故现场，保卫部门应迅速赶赴事故单位，做好警戒保卫和维护治安秩序。

（2）事故应急救援

发生煤与瓦斯突出事故后，事故单位应立即成立以矿长为指挥长的现场抢险救灾指挥部，启动本单位救援预案，迅速开展事故的抢险救灾工作，确保矿区稳定和抢险工作的顺利进行。

公司预案启动时，至少有 1 名领导小组副组长在领导小组办公室坐镇指挥，并指派领导小组有关成员立即赶赴事故现场，组织指导事故的抢险救援工作。根据抢险救灾需要，领导小组办公室指派相关专家组成员赶赴事故现场，指导制定抢险救灾技术方案。帮助处理抢险救灾过程中遇到的技术难题，为制定科学合理的抢险救灾方案提供技术支持和指导。

(3) 应急救援工作原则

①统一指挥原则。必须在指挥部的统一领导下开展抢险救灾工作。

②自救互救原则。事故发生初期，事故单位应按照本单位《应急救援预案》积极组织抢救，组织遇险人员沿避灾路线撤离，防止事故扩大。

③安全抢救原则。在事故抢救过程中，应采取措施，先救人，并确保救护人员的安全，严防抢救过程中再次发生事故。

④通讯畅通原则。井上下应设立专线指挥电话，并保持畅通。

⑤物资供应满足抢险救灾需要原则。确保抢险救灾物资及时供应满足需求。

在抢险救灾过程中，要充分利用本单位的救援队伍、医疗机构、物资、设备和场地。当本单位的抢险救灾资源不能满足需要时，现场指挥部负责向公司应急救援领导小组办公室报告，在全公司范围内进行协调，确保抢险救灾工作的顺利进行。

(4) 应急救援结束

事故抢救结束或认为没有抢救价值时，现场救援指挥部下达应急救援终止命令。

抢险救灾工作结束后，在规定时间内编写出抢险救灾总结报告。

4. 处理灾害事故应具备有关技术资料

各矿调度室必须有以下技术资料：

(1) 通风系统图和通风网络图（必须标明设施的位置、风流方向、风量），全矿井反风试验报告。

(2) 矿井供电系统图和井下通讯系统图。

(3) 采掘工程现状平面图和井上、下对照图，其中，井上、下对照图必须标明井口标高和位置，地面铁路、公路、钻孔、水管、水井、储水池、泵房以及存放处理事故用的材料、设备和工具的地点。

(4) 井下消防洒水管路、压风管路、运输系统、灌浆、排水等系统图。

(5) 矿井地质和水文地质图，井下避灾路线图。

(6) 井上、下消防材料库的位置及其储备的材料，设备的品名和数量登记表。

以上图纸资料必须按规定及时填绘修改，确保能够反映实际情况。

5. 救援方案

当矿调度室接到煤与瓦斯突出事故的电话后，立即按《煤与瓦斯事故应急救援预案》通知有关人员，根据领导小组组长的命令，应首先启动矿级相应性质的应急救援预案，立即通知井下人员按照既定的避灾线路和措施撤至安全地点直到地面，防止事故扩大，并立即向公司总调度室汇报。

（1）安全撤离措施

当井下发生煤与瓦斯突出事故后，处于灾区的人员一定要保持头脑清醒，行动沉着，决策果断，对煤与瓦斯突出事故的程度和发生地点作出正确判断，立即撤离灾区，迅速向调度室汇报，并采取有效措施进行抢救与自救、互救。位于煤与瓦斯突出事故地点进风侧人员，应迎着风流撤退。位于回风侧人员要迅速戴好自救器以最快速度通过捷径进入新鲜风流中。波及区的人员在接到通知后要立即撤离。撤离时，应两人以上编组同行，要互相帮助，互相照顾，不要单独乱跑。撤离过程中，不要盲目奔跑，防止自救器的鼻夹掉下。当瓦斯涌出时，应立即趴下，暂停呼吸，并避开瓦斯涌出方向。当通过风门时，应随手将风门关好，以防风流短路、混乱，造成事故范围扩大。

（2）避灾自救措施

在发生煤与瓦斯突出事故后，通路被散煤堵塞，自救器出现故障或者无法撤离时，灾区人员应考虑下列方法避灾自救。

①迅速进入附近的避难硐室或独头巷道（最好是岩巷），关闭局扇，掐断风筒，利用棚腿、棚梁、风筒、衣服等构筑临时避难室，阻止 CH_4、CO 等有害气体侵入。

②避难人员要沉着、冷静，尽量减少动作；并要在避难硐室外或所在地点附近采取写字、遗留物品等方式，设置明显的标志，为救护人员指示营救目标。在避难地点，若有压风管，可设法打开管路，以便向避难人员输送新鲜空气。若发现附近情况变化有危险时应及时转换地点。

③当发生煤与瓦斯突出事故，无其他巷道躲避或来不及撤离时，避灾人员要迅速背着冲击波的来向，脸朝下扑倒在巷道底板或水沟内，用湿毛巾堵住嘴和鼻子，以杜绝吸入高浓度的有害气体；与此同时，迅速佩戴好自救器，待冲击波过去后，要快速迎着新鲜风流方向撤离到安全地点。

④在避灾过程中，要发扬团结友爱的精神，严格遵守纪律、听从指挥，发现有人受伤要及时救治，主动照顾好受伤人员，并派有经验的老工人（至少两人同行）出去侦察。经过侦察，确认无危险后，组织大家有秩序地向井口撤退。如果矿灯都熄灭了，应沿着轨道或摸着水管、绞车钢丝绳走。若有可能，争取尽早与地面取得联系，以便尽快得到救护队的救援。

（3）抢救措施

①当井下发生煤与瓦斯突出后，组织由矿山救护队员组成的抢救小分队进入灾区抢救人员。救护队员在到达事故地点后应对灾区进行全面侦察，查清事故地

点、范围、遇难人的数量及分布地点，并及时向调度室汇报，发现幸存者立即使用防护仪器救出灾区。发现有再次突出的可能时要及时向矿调度汇报。

②在证实确无再次突出的可能时，应迅速修复被破坏的通风系统、运输系统、排水系统、供电系统、通讯系统等。

6. 对应的安全技术措施

(1) 矿井发生煤与瓦斯突出重大事故后，井下基地救灾指挥由指挥部选派人员担任。

(2) 矿井发生煤与瓦斯突出重大事故后，救护队必须首先组织侦察工作，准确探明事故性质、原因、范围、遇难人员数量和所在位置，以及巷道通风、煤与瓦斯的涌出量等情况，为指挥部制定抢救方案提供可靠依据。

(3) 抢救遇难人员是矿山救护队的首要任务。救护人员应千方百计创造条件，以最快的速度、最短的路线，先将受伤人员送到新鲜风流中进行急救；同时派人员引导未受伤人员撤离灾区，然后陆续抬出已牺牲的同志。

(4) 处理事故时，应在灾区附近的新鲜风流中选择安全地点设立井下基地。井下基地应有矿山救护队指挥员、待命小队和急救员值班，并设有通往地面指挥部和灾区的电话，备有必要的装备和救护器材，同时设有明显的灯光标志。根据事故处理情况的变化，救护基地可向灾区推移，必要时要撤离灾区。

(5) 入井救灾人员要及时和指挥部联系，汇报情况，听从命令，服从指挥。

7. 恢复正常状态的原则和程序

(1) 恢复正常状态的原则

①井下通风系统全面恢复正常，能够实现井下的正常通风。

②由瓦斯检查员或救护队员检查中央变电所及泵房风流中的瓦斯情况，确认瓦斯浓度低于0.5%时，立即汇报调度室，由调度室通知地面变电所，恢复中央变电所电源。依次检查各采区变电所（点）瓦斯情况，确认瓦斯浓度低于0.5%时，通知调度室由调度室安排送电。

③瓦斯检查员检查各采煤工作面瓦斯浓度情况，确认瓦斯浓度低于1%或二氧化碳浓度低于1.5%时，经调度室同意方可恢复送电。

④经瓦斯检查员检查，掘进工作面瓦斯浓度低于1%或二氧化碳浓度低于1.5%（局部通风机及其开关附近10 m以内风流中的瓦斯浓度低于0.5%）时，汇报调度室，经调度室同意后方可恢复送电通风。瓦斯浓度在1%以上、3%以下时，由瓦检员（救护队员）和跟班干部进行就地排放，瓦斯浓度在3%以上时，由通风区制定专门措施进行排放。长度大于200 m且瓦斯浓度在5%以上的盲巷，由救护队负责排放。

⑤采掘工作面电动机或开关安设地点附近20 m巷道内，都必须检查瓦斯，

只有瓦斯浓度低于 0.5% 时，方可启动。

（2）恢复正常状态的程序

①首先检查中央变电所及泵房风流中瓦斯情况，在瓦斯浓度在《规程》规定以下时先恢复中央变电所电源。

②其次检查各采区变电所（点）瓦斯情况，确认瓦斯浓度低于《规程》规定以下时恢复采区变电所（点）电源。

③再次检查采面及掘进工作面的瓦斯情况，确认瓦斯浓度低于《规程》规定以下时恢复采面、掘进工作面的电源。

④待井下全面恢复正常供电后，即可恢复矿井正常状态。

8. 煤与瓦斯突出应急处理预案的学习和演练

（1）各基层单位要组织全体员工学习本应及预案、应急救援知识、岗位职责，不断提高应急救援的能力。

（2）为保证本预案的科学性、符合性及可操作性，本应急预案每年进行一次修订，如遇到井下生产条件有变化时要随时进行预案的修订和补充。

（3）为保证本预案的有效性，各矿每年要对预案进行演练。

参考文献

［1］代凤红，张振文，高永利，等. 基于模糊综合评判理论的瓦斯突出危险性预测［J］. 辽宁工程技术大学学报，2006，25（supp）：79-81.

［2］郭德勇，范金志，马世志，等. 煤与瓦斯突出预测层次分析－模糊综合评判方法［J］. 北京科技大学学报，2007，29（7）：660-664.

［3］孙叶，谭成轩，孙炜锋，等. 煤瓦斯突出研究方法探索［J］. 地质力学学报，2007，13（1）：7-14.

［4］杨玉中，冯长根，吴立云. 基于可拓理论的煤矿安全预警模型研究［J］. 中国安全科学学报，2008，18（1）：40-45.

［5］杨玉中，吴立云，丛建春. 基于熵权的煤矿运输安全性模糊综合评价［J］. 哈尔滨工业大学学报，2009，41（4）：257-259.

［6］杨玉中，吴立云，景国勋. 基于可拓理论的综采工作面安全性评价［J］. 辽宁工程技术大学学报（自然科学版），2008，27（2）：180-183.

［7］由伟，刘亚秀，李永，等. 用人工神经网络预测煤与瓦斯突出［J］. 煤炭学报，2007，32（3）：285-287.

［8］张子戌，刘高峰，吕闰生，等. 基于模糊模式识别的煤与瓦斯突出区域预测［J］. 煤炭学报，2007，32（6）：592-595.

附录Ⅰ　作者简介

　　杨玉中，1972 年 9 月生，河南理工大学副教授，博士，硕士生导师。第九届河南省青年科技奖获得者，河南省优秀青年科技专家。主要研究方向为安全系统工程。1996 年本科毕业于焦作工学院，获采矿工程工学学士学位，1999 年硕士毕业于焦作工学院，获安全技术及工程专业工学硕士学位，师从石琴谱教授，主要进行安全系统工程的研究。2004 年至 2007 年在北京理工大学管理与经济学院管理科学与工程专业攻读博士学位，师从张强教授，获得管理学博士学位。2007 年起在北京理工大学爆炸科学与技术国家重点实验室从事博士后研究，师从冯长根教授，研究方向为重大灾害预警。近几年来，主持或参与完成了不同级别的科研项目 10 余项，代表性的项目主要有：国家重点基础研究发展计划"煤矿区地质灾害与环境信息协同处理及预警基础研究"；国家自然科学基金项目"掘进工作面复杂条件下人－环耦合关系研究"；教育部高等学校博士学科点基金"瓦斯爆炸事故的传播规律及伤害模型研究"；河南省重点攻关项目"煤矿采掘工作面煤与瓦斯突出预警系统研究与开发"；河南省杰出青年基金项目"矿山重大灾害致因及预测预报系统研究"；国家安全生产科技计划项目"煤矿瓦斯重大灾害预警系统关键技术研究"。获河南省科技进步二等奖 2 项，三等奖 2 项，国家安全生产科技进步三等奖 1 项。先后在《煤炭学报》《中国安全科学学报》《北京理工大学学报》《哈尔滨工业大学学报》《辽宁工程技术大学学报》等科技期刊及国际学术会议上发表学术论文 50 余篇，其中 EI 检索 12 篇。出版专著《矿山重大危险源辨识、评价及预警技术》等 4 部，主编《煤矿安全管理》等教材 2 部，副主编国家"十一五"规划教材《系统安全评价与预测》。

　　吴立云，女，1973 年 5 月生，河南理工大学副教授，在读博士，硕士生导师。主要研究方向为安全系统工程。2006 年毕业于河南理工大学安全技术及工程专业，获工学硕士学位，师从景国勋教授。2009 年开始在河南理工大学矿业工程专业攻读博士学位，师从翟新献教授。先后主持或参加完成"矿山重大危险源辨识及评价技术研究"""矿山重大灾害致因及预测预报系统研究"""煤矿顶板重大灾害预警系统研究"等省部级科研项目5项,参加"平煤集团安全管理信息系统研制与开发"等企业委托项目6项。获河南省科技进步二等奖2项,河南省安全生产科技进步一等奖1项。在《煤炭学报》《中国安全科学学报》《应用基础与工程科学学报》等学术期刊和国际会议上发表论文34篇,其中EI检索11篇。出版专著《煤业集团绿色供应链管理》1部,参编教材1部。

何俊,1973年11月生,河南理工大学副教授,博士,硕士生导师。河南省高瓦斯突出矿井会诊专家。主要研究方向为瓦斯地质与瓦斯预测。1995年本科毕业于焦作工学院,获采矿工程工学学士学位,1999年硕士毕业于焦作工学院,获安全技术及工程专业工学硕士学位,师从刘明举教授、张子敏教授,主要进行瓦斯地质的研究。2004年至2007年在中国矿业大学安全技术及工程专业攻读博士学位,师从何学秋教授,获得工学博士学位。近几年来,主持或参与完成了不同级别的科研项目多项,先后在《煤炭学报》《中国安全科学学报》《岩石力学与工程学报》等科技期刊及国际学术会议上发表学术论文30余篇,其中EI检索7篇。出版著作教材2部。

李延河,1973年7月生,河南平禹煤电有限责任公司副总经理,工程师,主要负责巷道掘进和突出防治工作。1996年7月毕业于焦作工学院采矿系采矿工程专业,同年8月应聘到平煤集团六矿工作,先后担任技术员、队长、副总工程师、副总经理。先后荣获河南省工业和信息化科技成果壹等奖一项,许昌市科学技术进步奖一等奖一项,集团公司科技进步二等奖、三等奖共四项,矿级科技进步一等奖多项。在《煤炭科学技术》等期刊发表论文数十篇。2005年度集团公司劳动模范,2006年集团公司级安全标兵,2008年荣获平煤集团青年科技奖。

附录Ⅱ 作者承担或参加的与本书内容相关的科研项目

1. 河南省重点科技攻关计划项目：煤矿采掘工作面煤与瓦斯突出预警系统研究与开发（092102310317）（项目主持人：杨玉中）

2. 国家安监总局安全生产科技计划项目：煤矿瓦斯重大灾害预警系统关键技术研究（08—152）（项目主持人：杨玉中）

3. 国家重点基础研究发展计划项目：煤矿区地质灾害与环境信息协同处理及预警基础研究（2009CB226107）（项目主持人：邹友峰，杨玉中为主要参加人）

4. 河南省教育厅科技攻关项目：煤矿采掘工作面瓦斯重大灾害预警系统研究（2009A620002）（项目主持人：杨玉中）

5. 国家自然科学基金项目：掘进工作面复杂条件下人—环耦合关系研究（50874038）（项目主持人：景国勋，杨玉中为第二参加人）

6. 教育部高等学校博士学科点基金项目：瓦斯爆炸事故的传播规律及伤害模型研究（20050460002）（项目主持人：景国勋，杨玉中为主要参加人）

7. 河南省教育厅科技攻关项目：煤矿顶板重大灾害预警系统研究（2008B620001）（项目主持人：吴立云）

8. 河南省自然科学基金项目：河南省煤与瓦斯突出分形区划研究（991220201）（项目主持人：何俊）

9. 煤炭高校青年基金项目：煤与瓦斯突出带分形模型及预测（项目主持人：何俊）

10. 河南省教育厅自然科学研究项目：煤与瓦斯突出预测瓦斯地质指标分形优化研究（项目主持人：何俊）

11. 河南省自然科学基金项目：煤与瓦斯突出热动力模型研究（994070700）（项目主持人：刘明举，何俊为主要参加人）

附录Ⅲ 本书作者公开发表的相关论文和出版著作

一、发表论文

1. 杨玉中，吴立云，张强. 综采工作面安全性多层次灰熵综合评价 [J]. 煤炭学报，2005，30 (5)：598-602.

2. 吴立云，杨玉中，张强. 矿井通风系统评价的 TOPSIS 法 [J]. 煤炭学报，2007，32 (4)：407-410.

3. 杨玉中，冯长根，吴立云. 基于可拓理论的煤矿安全预警模型研究 [J]. 中国安全科学学报，2008，18 (1)：40-45.

4. 杨玉中，张强. 煤矿运输安全性的可拓综合评价 [J]. 北京理工大学学报，2007，27 (2)：184-188.

5. 杨玉中，吴立云，黄卓敏. 矿井通风系统评价的可拓方法 [J]. 中国安全科学学报，2007，17 (1)：126-130.

6. 吴立云，杨玉中，张强等. 综采工作面安全性评价的逼近理想解（TOPSIS）方法 [J]. 中国安全科学学报，2006，16 (4)：109-113.

7. 杨玉中，吴立云，景国勋. 基于可拓理论的综采工作面安全性评价 [J]. 辽宁工程技术大学学报（自然科学版），2008，27 (2)：180-183.

8. 吴立云，杨玉中. 综采工作面人－机－环境系统安全性分析 [J]. 应用基础与工程科学学报，2008，16 (3)：436-445.

9. 杨玉中，吴立云，丛建春. 基于熵权的煤矿运输安全性模糊综合评价 [J]. 哈尔滨工业大学学报，2009，41 (4)：257-259.

10. 杨玉中，吴立云. 胶带运输系统安全性的模糊综合评判 [J]. 数学的实践与认识，2008，38 (3)：29-35.

11. Yang Yuzhong, Feng Changgen. Grey Entropy Method for Safety Synthetic Evaluation and Application [A]. Progress in Safety Science and Technolo-

gy Volume 6：Proceedings of the 2008 International Symposium on Safety Science and Technology [C]，Science Press，2008，339-343.

12. Yang Yuzhong；Wu Liyun Fuzzy synthetic evaluation on safety of fully mechanized mining faces based on entropy weight Proceedings of 5th International Conference on Fuzzy Systems and Knowledge Discovery. Institute of Electrical and Electronics Engineers，2008：391-395.

13. Yang Yuzhong，Wu Liyun. Extension Method of Safety Early Warning in Coal Mines [A]. Advances in Studies on Risk Analysis and Crisis Response [C]，Paris：Atlantis Press，2007：848-852.

14. Wu Liyun，Yang Yuzhong. Safety analysis on fully mechanized mining face [A]. Advances in Studies on Risk Analysis and Crisis Response [C]，Paris：Atlantis Press，2007：647-652.

15. Wu Liyun，Yang Yuzhong. Research on Safety Early Warning System in Coalmines Based on Extension Theory [A]. Progress in Mining Science and Safety Technology [C]，Science Press，2007：2225-2230.

16. Yang Yuzhong，Wu Liyun，Yang Hongwei. Safety Analysis for Man—Machine—Environment System in Fully Mechanized Mining Face [A]. Progress in Mining Science and Safety Technology [C]，Science Press，2007：300-305.

17. Wu Liyun，Yang Yuzhong & JING Guoxun. Technique for Order Preference by Similarity to Ideal Solution （TOPSIS）for Safety Synthetic Evaluation on Coal Mine Transportation System [A]. Progress in Safety Science and Technology Volume 5：Proceedings of the 2006 International Symposium on Safety Science and Technology [C]，Science Press，2006：87-91.

18. Yang Yuzhong，Wu Liyun，Zhang Qiang. Grey Entropy Synthetic Evaluation on Mine Ventilation System [A]. Progress in Safety Science and Technology Volume 5：Proceedings of the 2006 International Symposium on Safety Science and Technology [C]，Science Press，2006：1852-1856.

19. Yang Yuzhong，Wu Liyun，Zhang Qiang. TOPSIS for Safety Synthetic Evaluation and Application [A]. Progress in Safety Science and Technology [C]. Beijing：Science Press，2005. 94-99.

20. Wu Liyun，Yang Yuzhong，Zhang Qiang. Fuzzy Synthetic Evaluation of Safety in Colliery Transportation System Based on Entropy Weight [A]. Progress in Safety Science and Technology [C]. Beijing：Science Press，2005.

100-106.

21. 何俊，陈新生. 地质构造对煤与瓦斯突出控制作用研究现状与发展趋势 [J]. 河南理工大学学报，2009，28（1）：1-7.

22. 何俊，何学秋，刘明举. 煤与瓦斯突出多尺度预测研究 [J]. 岩石力学与工程学报，2004，23（18）：3122-3126.

23. 何俊，刘明举，颜爱华. 煤田地质构造与瓦斯突出关系分形研究 [J]. 煤炭学报，2002，27（6）：623-626.

24. 何俊，何学秋，聂百胜. 煤体应力状态电磁辐射测试研究 [J]. 采矿与安全工程学报，2006，23（1）：111-114.

25. 何俊，刘明举，聂百胜. 井田突出危险性分形预测研究 [J]. 河南理工大学学报，2005，24（4）：255-258.

26. 何俊，娄季凡，刘明举. 褶曲分形特征及其与瓦斯突出关系研究. 焦作工学院学报，2001，20（3）：168-171.

27. 何俊，袁东升，刘明举，张子敏. 煤与瓦斯突出分形区划研究 [J]. 煤田地质与勘探，2000，28（3）：31-33.

28. 何俊，刘明举. 断层分布分形特征模拟研究 [J]. 煤田地质与勘探，2002，30（1）：13-15.

29. 何俊，潘结南，聂百胜. 瓦斯涌出严重程度分形预测研究 [J]. 中国安全科学学报，2006，16（5）：22-25.

30. 张子敏，何俊. 中国煤层瓦斯分布特征研究. 国际煤层气会议论文集，1999.

31. He Jun, Liu Mingju. Computer Simulation Analysis of Implication for Fractal Dimension of Fault Networks in Coalmines [R]. Proceedings in Mining Science and Safety Technology，2002，4，525-528.

32. He Jun, Liu Mingju, Nie Baisheng. Research on Folds Fractal Features and Relationship to Gas outbursts [R]. Progress in Safety Science and Technology，2005.

33. He Jun, Chen Xinsheng, Ouyang Wenfeng. Study on Chaos Characteristics of Gas Dynamic Emission Preceding Coal and Gas Outburst [R]. Progress in Safety Science and Technology，2008，1676-1679.

二、出版著作

1. 景国勋，孔留安，杨玉中，宋江虎，著. 矿山运输事故人－机－环境致因与控制 [M]. 煤炭工业出版社，2006.

2. 杨玉中，景国勋，吴立云，著. 煤业集团绿色供应链管理 [M]. 北京：

冶金工业出版社，2007.

    3. 景国勋，杨玉中，著. 矿山重大危险源辨识、评价及预警技术 [M]. 北京：冶金工业出版社，2008.

    4. 景国勋，杨玉中，编著. 煤矿安全系统 [M]. 徐州：中国矿业大学出版社，2009.

    5. 景国勋，杨玉中，张明安，主编. 煤矿安全管理 [M]. 徐州：中国矿业大学出版社，2007.

    6. 景国勋，施式亮，编著. 系统安全评价与预测 [M]. 徐州：中国矿业大学出版社，2009，（杨玉中、吴立云参编）

    7. 何学秋等编著. 安全科学与工程 [M]. 徐州：中国矿业大学出版社，2009.（杨玉中参编）

附录Ⅳ 防治煤与瓦斯突出规定

国家安全生产监督管理总局令

第 19 号

《防治煤与瓦斯突出规定》已经 2009 年 4 月 30 日国家安全生产监督管理总局局长办公会议审议通过，现予公布，自 2009 年 8 月 1 日起施行，原煤炭工业部 1995 年 1 月 25 日发布的《防治煤与瓦斯突出细则》同时废止。

局长　骆琳

二〇〇九年五月十四日

防治煤与瓦斯突出规定

第一章　总　则

第一条　为了加强煤与瓦斯突出的防治工作，有效预防煤矿突出事故，保障煤矿职工生命安全，根据《安全生产法》、《矿山安全法》、《国务院关于预防煤矿生产安全事故的特别规定》等法律、行政法规，制定本规定。

第二条　煤矿企业（矿井）、有关单位的煤（岩）与瓦斯（二氧化碳）突出（以下简称突出）的防治工作，适用本规定。

现行煤矿安全规程、规范、标准、规定等有关突出防治的内容与本规定不一致的，依照本规定执行。

第三条　本规定所称突出煤层，是指在矿井井田范围内发生过突出的煤层或者经鉴定有突出危险的煤层。

本规定所称突出矿井，是指在矿井的开拓、生产范围内有突出煤层的矿井。

第四条　有突出矿井的煤矿企业主要负责人及突出矿井的矿长是本单位防突工作的第一责任人。

有突出矿井的煤矿企业、突出矿井应当设置防突机构，建立、健全防突管理制度和各级岗位责任制。

第五条　有突出矿井的煤矿企业、突出矿井应当根据突出矿井的实际状况和条件，制定区域综合防突措施和局部综合防突措施。

区域综合防突措施包括下列内容：

（一）区域突出危险性预测；

（二）区域防突措施；

（三）区域措施效果检验；

（四）区域验证。

局部综合防突措施包括下列内容：

（一）工作面突出危险性预测；

（二）工作面防突措施；

（三）工作面措施效果检验；

（四）安全防护措施。

第六条　防突工作坚持区域防突措施先行、局部防突措施补充的原则。突出矿井采掘工作做到不掘突出头、不采突出面。未按要求采取区域综合防突措施的，严禁进行采掘活动。

区域防突工作应当做到多措并举、可保必保、应抽尽抽、效果达标。

第七条　突出矿井发生突出的必须立即停产，并立即分析、查找突出原因；在强化实施综合防突措施、消除突出隐患后，方可恢复生产。

非突出矿井首次发生突出的必须立即停产，按本规定的要求建立防突机构和管理制度，编制矿井防突设计，配备安全装备，完善安全设施和安全生产系统，补充实施区域防突措施，达到本规定要求后，方可恢复生产。

第二章　一般规定

第一节　突出煤层和突出矿井鉴定

第八条　地质勘探单位应当查明矿床瓦斯地质情况。井田地质报告应当提供煤层突出危险性的基础资料。

基础资料应当包括下列内容：

（一）煤层赋存条件及其稳定性；

（二）煤的结构类型及工业分析；

（三）煤的坚固性系数、煤层围岩性质及厚度；

（四）煤层瓦斯含量、瓦斯成分和煤的瓦斯放散初速度等指标；

（五）标有瓦斯含量等值线的瓦斯地质图；

（六）地质构造类型及其特征、火成岩侵入形态及其分布、水文地质情况；

（七）勘探过程中钻孔穿过煤层时的瓦斯涌出动力现象；

（八）邻近煤矿的瓦斯情况。

第九条　新建矿井在可行性研究阶段，应当对矿井内采掘工程可能揭露的所有平均厚度在 0.3 m 以上的煤层进行突出危险性评估。

评估结果作为矿井立项、初步设计和指导建井期间揭煤作业的依据。

第十条　经评估认为有突出危险的新建矿井，建井期间应当对开采煤层及其他可能对采掘活动造成威胁的煤层进行突出危险性鉴定。

第十一条　矿井有下列情况之一的，应当立即进行突出煤层鉴定；鉴定未完成前，应当按照突出煤层管理：

（一）煤层有瓦斯动力现象的；

（二）相邻矿井开采的同一煤层发生突出的；

（三）煤层瓦斯压力达到或者超过 0.74 MPa 的。

第十二条　突出煤层和突出矿井的鉴定由煤矿企业委托具有突出危险性鉴定资质的单位进行。鉴定单位应当在接受委托之日起 120 天内完成鉴定工作。鉴定单位对鉴定结果负责。

煤矿企业应当将鉴定结果报省级煤炭行业管理部门、煤矿安全监管部门、煤矿安全监察机构备案。

煤矿发生瓦斯动力现象造成生产安全事故，经事故调查认定为突出事故的，该煤层即为突出煤层，该矿井即为突出矿井。

第十三条　突出煤层鉴定应当首先根据实际发生的瓦斯动力现象进行。

当动力现象特征不明显或者没有动力现象时，应当根据实际测定的煤层最大瓦斯压力 P、软分层煤的破坏类型、煤的瓦斯放散初速度 Δp 和煤的坚固性系数 f 等指标进行鉴定。全部指标均达到或者超过表 1 所列的临界值的，确定为突出煤层。

鉴定单位也可以探索突出煤层鉴定的新方法和新指标。

表 1　突出煤层鉴定的单项指标临界值

煤层	破坏类型	瓦斯放散初速度 Δp	坚固性系数 f	瓦斯压力（相对压力）P/MPa
临界值	Ⅲ，Ⅳ，Ⅴ	$\geqslant 10$	$\leqslant 0.5$	$\geqslant 0.74$

第二节　建设和开采基本要求

第十四条　有突出危险的新建矿井及突出矿井的新水平、新采区，必须编制防突专项设计。设计应当包括开拓方式、煤层开采顺序、采区巷道布置、采煤方法、通风系统、防突设施（设备）、区域综合防突措施和局部综合防突措施等内容。

突出矿井新水平、新采区移交生产前，必须经当地人民政府煤矿安全监管部门按管理权限组织防突专项验收；未通过验收的不得移交生产。

突出矿井必须建立满足防突工作要求的地面永久瓦斯抽采系统。

第十五条　突出矿井应当做好防突工程的计划和实施，将防突的预抽煤层瓦斯、保护层开采等工程与矿井采掘部署、工程接替等统一安排，使矿井的开拓区、抽采区、保护层开采区和突出煤层（或被保护层）开采区按比例协调配置，确保在突出煤层采掘前实施区域防突措施。

第十六条　突出矿井的巷道布置应当符合下列要求和原则：

（一）运输和轨道大巷、主要风巷、采区上山和下山（盘区大巷）等主要巷道布置在岩层或非突出煤层中；

（二）减少井巷揭穿突出煤层的次数；

（三）井巷揭穿突出煤层的地点应当合理避开地质构造破坏带；

（四）突出煤层的巷道优先布置在被保护区域或其他卸压区域。

第十七条　突出矿井地质测量工作必须遵守下列规定：

（一）地质测量部门与防突机构、通风部门共同编制矿井瓦斯地质图，图中标明采掘进度、被保护范围、煤层赋存条件、地质构造、突出点的位置、突出强度、瓦斯基本参数及绝对瓦斯涌出量和相对瓦斯涌出量等资料，作为区域突出危险性预测和制定防突措施的依据；

（二）地质测量部门在采掘工作面距离未保护区边缘 50 m 前，编制临近未保护区通知单，并报矿技术负责人审批后交有关采掘区（队）；

（三）突出煤层顶、底板岩巷掘进时，地质测量部门提前进行地质预测，掌握施工动态和围岩变化情况，及时验证提供的地质资料，并定期通报给煤矿防突机构和采掘区（队）；遇有较大变化时，随时通报。

第十八条　突出矿井开采的非突出煤层和高瓦斯矿井的开采煤层，在延深达到或超过 50 m 或开拓新采区时，必须测定煤层瓦斯压力、瓦斯含量及其他与突出危险性相关的参数。

高瓦斯矿井各煤层和突出矿井的非突出煤层在新水平开拓工程的所有煤巷掘进过程中，应当密切观察突出预兆，并在开拓工程首次揭穿这些煤层时执行石门和立井、斜井揭煤工作面的局部综合防突措施。

第十九条　突出煤层的采掘作业应当符合以下规定：

（一）严禁采用水力采煤法、倒台阶采煤法及其他非正规采煤法；

（二）急倾斜煤层适合采用伪倾斜正台阶、掩护支架采煤法；

（三）急倾斜煤层掘进上山时，采用双上山或伪倾斜上山等掘进方式，并加强支护；

（四）掘进工作面与煤层巷道交叉贯通前，被贯通的煤层巷道必须超过贯通位置，其超前距不得小于 5 m，并且贯通点周围 10 m 内的巷道应加强支护。在掘进工作面与被贯通巷道距离小于 60 m 的作业期间，被贯通巷道内不得安排作业，并保持正常通风，且在放炮时不得有人；

（五）采煤工作面尽可能采用刨煤机或浅截深采煤机采煤；

（六）煤、半煤岩炮掘和炮采工作面，使用安全等级不低于三级的煤矿许用含水炸药（二氧化碳突出煤层除外）。

第二十条 突出煤层的任何区域的任何工作面进行揭煤和采掘作业前，必须采取安全防护措施。

突出矿井的入井人员必须随身携带隔离式自救器。

第二十一条 所有突出煤层外的掘进巷道（包括钻场等）距离突出煤层的最小法向距离小于 10 m 时（在地质构造破坏带为小于 20 m 时），必须边探边掘，确保最小法向距离不小于 5 m。

第二十二条 在同一突出煤层正在采掘的工作面应力集中范围内，不得安排其他工作面进行回采或者掘进。具体范围由矿技术负责人确定，但不得小于 30 m。

突出煤层的掘进工作面应当避开邻近煤层采煤工作面的应力集中范围。

在突出煤层的煤巷中安装、更换、维修或回收支架时，必须采取预防煤体垮落而引起突出的措施。

第二十三条 突出矿井的通风系统应当符合下列要求：

（一）井巷揭穿突出煤层前，具有独立的、可靠的通风系统；

（二）突出矿井、有突出煤层的采区、突出煤层工作面都有独立的回风系统。采区回风巷是专用回风巷；

（三）在突出煤层中，严禁任何两个采掘工作面之间串联通风；

（四）煤（岩）与瓦斯突出煤层采区回风巷及总回风巷安设高低浓度甲烷传感器；

（五）突出煤层采掘工作面回风侧不得设置调节风量的设施。易自燃煤层的回采工作面确需设置调节设施的，须经煤矿企业技术负责人批准；

（六）严禁在井下安设辅助通风机；

（七）突出煤层掘进工作面的通风方式采用压入式。

第二十四条 煤（岩）与瓦斯突出矿井严禁使用架线式电机车。

煤（岩）与瓦斯突出矿井井下进行电焊、气焊和喷灯焊接时，必须停止突出煤层的掘进、回采、钻孔、支护以及其他所有扰动突出煤层的作业。

第二十五条 清理突出的煤炭时，应当制定防煤尘、防片帮、防冒顶、防瓦斯超限、防火源的安全技术措施。

突出孔洞应当及时充填、封闭严实或者进行支护；当恢复采掘作业时，应当在其附近 30 m 范围内加强支护。

第三节 防突管理及培训

第二十六条 有突出矿井的煤矿企业主要负责人、突出矿井矿长应当分别每季度、每月进行防突专题研究，检查、部署防突工作；保证防突科研工作的投入，解决防突所需的人力、财力、物力；确保抽、掘、采平衡；确保防突工作和措施的落实。

煤矿企业、矿井的技术负责人对防突工作负技术责任，组织编制、审批、检查防突工作规划、计划和措施；煤矿企业、矿井的分管负责人负责落实所分管的防突工作。

煤矿企业、矿井的各职能部门负责人对本职范围内的防突工作负责；区（队）、班组长对管辖范围内防突工作负直接责任；防突人员对所在岗位的防突工作负责。

煤矿企业、矿井的安全监察部门负责对防突工作的监督检查。

第二十七条 有突出矿井的煤矿企业、突出矿井应当设置满足防突工作需要的专业防突队伍。

突出矿井应当编制突出事故应急预案。

第二十八条 有突出矿井的煤矿企业、突出矿井在编制年度、季度、月度生产建设计划时，必须一同编制年度、季度、月度防突措施计划，保证抽、掘、采平衡。

防突措施计划及人力、物力、财力保障安排由技术负责人组织编制，煤矿企业主要负责人、突出矿井矿长审批，分管负责人、分管副矿长组织实施。

第二十九条 各项防突措施按照下列要求贯彻实施：

（一）施工防突措施的区（队）在施工前，负责向本区（队）职工贯彻并严格组织实施防突措施；

（二）采掘作业时，应当严格执行防突措施的规定并有详细准确的记录。由于地质条件或者其他原因不能执行所规定的防突措施的，施工区（队）必须立即停止作业并报告矿调度室，经矿井技术负责人组织有关人员到现场调查后，由原措施编制部门提出修改或补充措施，并按原措施的审批程序重新审批后方可继续施工；其他部门或者个人不得改变已批准的防突措施；

（三）煤矿企业的主要负责人、技术负责人应当每季度至少一次到现场检查各项防突措施的落实情况。矿长和矿井技术负责人应当每月至少一次到现场检查各项防突措施的落实情况；

（四）煤矿企业、矿井的防突机构应当随时检查综合防突措施的实施情况，并及时将检查结果分别向煤矿企业负责人、煤矿企业技术负责人和矿长、矿井技术负责人汇报，有关负责人应当对发现的问题立即组织解决；

（五）煤矿企业、矿井进行安全检查时，必须检查综合防突措施的编制、审批和贯彻执行情况。

第三十条　突出煤层采掘工作面每班必须设专职瓦斯检查工并随时检查瓦斯；发现有突出预兆时，瓦斯检查工有权停止作业，协助班组长立即组织人员按避灾路线撤出，并报告矿调度室。

在突出煤层中，专职爆破工必须固定在同一工作面工作。

第三十一条　防突技术资料的管理工作应当符合下列要求：

（一）每次发生突出后，矿井防突机构指定专人进行现场调查，认真填写突出记录卡片，提交专题调查报告，分析突出发生的原因，总结经验教训，提出对策措施；

（二）每年第一季度将上年度发生煤与瓦斯突出矿井的基本情况调查表（见附录A）、煤与瓦斯突出记录卡片（见附录B）、矿井煤与瓦斯突出汇总表（见附录C）连同总结资料报省级煤矿安全监管部门、驻地煤矿安全监察机构；

（三）所有有关防突工作的资料均存档；

（四）煤矿企业每年对全年的防突技术资料进行系统分析总结，提出整改措施。

第三十二条　突出矿井的管理人员和井下工作人员必须接受防突知识的培训，经考试合格后方准上岗作业。

各类人员的培训达到下列要求：

（一）突出矿井的井下工作人员的培训包括防突基本知识和规章制度等内容；

（二）突出矿井的区（队）长、班组长和有关职能部门的工作人员的培训包括突出的危害及发生的规律、区域和局部综合防突措施、防突的规章制度等内容；

（三）突出矿井的防突员，属于特种作业人员，每年必须接受一次煤矿三级及以上安全培训机构组织的防突知识、操作技能的专项培训。专项培训包括防突的理论知识、突出发生的规律、区域和局部综合防突措施以及有关防突的规章制度等内容；

（四）有突出矿井的煤矿企业和突出矿井的主要负责人、技术负责人应当接受煤矿二级及以上安全培训机构组织的防突专项培训。专项培训包括防突的理论知识和实践知识、突出发生的规律、区域和局部综合防突措施以及防突的规章制度等内容。

第三章 区域综合防突措施

第一节 区域综合防突措施基本程序和要求

第三十三条 突出矿井应当对突出煤层进行区域突出危险性预测（以下简称区域预测）。经区域预测后，突出煤层划分为突出危险区和无突出危险区。

未进行区域预测的区域视为突出危险区。

区域预测分为新水平、新采区开拓前的区域预测（以下简称开拓前区域预测）和新采区开拓完成后的区域预测（以下简称开拓后区域预测）。

第三十四条 突出煤层区域预测的范围由煤矿企业根据突出矿井的开拓方式、巷道布置等情况划定。

第三十五条 新水平、新采区开拓前，当预测区域的煤层缺少或者没有井下实测瓦斯参数时，可以主要依据地质勘探资料、上水平及邻近区域的实测和生产资料等进行开拓前区域预测。

开拓前区域预测结果仅用于指导新水平、新采区的设计和新水平、新采区开拓工程的揭煤作业。

第三十六条 开拓后区域预测应当主要依据预测区域煤层瓦斯的井下实测资料，并结合地质勘探资料、上水平及邻近区域的实测和生产资料等进行。

开拓后区域预测结果用于指导工作面的设计和采掘生产作业。

第三十七条 对已确切掌握煤层突出危险区域的分布规律，并有可靠的预测资料的，区域预测工作可由矿技术负责人组织实施；否则，应当委托有煤与瓦斯突出危险性鉴定资质的单位进行区域预测。

区域预测结果应当由煤矿企业技术负责人批准确认。

第三十八条 经评估为有突出危险煤层的新建矿井建井期间，以及突出煤层经开拓前区域预测为突出危险区的新水平、新采区开拓过程中的所有揭煤作业，必须采取区域综合防突措施并达到要求指标。

经开拓前区域预测为无突出危险区的煤层进行新水平、新采区开拓、准备过程中的所有揭煤作业应当采取局部综合防突措施。

第三十九条 经开拓后区域预测为突出危险区的煤层，必须采取区域防突措施并进行区域措施效果检验。经效果检验仍为突出危险区的，必须继续进行或者补充实施区域防突措施。

经开拓后区域预测或者经区域措施效果检验后为无突出危险区的煤层进行揭煤和采掘作业时，必须采用工作面预测方法进行区域验证。

所有区域防突措施均由煤矿企业技术负责人批准。

第四十条 区域防突措施应当优先采用开采保护层。

突出矿井首次开采某个保护层时，应当对被保护层进行区域措施效果检验及保护范围的实际考察。如果被保护层的最大膨胀变形量大于千分之三，则检验和考察结果可适用于其他区域的同一保护层和被保护层；否则，应当对每个预计的被保护区域进行区域措施效果检验。此外，若保护层与被保护层的层间距离、岩性及保护层开采厚度等发生了较大变化时，应当再次进行效果检验和保护范围考察。

保护效果检验、保护范围考察结果报煤矿企业技术负责人批准。

第四十一条 突出危险区的煤层不具备开采保护层条件的，必须采用预抽煤层瓦斯区域防突措施并进行区域措施效果检验。

预抽煤层瓦斯区域措施效果检验结果应当经矿技术负责人批准。

第二节 区域突出危险性预测

第四十二条 区域预测一般根据煤层瓦斯参数结合瓦斯地质分析的方法进行，也可以采用其他经试验证实有效的方法。

根据煤层瓦斯压力或者瓦斯含量进行区域预测的临界值应当由具有突出危险性鉴定资质的单位进行试验考察。在试验前和应用前应当由煤矿企业技术负责人批准。

区域预测新方法的研究试验应当由具有突出危险性鉴定资质的单位进行，并在试验前由煤矿企业技术负责人批准。

第四十三条 根据煤层瓦斯参数结合瓦斯地质分析的区域预测方法应当按照下列要求进行：

（一）煤层瓦斯风化带为无突出危险区域；

（二）根据已开采区域确切掌握的煤层赋存特征、地质构造条件、突出分布的规律和对预测区域煤层地质构造的探测、预测结果，采用瓦斯地质分析的方法划分出突出危险区域。当突出点及具有明显突出预兆的位置分布与构造带有直接关系时，则根据上部区域突出点及具有明显突出预兆的位置分布与地质构造的关系确定构造线两侧突出危险区边缘到构造线的最远距离，并结合下部区域的地质构造分布划分出下部区域构造线两侧的突出危险区；否则，在同一地质单元内，突出点及具有明显突出预兆的位置以上 20 m（埋深）及以下的范围为突出危险区（如图1）；

（三）在上述（一）、（二）项划分出的无突出危险区和突出危险区以外的区域，应当根据煤层瓦斯压力 P 进行预测。如果没有或者缺少煤层瓦斯压力资料，也可根据煤层瓦斯含量 W 进行预测。预测所依据的临界值应根据试验考察确定，在确定前可暂按表2预测。

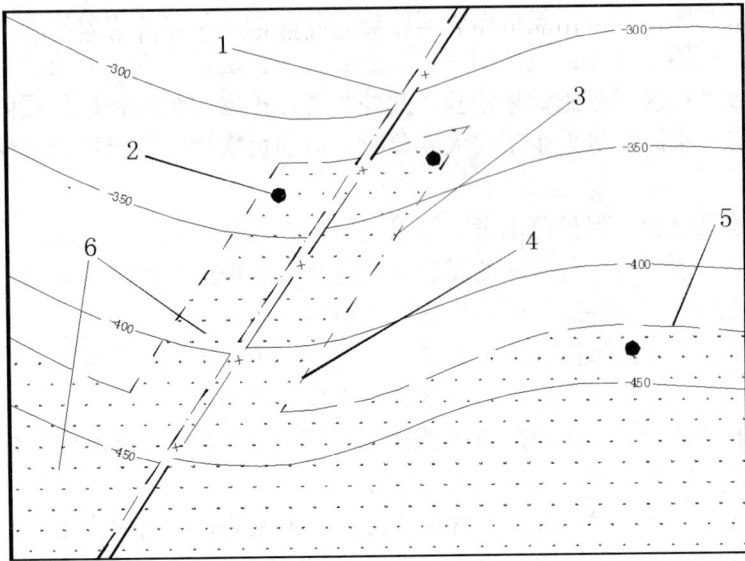

图1　根据瓦斯地质分析划分突出危险区域示意图

1—断层；2—突出点；3—上部区域突出点在断层两侧的最远距离线；
4—推测下部区域断层两侧的突出危险区边界线；5—推测的下部区域
突出危险区上边界线；6—突出危险区（阴影部分）

表2　根据煤层瓦斯压力或瓦斯含量进行区域预测的临界值

瓦斯压力 P/MPa	瓦斯含量 W/（$m^3 \cdot t^{-1}$）	区域类别
$P < 0.74$	$W < 8$	无突出危险区
除上述情况以外的其他情况		突出危险区

　　第四十四条　采用本规定第四十三条进行开拓后区域预测时，还应当符合下列要求：

　　（一）预测所主要依据的煤层瓦斯压力、瓦斯含量等参数应为井下实测数据；

　　（二）测定煤层瓦斯压力、瓦斯含量等参数的测试点在不同地质单元内根据其范围、地质复杂程度等实际情况和条件分别布置；同一地质单元内沿煤层走向布置测试点不少于2个，沿倾向不少于3个，并有测试点位于埋深最大的开拓工程部位。

第三节　区域防突措施

　　第四十五条　区域防突措施是指在突出煤层进行采掘前，对突出煤层较大范围采取的防突措施。区域防突措施包括开采保护层和预抽煤层瓦斯两类。

　　开采保护层分为上保护层和下保护层两种方式。

　　预抽煤层瓦斯可采用的方式有：地面井预抽煤层瓦斯以及井下穿层钻孔或顺层钻孔预抽区段煤层瓦斯、穿层钻孔预抽煤巷条带煤层瓦斯、顺层钻孔或穿层钻孔预抽回采区域煤层瓦斯、穿层钻孔预抽石门（含立、斜井等）揭煤区域煤层瓦斯、顺层钻孔预抽煤巷条带煤层瓦斯等。

　　预抽煤层瓦斯区域防突措施应当按上述所列方式的优先顺序选取，或一并采用多种方式的预抽煤层瓦斯措施。

　　第四十六条　选择保护层必须遵守下列规定：

　　（一）在突出矿井开采煤层群时，如在有效保护垂距内存在厚度 0.5 m 及以上的无突出危险煤层，除因突出煤层距离太近而威胁保护层工作面安全或可能破坏突出煤层开采条件的情况外，首先开采保护层。有条件的矿井，也可以将软岩层作为保护层开采；

　　（二）当煤层群中有几个煤层都可作为保护层时，综合比较分析，择优开采保护效果最好的煤层；

　　（三）当矿井中所有煤层都有突出危险时，选择突出危险程度较小的煤层作保护层先行开采，但采掘前必须按本规定的要求采取预抽煤层瓦斯区域防突措施并进行效果检验；

　　（四）优先选择上保护层。在选择开采下保护层时，不得破坏被保护层的开采条件。

　　第四十七条　开采保护层区域防突措施应当符合下列要求：

　　（一）开采保护层时，同时抽采被保护层的瓦斯；

　　（二）开采近距离保护层时，采取措施防止被保护层初期卸压瓦斯突然涌入保护层采掘工作面或误穿突出煤层；

　　（三）正在开采的保护层工作面超前于被保护层的掘进工作面，其超前距离不得小于保护层与被保护层层间垂距的 3 倍，并不得小于 100 m；

　　（四）开采保护层时，采空区内不得留有煤（岩）柱。特殊情况需留煤（岩）柱时，经煤矿企业技术负责人批准，并做好记录，将煤（岩）柱的位置和尺寸准确地标在采掘工程平面图上。每个被保护层的瓦斯地质图应当标出煤（岩）柱的影响范围，在这个范围内进行采掘工作前，首先采取预抽煤层瓦斯区域防突措施。

　　当保护层留有不规则煤柱时，按照其最外缘的轮廓划出平直轮廓线，并根据保护层与被保护层之间的层间距变化，确定煤柱影响范围。在被保护层进行采掘工作时，还应当根据采掘瓦斯动态及时修改。

　　第四十八条　保护层和被保护层开采设计依据的保护层有效保护范围等有关参数应当根据试验考察确定，并报煤矿企业技术负责人批准后执行。

首次开采保护层时，可参照附录 D 确定沿倾斜的保护范围、沿走向（始采线、终采线）的保护范围、保护层与被保护层之间的最大保护垂距、开采下保护层时不破坏上部被保护层的最小层间距离等参数。

第四十九条　采取各种方式的预抽煤层瓦斯区域防突措施时，应当符合下列要求：

（一）穿层钻孔或顺层钻孔预抽区段煤层瓦斯区域防突措施的钻孔应当控制区段内的整个开采块段、两侧回采巷道及其外侧一定范围内的煤层。要求钻孔控制回采巷道外侧的范围是：倾斜、急倾斜煤层巷道上帮轮廓线外至少 20 m，下帮至少 10 m；其他为巷道两侧轮廓线外至少各 15 m。以上所述的钻孔控制范围均为沿层面的距离，以下同；

（二）穿层钻孔预抽煤巷条带煤层瓦斯区域防突措施的钻孔应当控制整条煤层巷道及其两侧一定范围内的煤层。该范围与本条第（一）项中回采巷道外侧的要求相同；

（三）顺层钻孔或穿层钻孔预抽回采区域煤层瓦斯区域防突措施的钻孔应当控制整个开采块段的煤层；

（四）穿层钻孔预抽石门（含立、斜井等）揭煤区域煤层瓦斯区域防突措施应当在揭煤工作面距煤层的最小法向距离 7 m 以前实施（在构造破坏带应适当加大距离）。钻孔的最小控制范围是：石门和立井、斜井揭煤处巷道轮廓线外 12 m（急倾斜煤层底部或下帮 6 m），同时还应当保证控制范围的外边缘到巷道轮廓线（包括预计前方揭煤段巷道的轮廓线）的最小距离不小于 5 m，且当钻孔不能一次穿透煤层全厚时，应当保持煤孔最小超前距 15 m；

（五）顺层钻孔预抽煤巷条带煤层瓦斯区域防突措施的钻孔应控制的条带长度不小于 60 m，巷道两侧的控制范围与本条第（一）项中回采巷道外侧的要求相同；

（六）当煤巷掘进和回采工作面在预抽防突效果有效的区域内作业时，工作面距未预抽或者预抽防突效果无效范围的前方边界不得小于 20 m；

（七）厚煤层分层开采时，预抽钻孔应当控制开采的分层及其上部至少 20 m、下部至少 10 m（均为法向距离，且仅限于煤层部分）。

第五十条　预抽煤层瓦斯钻孔应当在整个预抽区域内均匀布置，钻孔间距应当根据实际考察的煤层有效抽放半径确定。

预抽瓦斯钻孔封堵必须严密。穿层钻孔的封孔段长度不得小于 5 m，顺层钻孔的封孔段长度不得小于 8 m。

应当做好每个钻孔施工参数的记录及抽采参数的测定。钻孔孔口抽采负压不得小于 13 kPa。预抽瓦斯浓度低于 30% 时，应当采取改进封孔的措施，以提高封孔质量。

第四节　区域措施效果检验

第五十一条　开采保护层的保护效果检验主要采用残余瓦斯压力、残余瓦斯含量、顶底板位移量及其他经试验（应符合本规定第四十二条要求的程序）证实有效的指标和方法，也可以结合煤层的透气性系数变化率等辅助指标。

当采用残余瓦斯压力、残余瓦斯含量检验时，应当根据实测的最大残余瓦斯压力或者最大残余瓦斯含量按本规定第四十三条第（三）项的方法对预计被保护区域的保护效果进行判断。若检验结果仍为突出危险区，保护效果为无效。

第五十二条　采用预抽煤层瓦斯区域防突措施时，应当以预抽区域的煤层残余瓦斯压力或者残余瓦斯含量为主要指标或其他经试验（应符合本规定第四十二条要求的程序）证实有效的指标和方法进行措施效果检验。其中，在采用残余瓦斯压力或者残余瓦斯含量指标对穿层钻孔、顺层钻孔预抽煤巷条带煤层瓦斯区域防突措施和穿层钻孔预抽石门（含立、斜井等）揭煤区域煤层瓦斯区域防突措施进行检验时，必须依据实际的直接测定值，其他方式的预抽煤层瓦斯区域防突措施可采用直接测定值或根据预抽前的瓦斯含量及抽、排瓦斯量等参数间接计算的残余瓦斯含量值。

对穿层钻孔预抽石门（含立、斜井等）揭煤区域煤层瓦斯区域防突措施也可以参照本规定第七十三条的方法采用钻屑瓦斯解吸指标进行措施效果检验。

检验期间还应当观察、记录在煤层中进行钻孔等作业时发生的喷孔、顶钻及其他突出预兆。

第五十三条　对预抽煤层瓦斯区域防突措施进行检验时，应当根据经试验考察（应符合本规定第四十二条要求的程序）确定的临界值进行评判。在确定前可以按照如下指标进行评判：可采用残余瓦斯压力指标进行检验，如果没有或者缺少残余瓦斯压力资料，也可根据残余瓦斯含量进行检验，并且煤层残余瓦斯压力小于 0.74 MPa 或残余瓦斯含量小于 8 m³/t 的预抽区域为无突出危险区，否则，即为突出危险区，预抽防突效果无效；也可以采用钻屑瓦斯解吸指标对穿层钻孔预抽石门（含立、斜井等）揭煤区域煤层瓦斯区域防突措施进行检验，如果所有实测的指标值均小于表 4 的临界值则为无突出危险区，否则，即为突出危险区，预抽防突效果无效。

但若检验期间在煤层中进行钻孔等作业时发现了喷孔、顶钻及其他明显突出预兆时，发生明显突出预兆的位置周围半径 100 m 内的预抽区域判定为措施无效，所在区域煤层仍属突出危险区。

当采用煤层残余瓦斯压力或残余瓦斯含量的直接测定值进行检验时，若任何一个检验测试点的指标测定值达到或超过了有突出危险的临界值而判定为预抽防突效果无效时，则此检验测试点周围半径 100 m 内的预抽区域均判定为预抽防突效果无效，即为突出危险区。

第五十四条　对预抽煤层瓦斯区域防突措施进行检验时，均应当首先分析、检查预抽区域内钻孔的分布等是否符合设计要求，不符合设计要求的，不予检验。

第五十五条　采用直接测定煤层残余瓦斯压力或残余瓦斯含量等参数进行预抽煤层瓦斯区域措施效果检验时，应当符合下列要求：

（一）对穿层钻孔或顺层钻孔预抽区段煤层瓦斯区域防突措施进行检验时若区段宽度（两侧回采巷道间距加回采巷道外侧控制范围）未超过 120 m，以及对预抽回采区域煤层瓦斯区域防突措施进行检验时若回采工作面长度未超过 120 m，则沿回采工作面推进方向每间隔 30～50 m 至少布置 1 个检验测试点；若预抽区段煤层瓦斯区域防突措施的区段宽度或预抽回采区域煤层瓦斯区域防突措施的回采工作面长度大于 120 m 时，则在回采工作面推进方向每间隔 30～50 m，至少沿工作面方向布置 2 个检验测试点。

当预抽区段煤层瓦斯的钻孔在回采区域和煤巷条带的布置方式或参数不同时，按照预抽回采区域煤层瓦斯区域防突措施和穿层钻孔预抽煤巷条带煤层瓦斯区域防突措施的检验要求分别进行检验；

（二）对穿层钻孔预抽煤巷条带煤层瓦斯区域防突措施进行检验时，在煤巷条带每间隔 30～50 m 至少布置 1 个检验测试点；

（三）对穿层钻孔预抽石门（含立、斜井等）揭煤区域煤层瓦斯区域防突措施进行检验时，至少布置 4 个检验测试点，分别位于要求预抽区域内的上部、中部和两侧，并且至少有 1 个检验测试点位于要求预抽区域内距边缘不大于 2 m 的范围；

（四）对顺层钻孔预抽煤巷条带煤层瓦斯区域防突措施进行检验时，在煤巷条带每间隔 20～30 m 至少布置 1 个检验测试点，且每个检验区域不得少于 3 个检验测试点；

（五）各检验测试点应布置于所在部位钻孔密度较小、孔间距较大、预抽时间较短的位置，并尽可能远离测试点周围的各预抽钻孔或尽可能与周围预抽钻孔保持等距离，且避开采掘巷道的排放范围和工作面的预抽超前距。在地质构造复杂区域适当增加检验测试点。

第五十六条　采用间接计算的残余瓦斯含量进行预抽煤层瓦斯区域措施效果检验时，应当符合下列要求：

（一）当预抽区域内钻孔的间距和预抽时间差别较大时，根据孔间距和预抽时间划分评价单元分别计算检验指标；

（二）若预抽钻孔控制边缘外侧为未采动煤体，在计算检验指标时根据不同煤层的透气性及钻孔在不同预抽时间的影响范围等情况，在钻孔控制范围边缘外适当扩大评价计算区域的煤层范围。但检验结果仅适用于预抽钻孔控制范围。

第五节 区域验证

第五十七条 在石门揭煤工作面对无突出危险区进行的区域验证，应当采用本规定第七十一条所列的石门揭煤工作面突出危险性预测方法进行。

在煤巷掘进工作面和回采工作面分别采用本规定第七十四条、第七十八条所列的工作面预测方法对无突出危险区进行区域验证时，应当按照下列要求进行：

（一）在工作面进入该区域时，立即连续进行至少两次区域验证；

（二）工作面每推进 10～50 m（在地质构造复杂区域或采取了预抽煤层瓦斯区域防突措施以及其他必要情况时宜取小值）至少进行两次区域验证；

（三）在构造破坏带连续进行区域验证；

（四）在煤巷掘进工作面还应当至少打 1 个超前距不小于 10 m 的超前钻孔或者采取超前物探措施，探测地质构造和观察突出预兆。

第五十八条 当区域验证为无突出危险时，应当采取安全防护措施后进行采掘作业。但若为采掘工作面在该区域进行的首次区域验证时，采掘前还应保留足够的突出预测超前距。

只要有一次区域验证为有突出危险或超前钻孔等发现了突出预兆，则该区域以后的采掘作业均应当执行局部综合防突措施。

第四章 局部综合防突措施

第一节 局部综合防突措施基本程序和要求

第五十九条 工作面突出危险性预测（以下简称工作面预测）是预测工作面煤体的突出危险性，包括石门和立井、斜井揭煤工作面、煤巷掘进工作面和采煤工作面的突出危险性预测等。工作面预测应当在工作面推进过程中进行。

采掘工作面经工作面预测后划分为突出危险工作面和无突出危险工作面。

未进行工作面预测的采掘工作面，应当视为突出危险工作面。

第六十条 突出危险工作面必须采取工作面防突措施，并进行措施效果检验。经检验证实措施有效后，即判定为无突出危险工作面；当措施无效时，仍为突出危险工作面，必须采取补充防突措施，并再次进行措施效果检验，直到措施有效。

无突出危险工作面必须在采取安全防护措施并保留足够的突出预测超前距或防突措施超前距的条件下进行采掘作业。

煤巷掘进和回采工作面应保留的最小预测超前距均为 2 m。

工作面应保留的最小防突措施超前距为：煤巷掘进工作面 5 m，回采工作面 3 m；在地质构造破坏严重地带应适当增加超前距，但煤巷掘进工作面不小于 7 m，回采工作面不小于 5 m。

每次工作面防突措施施工完成后，应当绘制工作面防突措施竣工图。

第六十一条　石门和立井、斜井揭穿突出煤层前，必须准确控制煤层层位，掌握煤层的赋存位置、形态。

在揭煤工作面掘进至距煤层最小法向距离 10 m 之前，应当至少打两个穿透煤层全厚且进入顶（底）板不小于 0.5 m 的前探取芯钻孔，并详细记录岩芯资料。当需要测定瓦斯压力时，前探钻孔可用作测定钻孔；若二者不能共用时，则测定钻孔应布置在该区域各钻孔见煤点间距最大的位置。

在地质构造复杂、岩石破碎的区域，揭煤工作面掘进至距煤层最小法向距离 20 m 之前必须布置一定数量的前探钻孔，以保证能确切掌握煤层厚度、倾角变化、地质构造和瓦斯情况。

也可用物探等手段探测煤层的层位、赋存形态和底（顶）板岩石致密性等情况。

第六十二条　石门和立井、斜井工作面从距突出煤层底（顶）板的最小法向距离 5 m 开始到穿过煤层进入顶（底）板 2 m（最小法向距离）的过程均属于揭煤作业。揭煤作业前应编制揭煤的专项防突设计，报煤矿企业技术负责人批准。

揭煤作业应当具有相应技术能力的专业队伍施工，并按照下列作业程序进行：

（一）探明揭煤工作面和煤层的相对位置；

（二）在与煤层保持适当距离的位置进行工作面预测（或区域验证）；

（三）工作面预测（或区域验证）有突出危险时，采取工作面防突措施；

（四）实施工作面措施效果检验；

（五）掘进至远距离爆破揭穿煤层前的工作面位置，采用工作面预测或措施效果检验的方法进行最后验证；

（六）采取安全防护措施并用远距离爆破揭开或穿过煤层；

（七）在岩石巷道与煤层连接处加强支护。

第六十三条　石门和立井、斜井揭煤工作面的突出危险性预测必须在距突出煤层最小法向距离 5 m（地质构造复杂、岩石破碎的区域，应适当加大法向距离）前进行。

在经工作面预测或措施效果检验为无突出危险工作面时，可掘进至远距离爆破揭穿煤层前的工作面位置，再采用工作面预测的方法进行最后验证。若经验证仍为无突出危险工作面时，则在采取安全防护措施的条件下采用远距离爆破揭穿煤层；否则，必须采取或补充工作面防突措施。

当工作面预测或措施效果检验为突出危险工作面时，必须采取或补充工作面防突措施，直到经措施效果检验为无突出危险工作面。

第六十四条　石门和立井、斜井工作面从掘进至距突出煤层的最小法向距离5 m开始，必须采用物探或钻探手段边探边掘，保证工作面到煤层的最小法向距离不小于远距离爆破揭开突出煤层前要求的最小距离。

采用远距离爆破揭开突出煤层时，要求石门、斜井揭煤工作面与煤层间的最小法向距离是：急倾斜煤层2 m，其他煤层1.5 m。要求立井揭煤工作面与煤层间的最小法向距离是：急倾斜煤层1.5 m，其他煤层2 m。如果岩石松软、破碎，还应适当增加法向距离。

第六十五条　在揭煤工作面用远距离爆破揭开突出煤层后，若未能一次揭穿至煤层顶（底）板，则仍应当按照远距离爆破的要求执行，直至完成揭煤作业全过程。

第六十六条　当石门或立井、斜井揭穿厚度小于0.3 m的突出煤层时，可直接用远距离爆破方式揭穿煤层。

第六十七条　突出煤层的每个煤巷掘进工作面和采煤工作面都应当编制工作面专项防突设计，报矿技术负责人批准。实施过程中当煤层赋存条件变化较大或巷道设计发生变化时，还应当作出补充或修改设计。

第六十八条　在实施局部综合防突措施的煤巷掘进工作面和回采工作面，若预测指标为无突出危险，则只有当上一循环的预测指标也是无突出危险时，方可确定为无突出危险工作面，并在采取安全防护措施、保留足够的预测超前距的条件下进行采掘作业；否则，仍要执行一次工作面防突措施和措施效果检验。

第二节　工作面突出危险性预测

第六十九条　对于各类工作面，除本规定载明应该或可以采用的工作面预测方法外，其他新方法的研究试验应当由具有突出危险性鉴定资质的单位进行；在试验前，应当由煤矿企业技术负责人批准。

应针对各煤层发生煤与瓦斯突出的特点和条件试验确定工作面预测的敏感指标和临界值，并作为判定工作面突出危险性的主要依据。试验应由具有突出危险性鉴定资质的单位进行，在试验前和应用前应当由煤矿企业技术负责人批准。

第七十条　在主要采用敏感指标进行工作面预测的同时，可以根据实际条件测定一些辅助指标（如瓦斯含量、工作面瓦斯涌出量动态变化、声发射、电磁辐射、钻屑温度、煤体温度等），采用物探、钻探等手段探测前方地质构造，观察分析工作面揭露的地质构造、采掘作业及钻孔等发生的各种现象，实现工作面突出危险性的多元信息综合预测和判断。

工作面地质构造、采掘作业及钻孔等发生的各种现象主要有以下方面：

（一）煤层的构造破坏带，包括断层、剧烈褶曲、火成岩侵入等；

（二）煤层赋存条件急剧变化；

（三）采掘应力叠加；

（四）工作面出现喷孔、顶钻等动力现象；

（五）工作面出现明显的突出预兆。

在突出煤层，当出现上述第（四）、（五）情况时，应判定为突出危险工作面；当有上述第（一）、（二）、（三）情况时，除已经实施了工作面防突措施的以外，应视为突出危险工作面并实施相关措施。

第七十一条　石门揭煤工作面的突出危险性预测应当选用综合指标法、钻屑瓦斯解吸指标法或其他经试验证实有效的方法进行。

立井、斜井揭煤工作面的突出危险性预测按照石门揭煤工作面的各项要求和方法执行。

第七十二条　采用综合指标法预测石门揭煤工作面突出危险性时，应当由工作面向煤层的适当位置至少打 3 个钻孔测定煤层瓦斯压力 P。近距离煤层群的层间距小于 5 m 或层间岩石破碎时，应当测定各煤层的综合瓦斯压力。

测压钻孔在每米煤孔采一个煤样测定煤的坚固性系数 f，把每个钻孔中坚固性系数最小的煤样混合后测定煤的瓦斯放散初速度 Δp，则此值及所有钻孔中测定的最小坚固性系数 f 值作为软分层煤的瓦斯放散初速度和坚固性系数参数值。综合指标 D、K 的计算公式为：

$$D=\left(\frac{0.0075H}{f}-3\right)\times(P-0.74) \tag{1}$$

$$K=\frac{\Delta p}{f} \tag{2}$$

式中，D——工作面突出危险性的 D 综合指标；

K——工作面突出危险性的 K 综合指标；

H——煤层埋藏深度，m；

P——煤层瓦斯压力，取各个测压钻孔实测瓦斯压力的最大值，MPa；

Δp——软分层煤的瓦斯放散初速度；

f——软分层煤的坚固性系数。

各煤层石门揭煤工作面突出预测综合指标 D，K 的临界值应根据试验考察确定，在确定前可暂按表 3 所列的临界值进行预测。

当测定的综合指标 D，K 都小于临界值，或者指标 K 小于临界值且式（1）中两括号内的计算值都为负值时，若未发现其他异常情况，该工作面即为无突出危险工作面；否则，判定为突出危险工作面。

表3 石门揭煤工作面突出危险性预测综合指标 _D_, _K_ 参考临界值

综合指标 _D_	综合指标 _K_	
	无烟煤	其他煤种
0.25	20	15

第七十三条 采用钻屑瓦斯解吸指标法预测石门揭煤工作面突出危险性时，由工作面向煤层的适当位置至少打3个钻孔，在钻孔钻进到煤层时每钻进1 m采集一次孔口排出的粒径1~3 mm的煤钻屑，测定其瓦斯解吸指标 K_1 或 Δh_2 值。测定时，应考虑不同钻进工艺条件下的排渣速度。

各煤层石门揭煤工作面钻屑瓦斯解吸指标的临界值应根据试验考察确定，在确定前可暂按表4中所列的指标临界值预测突出危险性。

表4 钻屑瓦斯解吸指标法预测石门揭煤工作面突出危险性的参考临界值

煤样	Δh_2 指标临界值/Pa	K_1 指标临界值（mL·g⁻¹·min¹ᐟ²）
干煤样	200	0.5
湿煤样	160	0.4

如果所有实测的指标值均小于临界值，并且未发现其他异常情况，则该工作面为无突出危险工作面；否则，为突出危险工作面。

第七十四条 可采用下列方法预测煤巷掘进工作面的突出危险性：

（一）钻屑指标法；

（二）复合指标法；

（三）_R_ 值指标法；

（四）其他经试验证实有效的方法。

第七十五条 采用钻屑指标法预测煤巷掘进工作面突出危险性时，在近水平、缓倾斜煤层工作面应向前方煤体至少施工3个、在倾斜或急倾斜煤层至少施工2个直径42 mm、孔深8~10 m的钻孔，测定钻屑瓦斯解吸指标和钻屑量。

钻孔应尽可能布置在软分层中，一个钻孔位于掘进巷道断面中部，并平行于掘进方向，其他钻孔的终孔点应位于巷道断面两侧轮廓线外2~4 m处。

钻孔每钻进1 m测定该1 m段的全部钻屑量 S，每钻进2 m至少测定一次钻屑瓦斯解吸指标 K_1 或 Δh_2 值。

各煤层采用钻屑指标法预测煤巷掘进工作面突出危险性的指标临界值应根据试验考察确定，在确定前可暂按表5的临界值确定工作面的突出危险性。

表 5　钻屑指标法预测煤巷掘进工作面突出危险性的参考临界值

钻屑瓦斯解吸指标 Δh_2 /Pa	钻屑瓦斯解吸指标 K_1 / (mL·g^{-1}·min$^{1/2}$)	钻屑量 S	
		kg·m^{-1}	L·m^{-1}
200	0.5	6	5.4

如果实测得到的 S，K_1 或 Δh_2 的所有测定值均小于临界值，并且未发现其他异常情况，则该工作面预测为无突出危险工作面；否则，为突出危险工作面。

第七十六条　采用复合指标法预测煤巷掘进工作面突出危险性时，在近水平、缓倾斜煤层工作面应当向前方煤体至少施工 3 个、在倾斜或急倾斜煤层至少施工 2 个直径 42 mm、孔深 8～10 m 的钻孔，测定钻孔瓦斯涌出初速度和钻屑量指标。

钻孔应当尽量布置在软分层中，一个钻孔位于掘进巷道断面中部，并平行于掘进方向，其他钻孔开孔口靠近巷道两帮 0.5 m 处，终孔点应位于巷道断面两侧轮廓线外 2～4 m 处。

钻孔每钻进 1 m 测定该 1 m 段的全部钻屑量 S，并在暂停钻进后 2 min 内测定钻孔瓦斯涌出初速度 q。测定钻孔瓦斯涌出初速度时，测量室的长度为 1.0 m。

各煤层采用复合指标法预测煤巷掘进工作面突出危险性的指标临界值应根据试验考察确定，在确定前可暂按表 6 的临界值进行预测。

如果实测得到的指标 q，S 的所有测定值均小于临界值，并且未发现其他异常情况，则该工作面预测为无突出危险工作面；否则，为突出危险工作面。

表 6　复合指标法预测煤巷掘进工作面突出危险性的参考临界值

钻孔瓦斯涌出初速度 q / (L·min^{-1})	钻屑量 S	
	kg·m^{-1}	L·m^{-1}
5	6	5.4

第七十七条　采用 R 值指标法预测煤巷掘进工作面突出危险性时，在近水平、缓倾斜煤层工作面应向前方煤体至少施工 3 个、在倾斜或急倾斜煤层至少施工 2 个直径 42 mm、孔深 8～10 m 的钻孔，测定钻孔瓦斯涌出初速度和钻屑量指标。

钻孔应当尽可能布置在软分层中，一个钻孔位于掘进巷道断面中部，并平行于掘进方向，其他钻孔的终孔点应位于巷道断面两侧轮廓线外 2～4 m 处。

钻孔每钻进 1 m 收集并测定该 1 m 段的全部钻屑量 S，并在暂停钻进后 2 min内测定钻孔瓦斯涌出初速度 q。测定钻孔瓦斯涌出初速度时，测量室的长度为 1.0 m。

根据每个钻孔的最大钻屑量 S_{max} 和最大钻孔瓦斯涌出初速度 q_{max} 按式（3）计算各孔的 R 值：

$$R=(S_{max}-1.8)(q_{max}-4) \tag{3}$$

式中，S_{max}——每个钻孔沿孔长的最大钻屑量，L/m；

q_{max}——每个钻孔的最大钻孔瓦斯涌出初速度，L/min。

判定各煤层煤巷掘进工作面突出危险性的临界值应根据试验考察确定，在确定前可暂按以下指标进行预测：

当所有钻孔的 R 值有 $R<6$ 且未发现其他异常情况时，该工作面可预测为无突出危险工作面；否则，判定为突出危险工作面。

第七十八条　对采煤工作面的突出危险性预测，可参照本规定第七十四条所列的煤巷掘进工作面预测方法进行。但应沿采煤工作面每隔 10～15 m 布置一个预测钻孔，深度 5～10 m，除此之外的各项操作等均与煤巷掘进工作面突出危险性预测相同。

判定采煤工作面突出危险性的各指标临界值应根据试验考察确定，在确定前可参照煤巷掘进工作面突出危险性预测的临界值。

第三节　工作面防突措施

第七十九条　工作面防突措施是针对经工作面预测尚有突出危险的局部煤层实施的防突措施。其有效作用范围一般仅限于当前工作面周围的较小区域。

第八十条　石门和立井、斜井揭穿突出煤层的专项防突设计至少应当包括下列主要内容：

（一）石门和立井、斜井揭煤区域煤层、瓦斯、地质构造及巷道布置的基本情况；

（二）建立安全可靠的独立通风系统及加强控制通风风流设施的措施；

（三）控制突出煤层层位、准确确定安全岩柱厚度的措施，测定煤层瓦斯压力的钻孔等工程布置、实施方案；

（四）揭煤工作面突出危险性预测及防突措施效果检验的方法、指标，预测及检验钻孔布置等；

（五）工作面防突措施；

（六）安全防护措施及组织管理措施；

（七）加强过煤层段巷道的支护及其他措施。

第八十一条　石门揭煤工作面的防突措施包括预抽瓦斯、排放钻孔、水力冲孔、金属骨架、煤体固化或其他经试验证明有效的措施。

立井揭煤工作面可以选用前款规定中除水力冲孔以外的各项措施。

金属骨架、煤体固化措施，应当在采用了其他防突措施并检验有效后方可在揭开煤层前实施。斜井揭煤工作面的防突措施应当参考石门揭煤工作面防突措施进行。

对所实施的防突措施都必须进行实际考察，得出符合本矿井实际条件的有关参数。

根据工作面岩层情况，实施工作面防突措施时要求揭煤工作面与突出煤层间的最小法向距离为：预抽瓦斯、排放钻孔及水力冲孔均为 5 m，金属骨架、煤体固化措施为 2 m。当井巷断面较大、岩石破碎程度较高时，还应适当加大距离。

第八十二条　在石门和立井揭煤工作面采用预抽瓦斯、排放钻孔防突措施时，钻孔直径一般为 75～120 mm。石门揭煤工作面钻孔的控制范围是：石门的两侧和上部轮廓线外至少 5 m，下部至少 3 m。立井揭煤工作面钻孔控制范围是：近水平、缓倾斜、倾斜煤层为井筒四周轮廓线外至少 5 m；急倾斜煤层沿走向两侧及沿倾斜上部轮廓线外至少 5 m，下部轮廓线外至少 3 m。钻孔的孔底间距应根据实际考察情况确定。

揭煤工作面施工的钻孔应当尽可能穿透煤层全厚。当不能一次打穿煤层全厚时，可分段施工，但第一次实施的钻孔穿煤长度不得小于 15 m，且进入煤层掘进时，必须至少留有 5 m 的超前距离（掘进到煤层顶或底板时不在此限）。

预抽瓦斯和排放钻孔在揭穿煤层之前应当保持自然排放或抽采状态。

第八十三条　水力冲孔措施一般适用于打钻时具有自喷（喷煤、喷瓦斯）现象的煤层。石门揭煤工作面采用水力冲孔防突措施时，钻孔应至少控制自揭煤巷道至轮廓线外 3～5 m 的煤层，冲孔顺序为先冲对角孔，后冲边上孔，最后冲中间孔。水压视煤层的软硬程度而定。石门全断面冲出的总煤量（t）数值不得小于煤层厚度（m）乘以 20。若有钻孔冲出的煤量较少时，应在该孔周围补孔。

第八十四条　石门和立井揭煤工作面金属骨架措施一般在石门上部和两侧或立井周边外 0.5～1.0 m 范围内布置骨架孔。骨架钻孔应穿过煤层并进入煤层顶（底）板至少 0.5 m，当钻孔不能一次施工至煤层顶板时，则进入煤层的深度不应小于 15 m。钻孔间距一般不大于 0.3 m，对于松软煤层要架两排金属骨架，钻孔间距应小于 0.2 m。骨架材料可选用 8 kg/m 的钢轨、型钢或直径不小于 50 mm 钢管，其伸出孔外端用金属框架支撑或砌入碹内。插入骨架材料后，应向孔内灌注水泥砂浆等不燃性固化材料。

揭开煤层后，严禁拆除金属骨架。

第八十五条　石门和立井揭煤工作面煤体固化措施适用于松软煤层，用以增加工作面周围煤体的强度。向煤体注入固化材料的钻孔应施工至煤层顶板 0.5 m 以上，一般钻孔间距不大于 0.5 m，钻孔位于巷道轮廓线外 0.5～2.0 m 的范围内，根据需要也可在巷道轮廓线外布置多排环状钻孔。当钻孔不能一次施工至煤层顶板时，则进入煤层的深度不应小于 10 m。

各钻孔应当在孔口封堵牢固后方可向孔内注入固化材料。可以根据注入压力升高的情况或注入量决定是否停止注入。

固化操作时，所有人员不得正对孔口。

在巷道四周环状固化钻孔外侧的煤体中，预抽或排放瓦斯钻孔自固化作业到完成揭煤前应保持抽采或自然排放状态，否则，应打一定数量的排放瓦斯钻孔。从固化完成到揭煤结束的时间超过 5 天时，必须重新进行工作面突出危险性预测或措施效果检验。

第八十六条 煤巷掘进和采煤工作面的专项防突设计应当至少包括下列内容：

（一）煤层、瓦斯、地质构造及邻近区域巷道布置的基本情况；

（二）建立安全可靠的独立通风系统及加强控制通风风流设施的措施；

（三）工作面突出危险性预测及防突措施效果检验的方法、指标以及预测、效果检验钻孔布置等；

（四）防突措施的选取及施工设计；

（五）安全防护措施；

（六）组织管理措施。

矿井各煤层采用的煤巷掘进工作面和采煤工作面各种局部防突措施的效果和参数等都要经实际考察确定。

第八十七条 有突出危险的煤巷掘进工作面应当优先选用超前钻孔（包括超前预抽瓦斯钻孔、超前排放钻孔）防突措施。如果采用松动爆破、水力冲孔、水力疏松或其他工作面防突措施时，必须经试验考察确认防突效果有效后方可使用。前探支架措施应当配合其他措施一起使用。

下山掘进时，不得选用水力冲孔、水力疏松措施。倾角 8°以上的上山掘进工作面不得选用松动爆破、水力冲孔、水力疏松措施。

第八十八条 煤巷掘进工作面在地质构造破坏带或煤层赋存条件急剧变化处不能按原措施设计要求实施时，必须打钻孔查明煤层赋存条件，然后采用直径为 42～75 mm 的钻孔排放瓦斯。

若突出煤层煤巷掘进工作面前方遇到落差超过煤层厚度的断层，应按石门揭煤的措施执行。

第八十九条 煤巷掘进工作面采用超前钻孔作为工作面防突措施时，应当符合下列要求：

（一）巷道两侧轮廓线外钻孔的最小控制范围：近水平、缓倾斜煤层 5 m，倾斜、急倾斜煤层上帮 7 m、下帮 3 m。当煤层厚度大于巷道高度时，在垂直煤层方向上的巷道上部煤层控制范围不小于 7 m，巷道下部煤层控制范围不小于 3 m；

（二）钻孔在控制范围内应当均匀布置，在煤层的软分层中可适当增加钻孔数。预抽钻孔或超前排放钻孔的孔数、孔底间距等应当根据钻孔的有效抽放或排放半径确定；

（三）钻孔直径应当根据煤层赋存条件、地质构造和瓦斯情况确定，一般为 75～120 mm，地质条件变化剧烈地带也可采用直径 42～75 mm 的钻孔。若钻孔直径超过 120 mm 时，必须采用专门的钻进设备和制定专门的施工安全措施；

（四）煤层赋存状态发生变化时，及时探明情况，再重新确定超前钻孔的参数；

（五）钻孔施工前，加强工作面支护，打好迎面支架，背好工作面煤壁。

第九十条 煤巷掘进工作面采用松动爆破防突措施时，应当符合下列要求：

（一）松动爆破钻孔的孔径一般为 42 mm，孔深不得小于 8 m。松动爆破应至少控制到巷道轮廓线外 3 m 的范围。孔数根据松动爆破的有效影响半径确定。松动爆破的有效影响半径通过实测确定；

（二）松动爆破孔的装药长度为孔长减去 5.5～6 m；

（三）松动爆破按远距离爆破的要求执行。

第九十一条 煤巷掘进工作面水力冲孔措施应当符合下列要求：

（一）在厚度不超过 4 m 的突出煤层，按扇形布置至少 5 个孔，在地质构造破坏带或煤层较厚时，适当增加孔数。孔底间距控制在 3 m 左右，孔深通常为 20～25 m，冲孔钻孔超前掘进工作面的距离不得小于 5 m。冲孔孔道沿软分层前进；

（二）冲孔前，掘进工作面必须架设迎面支架，并用木板和立柱背紧背牢，对冲孔地点的巷道支架必须检查和加固。冲孔后或暂停冲孔时，退出钻杆，并将导管内的煤冲洗出来，以防止煤、水、瓦斯突然喷出伤人。

第九十二条 煤巷掘进工作面水力疏松措施应当符合下列要求：

（一）沿工作面间隔一定距离打浅孔，钻孔与工作面推进方向一致，然后利用封孔器封孔，向钻孔内注入高压水。注水参数应根据煤层性质合理选择。如未实测确定，可参考如下参数：钻孔间距 4.0 m，孔径 42～50 mm，孔长 6.0～10 m，封孔 2～4 m，注水压力 13～15 MPa，注水时以煤壁已出水或注水压力下降 30% 后方可停止注水；

（二）水力疏松后的允许推进度，一般不宜超过封孔深度，其孔间距不超过注水有效半径的两倍；

（三）单孔注水时间不低于 9 min。若提前漏水，则在邻近钻孔 2.0 m 左右处补打注水钻孔。

第九十三条　前探支架可用于松软煤层的平巷工作面。一般是向工作面前方打钻孔，孔内插入钢管或钢轨，其长度可按两次掘进循环的长度再加 0.5 m，每掘进一次打一排钻孔，形成两排钻孔交替前进，钻孔间距为 0.2～0.3 m。

第九十四条　采煤工作面可采用的工作面防突措施有超前排放钻孔、预抽瓦斯、松动爆破、注水湿润煤体或其他经试验证实有效的防突措施。

第九十五条　采煤工作面采用超前排放钻孔和预抽瓦斯作为工作面防突措施时，钻孔直径一般为 75～120 mm，钻孔在控制范围内应当均匀布置，在煤层的软分层中可适当增加钻孔数；超前排放钻孔和预抽钻孔的孔数、孔底间距等应当根据钻孔的有效排放或抽放半径确定。

第九十六条　采煤工作面的松动爆破防突措施适用于煤质较硬、围岩稳定性较好的煤层。松动爆破孔间距根据实际情况确定，一般 2～3 m，孔深不小于 5 m，炮泥封孔长度不得小于 1 m。应当适当控制装药量，以免孔口煤壁垮塌。

松动爆破时，应当按远距离爆破的要求执行。

第九十七条　采煤工作面浅孔注水湿润煤体措施可用于煤质较硬的突出煤层。注水孔间距根据实际情况确定，孔深不小于 4 m，向煤体注水压力不得低于 8 MPa。当发现水由煤壁或相邻注水钻孔中流出时，即可停止注水。

第四节　工作面措施效果检验

第九十八条　在实施钻孔法防突措施效果检验时，分布在工作面各部位的检验钻孔应当布置于所在部位防突措施钻孔密度相对较小、孔间距相对较大的位置，并远离周围的各防突措施钻孔或尽可能与周围各防突措施钻孔保持等距离。在地质构造复杂地带应根据情况适当增加检验钻孔。

工作面防突措施效果检验必须包括以下两部分内容：

（一）检查所实施的工作面防突措施是否达到了设计要求和满足有关的规章、标准等，并了解、收集工作面及实施措施的相关情况、突出预兆等（包括喷孔、卡钻等），作为措施效果检验报告的内容之一，用于综合分析、判断；

（二）各检验指标的测定情况及主要数据。

第九十九条　对石门和其他揭煤工作面进行防突措施效果检验时，应当选择本规定第七十一条所列的钻屑瓦斯解吸指标法或其他经试验证实有效的方法，但所有用钻孔方式检验的方法中检验孔数均不得少于 5 个，分别位于石门的上部、中部、下部和两侧。

如检验结果的各项指标都在该煤层突出危险临界值以下，且未发现其他异常情况，则措施有效；反之，判定为措施无效。

第一百条　煤巷掘进工作面执行防突措施后，应当选择本规定第七十四条所列的方法进行措施效果检验。

检验孔应当不少于 3 个，深度应当小于或等于防突措施钻孔。

如果煤巷掘进工作面措施效果检验指标均小于指标临界值，且未发现其他异常情况，则措施有效；否则，判定为措施无效。

当检验结果措施有效时，若检验孔与防突措施钻孔向巷道掘进方向的投影长度（简称投影孔深）相等，则可在留足防突措施超前距（见本规定第六十条）并采取安全防护措施的条件下掘进。当检验孔的投影孔深小于防突措施钻孔时，则应当在留足所需的防突措施超前距并同时保留有至少 2 m 检验孔投影孔深超前距的条件下，采取安全防护措施后实施掘进作业。

第一百零一条 对采煤工作面防突措施效果的检验应当参照采煤工作面突出危险性预测的方法和指标实施。但应当沿采煤工作面每隔 10～15 m 布置一个检验钻孔，深度应当小于或等于防突措施钻孔。

如果采煤工作面检验指标均小于指标临界值，且未发现其他异常情况，则措施有效；否则，判定为措施无效。

当检验结果措施有效时，若检验孔与防突措施钻孔深度相等，则可在留足防突措施超前距（见本规定第六十条）并采取安全防护措施的条件下回采。当检验孔的深度小于防突措施钻孔时，则应当在留足所需的防突措施超前距并同时保留有 2 m 检验孔超前距的条件下，采取安全防护措施后实施回采作业。

第五节 安全防护措施

第一百零二条 有突出煤层的采区必须设置采区避难所。避难所的位置应当根据实际情况确定。

避难所应当符合下列要求：

（一）避难所设置向外开启的隔离门，隔离门设置标准按照反向风门标准安设。室内净高不得低于 2 m，深度满足扩散通风的要求，长度和宽度应根据可能同时避难的人数确定，但至少能满足 15 人避难，且每人使用面积不得少于 0.5 m²。避难所内支护保持良好，并设有与矿（井）调度室直通的电话；

（二）避难所内放置足量的饮用水、安设供给空气的设施，每人供风量不得少于 0.3 m³/min。如果用压缩空气供风时，设有减压装置和带有阀门控制的呼吸嘴；

（三）避难所内应根据设计的最多避难人数配备足够数量的隔离式自救器。

第一百零三条 在突出煤层的石门揭煤和煤巷掘进工作面进风侧，必须设置至少 2 道牢固可靠的反向风门。风门之间的距离不得小于 4 m。

反向风门距工作面的距离和反向风门的组数，应当根据掘进工作面的通风系统和预计的突出强度确定，但反向风门距工作面回风巷不得小于 10 m，与工作面的最近距离一般不得小于 70 m，如小于 70 m 时应设置至少三道反向风门。

反向风门墙垛可用砖、料石或混凝土砌筑，嵌入巷道周边岩石的深度可根据岩石的性质确定，但不得小于 0.2 m；墙垛厚度不得小于 0.8 m。在煤巷构筑反向风门时，风门墙体四周必须掏槽，掏槽深度见硬帮硬底后再进入实体煤不小于 0.5 m。通过反向风门墙垛的风筒、水沟、刮板输送机道等，必须设有逆向隔断装置。

人员进入工作面时必须把反向风门打开、顶牢。工作面放炮和无人时，反向风门必须关闭。

第一百零四条 为降低放炮诱发突出的强度，可根据情况在炮掘工作面安设挡栏。挡栏可以用金属、矸石或木垛等构成。金属挡栏一般是由槽钢排列成的方格框架，框架中槽钢的间隔为 0.4 m，槽钢彼此用卡环固定，使用时在迎工作面的框架上再铺上金属网，然后用木支柱将框架撑成 45°的斜面。一组挡栏通常由两架组成，间距为 6~8 m。可根据预计的突出强度在设计中确定挡栏距工作面的距离。

第一百零五条 井巷揭穿突出煤层和突出煤层的炮掘、炮采工作面必须采取远距离爆破安全防护措施。

石门揭煤采用远距离爆破时，必须制定包括放炮地点、避灾路线及停电、撤人和警戒范围等的专项措施。

在矿井尚未构成全风压通风的建井初期，在石门揭穿有突出危险煤层的全部作业过程中，与此石门有关的其他工作面必须停止工作。在实施揭穿突出煤层的远距离爆破时，井下全部人员必须撤至地面，井下必须全部断电，立井口附近地面 20 m 范围内或斜井口前方 50 m、两侧 20 m 范围内严禁有任何火源。

煤巷掘进工作面采用远距离爆破时，放炮地点必须设在进风侧反向风门之外的全风压通风的新鲜风流中或避难所内，放炮地点距工作面的距离由矿技术负责人根据曾经发生的最大突出强度等具体情况确定，但不得小于 300 m；采煤工作面放炮地点到工作面的距离由矿技术负责人根据具体情况确定，但不得小于 100 m。

远距离爆破时，回风系统必须停电、撤人。放炮后进入工作面检查的时间由矿技术负责人根据情况确定，但不得少于 30 min。

第一百零六条 突出煤层的采掘工作面应设置工作面避难所或压风自救系统。应根据具体情况设置其中之一或混合设置，但掘进距离超过 500 m 的巷道内必须设置工作面避难所。

工作面避难所应当设在采掘工作面附近和爆破工操纵放炮的地点。根据具体条件确定避难所的数量及其距采掘工作面的距离。工作面避难所应当能够满足工作面最多作业人数时的避难要求，其他要求与采区避难所相同。

压风自救系统应当达到下列要求：

（一）压风自救装置安装在掘进工作面巷道和回采工作面巷道内的压缩空气管道上；

（二）在以下每个地点都应至少设置一组压风自救装置：距采掘工作面 25～40 m 的巷道内、放炮地点、撤离人员与警戒人员所在的位置以及回风道有人作业处等。在长距离的掘进巷道中，应根据实际情况增加设置；

（三）每组压风自救装置应可供 5～8 个人使用，平均每人的压缩空气供给量不得少于 0.1 m³/min。

第五章　防治岩石与二氧化碳（瓦斯）突出措施

第一百零七条　在矿井范围内发生过突出的岩层即为岩石与二氧化碳（瓦斯）突出岩层（以下简称突出岩层）。

在开拓、生产范围内有突出岩层的矿井即为岩石与二氧化碳（瓦斯）突出矿井（以下简称岩石突出矿井）。

煤矿企业应当对岩石突出矿井、突出岩层分别参照本规定对于突出矿井、突出煤层管理的各项要求，专门制定满足安全生产需要的管理措施，报省级煤炭行业管理部门审批，并报省级煤矿安全监察机构备案。

第一百零八条　在突出岩层内掘进巷道或揭穿该岩层时，必须采取工作面突出危险性预测、工作面防治岩石突出措施、工作面防突措施效果检验、安全防护措施的局部综合防突措施。

当预测有突出危险时，必须采取防治岩石突出措施。只有经措施效果检验证实措施有效后，方可在采取安全防护措施的情况下进行掘进作业。

岩石与二氧化碳（瓦斯）突出危险性预测可以采用岩芯法或突出预兆法。措施效果检验应采用岩芯法。

安全防护措施应当按照防治煤与瓦斯突出的安全防护措施实施。

第一百零九条　采用岩芯法预测工作面岩石与二氧化碳（瓦斯）突出危险性时，在工作面前方岩体内打直径 50～70 mm、长度不小于 10 m 的钻孔，取出全部岩芯，并从孔深 2 m 处起记录岩芯中的圆片数。

工作面突出危险性的判定方法为：

（一）当取出的岩芯中大部分长度在 150 mm 以上，且有裂缝围绕，个别为小圆柱体或圆片时，预测为一般突出危险地带；

（二）取出的 1 m 长的岩芯内，部分岩芯出现 20～30 个圆片，其余岩芯为长 50～100 mm 的圆柱体并有环状裂隙时，预测为中等突出危险地带；

（三）当 1 m 长的岩芯内具有 20～40 个凸凹状圆片时，预测为严重突出危险地带；

（四）岩芯中没有圆片和岩芯表面上没有环状裂缝时，预测为无突出危险地带。

第一百一十条 采用突出预兆法预测工作面岩石与二氧化碳（瓦斯）突出危险性时，具有下列情况之一的，确定为岩石与二氧化碳（瓦斯）突出危险工作面：

（一）岩石呈薄片状或松软碎屑状的；

（二）工作面爆破后，进尺超过炮眼深度的；

（三）有明显的火成岩侵入或工作面二氧化碳（瓦斯）涌出量明显增大的。

第一百一十一条 在岩石与二氧化碳（瓦斯）突出危险的岩层中掘进巷道时，可以采取钻眼爆破工程参数优化、超前钻孔、松动爆破、开卸压槽及在工作面附近设置挡栏等防治岩石与二氧化碳（瓦斯）突出措施。

采取上述措施的，应当符合下列要求：

（一）在一般或中等程度突出危险地带，可以采用浅孔爆破措施或远距离多段放炮法，以减少对岩体的震动强度、降低突出频率和强度。远距离多段放炮法的作法是，先在工作面打 6 个掏槽眼、6 个辅助眼，呈椭圆形布置，使爆破后形成椭圆形超前孔洞，然后爆破周边炮眼，其炮眼距超前孔洞周边应大于 0.6 m，孔洞超前距不小于 2 m；

（二）在严重突出危险地带，可以采用超前钻孔和松动爆破措施。超前钻孔直径不小于 75 mm，孔数根据巷道断面大小、突出危险岩层赋存及单个排放钻孔有效作用半径考察确定，但不得少于 3 个，孔深应大于 40 m，钻孔超前工作面的安全距离不得小于 5 m。

深孔松动爆破孔径一般 60～75 mm，孔长 15～25 m，封孔深度不小于 5 m，孔数 4～5 个，其中爆破孔 1～2 个，其他孔不装药，以提高松动效果。

第六章 罚 则

第一百一十二条 煤矿企业违反本规定第七条规定的，责令停止施工或停产整顿，处 150 万元以上 200 万元以下的罚款，对煤矿企业负责人处 10 万元以上 15 万元以下的罚款。

第一百一十三条 煤矿企业违反本规定第十条、第十一条、第十八条规定的，责令停止施工或停产整顿，处 100 万元以上 150 万元以下的罚款，提出限期改正的要求；对煤矿企业负责人处 9 万元以上 12 万元以下的罚款。逾期仍未改正的，提请地方人民政府予以关闭。

第一百一十四条 煤矿企业违反本规定第十四条第一款和第二款、第十五条、第十七条、第二十七条第二款、第二十八条、第二十九条规定的，责令限期改正，处 5 万元以上 10 万元以下的罚款；逾期未改正的，责令停止施工或停产整顿。

第一百一十五条 煤矿企业违反本规定第十六条、第十九条、第二十一条、第二十二条第一款和第二款规定的，责令限期改正，处 50 万元以上 100 万元以下的罚款；逾期未改正的，责令停止施工或停产整顿。

第一百一十六条 煤矿企业违反本规定第十四条第三款、第二十四条第一款规定，仍然进行生产的，责令停产整顿，处 150 万元以上 200 万元以下的罚款；对煤矿企业负责人处 10 万元以上 15 万元以下的罚款。

第一百一十七条 煤矿企业违反本规定第二十二条第三款、第二十四条第二款、第二十五条规定的，责令限期改正，处 3 万元以上 5 万元以下的罚款；逾期未改正的，责令停止施工或停产整顿。

第一百一十八条 煤矿企业违反本规定第二十三条规定，仍然进行生产的，责令停产整顿，处 50 万元以上 100 万元以下的罚款；对煤矿企业负责人处 5 万元以上 10 万元以下的罚款。

第一百一十九条 煤矿企业违反本规定第二十六条、第二十七条第一款、第三十二条规定的，责令限期改正，处 3 万元以上 5 万元以下的罚款；逾期未改正的，暂扣安全生产许可证。

第一百二十条 煤矿企业违反本规定第三十条规定的，责令限期改正，处 2 万元以下的罚款；逾期未改正的，责令停止施工或停产整顿。

第一百二十一条 煤矿企业未按本规定要求落实区域和局部综合防突措施，或防突措施不达标，仍然组织生产的，责令停产整顿，处 100 万元以上 200 万元以下的罚款，提出限期改正的要求，逾期仍不改正的，提请地方人民政府予以关闭。

第一百二十二条 评估或鉴定机构弄虚作假，提供虚假评估或鉴定结论的，由鉴定机构资质管理部门取消鉴定资质；由于提供虚假鉴定结论造成生产安全事故的，对相关责任人员依法给予处分或者移交司法机关追究刑事责任。

第一百二十三条 煤矿企业违反本规定造成事故的，由煤矿安全监察机构按照事故调查处理的有关规定组织调查处理，并依法给予行政处罚。

第七章 附 则

第一百二十四条 本规定自 2009 年 7 月 1 日起施行，原煤炭工业部 1995 年发布的《防治煤与瓦斯突出细则》同时废止。

附录 A：煤与瓦斯突出矿井基本情况调查表

___省___市（县）企业名称___ ___矿___井 填表日期___年___月___日

矿井设计能力/t		首次突出	时间							
矿井实际生产能力/t			地点及标高/m							
开拓方式			距地表垂深/m							
矿井可采煤层层数		突出次数	各类坑道中突出次数							
矿井可采煤层储量/t			总计	石门	平巷	上山	下山	回采	其他	
突出煤层可采储量/t										
突出煤层及围岩特征	名 称	突出最大强度	煤（岩）量/t						采取何种防突措施及其效果	
	厚度/m		突出瓦斯量/m³							
	倾角/（°）	千吨以上突出次数								
	煤 质	其中	石 门							
	软煤的坚固性系数 f		平 巷							
	顶板岩性		上 山							
	底板岩性		下 山							
保护层	类 型		回 采							
	煤层名称		其 他							
	厚度/m	目前正在进行的防治突出的研究课题					主攻方向			
	距危险层最大距离/m									
瓦斯压力	最高压力/MPa						进展情况			
	测压地点距地表垂深/m						人员及参加单位			
煤层瓦斯含量/(m³·t⁻¹)		备 注								
矿井瓦斯涌出量/(m³·min⁻¹)										
有无抽采系统及抽采方式										

煤矿企业负责人： 煤矿企业技术负责人： 防突机构负责人： 填表人：

附录 B：煤与瓦斯突出记录卡片

编号_____ _____省（区、市） 企业名称_____ _____矿_____井

突出日期	年 月 日 时		地点		孔洞形状轴线与水平面之夹角		
标高	巷道类型	突出类型		距地表垂深/m	喷出煤量和岩石量		
突出地点通风系统示意图（注距离尺寸）		突出处煤层剖面图（注比例尺）煤层顶底板岩层柱状图			煤喷出距离和堆积坡度		
煤层特征	名称	倾角/（°）	邻近层开采情况	上部	喷出煤的粒度和分选情况		
	厚度/m	硬度		下部			
地质构造的叙述（断层、褶曲、厚度、倾角及其变化）					突出地点附近围岩和煤层破碎情况		
					动力效应		
支护形式		棚间距离/m			突出前瓦斯压力和突出后瓦斯涌出情况		
控顶距离/m		有效风量/（m³·min⁻¹）					
正常瓦斯浓度/%		绝对瓦斯量/（m³·min⁻¹）			其他		
突出前作业和使用工具					突出孔洞及煤堆积情况（注比例尺）		
突出前所采取的措施（附图）					现场见证人（姓名、职务）		
					伤亡情况		
突出预兆					主要经验教训		
突出前及突出当时发生过程的描述				填表人	矿防突机构负责人	矿技术负责人	矿　长

发生动力现象后的主要特征

附录 C：矿井煤与瓦斯突出汇总表

_____煤矿　　　　　填表日期　　　　年　　　月　　　日

编号	时间	地点	巷道类型	标高/m	层别	厚度/m	角度/(°)	地质构造	未采	已采但遗留煤柱	突出前作业及工具	预防措施	煤体内声响	煤体硬度变化	煤光泽变化	煤层层理变化	掉渣及煤面外移	支架压力增加	瓦斯忽大忽小	打钻夹钻喷煤	抛出煤量/t	抛出距离/m	堆积坡度/(°)	有无分选	突出瓦斯量/m³
					煤层				邻近层开采情况				预兆								突出情况				

煤矿企业负责人：　　　　煤矿企业技术负责人：　　　　防突机构负责人：　　　　填表人：

附录 D: 保护层保护范围的确定

D.1 沿倾斜方向的保护范围

保护层工作面沿倾斜方向的保护范围应根据卸压角 δ 划定,如图 D.1 所示。在没有本矿井实测的卸压角时,可参考表 D.1 的数据。

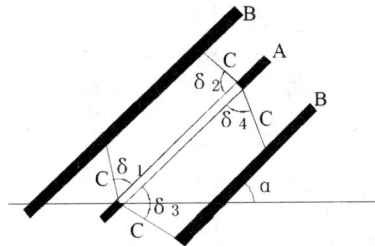

A—保护层;B—被保护层;C—保护范围边界线

图 D.1　保护层工作面沿倾斜方向的保护范围

表 D.1　保护层沿倾斜方向的卸压角

煤层倾角 $\alpha/(°)$	卸 压 角 $\delta/(°)$			
	δ_1	δ_2	δ_3	δ_4
0	80	80	75	75
10	77	83	75	75
20	73	87	75	75
30	69	90	77	70
40	65	90	80	70
50	70	90	80	70
60	72	90	80	70
70	72	90	80	72
80	73	90	78	75
90	75	80	75	80

D. 2 沿走向方向的保护范围

若保护层采煤工作面停采时间超过 3 个月、且卸压比较充分，则该保护层采煤工作面对被保护层沿走向的保护范围对应于始采线、采止线及所留煤柱边缘位置的边界线可按卸压角 $\delta_5 = 56° \sim 60°$ 划定，如图 D. 2 所示。

D. 3 最大保护垂距

保护层与被保护层之间的最大保护垂距可参照表（D. 2）选取或用式（D. 1）、式（D. 2）计算确定：

表 D. 2 保护层与被保护层之间的最大保护垂距

煤层类别	最大保护垂距/m	
	上保护层	下保护层
急倾斜煤层	<60	<80
缓倾斜和倾斜煤层	<50	<100

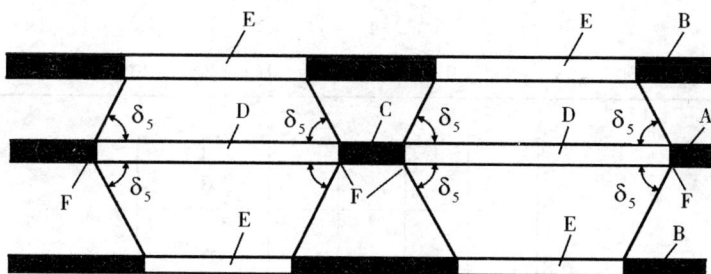

A—保护层；B—被保护层；C—煤柱；D—采空区；

E—保护范围；F—始采线、采止线

图 D. 2 保护层工作面始采线、采止线和煤柱的影响范围

下保护层的最大保护垂距：

$$S_\text{下} = S'_\text{下} \, \beta_1 \beta_2 \qquad (D.1)$$

上保护层的最大保护垂距：

$$S_\text{上} = S'_\text{上} \, \beta_1 \beta_2 \qquad (D.2)$$

式中：$S'_\text{下}$，$S'_\text{上}$——下保护层和上保护层的理论最大保护垂距，m。它与工作面长度 L 和开采深度 H 有关，可参照表 D. 3 取值。当 $L > 0.3H$ 时，取 $L = 0.3H$，但 L 不得大于 250 m；

β_1——保护层开采的影响系数，当 $M \leqslant M_0$ 时，$\beta_1 = M/M_0$，当 $M > M_0$ 时，$\beta_1 = 1$；

M——保护层的开采厚度，m；

M_0——保护层的最小有效厚度，m。M_0 可参照图 D.3 确定；

β_2——层间硬岩（砂岩、石灰岩）含量系数，以 η 表示在层间岩石中所占的百分比，当 $\eta \geqslant 50\%$ 时，$\beta_2 = 1 - 0.4\eta/100$，当 $\eta < 50\%$ 时，$\beta_2 = 1$。

表 D.3 $S'_\text{下}$ 和 $S'_\text{上}$ 与开采深度 H 和工作面长度 L 之间的关系

| 开采深度 H/m | $S'_\text{下}$/m | | | | | | | | $S'_\text{上}$/m | | | | | | |
| | 工作面长度 L/m | | | | | | | | 工作面长度 L/m | | | | | | |
	50	75	100	125	150	175	200	250	50	75	100	125	150	200	250
300	70	100	125	148	172	190	205	220	56	67	76	83	87	90	92
400	58	85	112	134	155	170	182	194	40	50	58	66	71	74	76
500	50	75	100	120	142	154	164	174	29	39	49	56	62	66	68
600	45	67	90	109	126	138	146	155	24	34	43	50	55	59	61
800	33	54	73	90	103	117	127	135	21	29	36	41	45	49	50
1 000	27	41	57	71	88	100	114	122	18	25	32	36	41	44	45
1 200	24	37	50	63	80	92	104	113	16	23	30	32	37	40	41

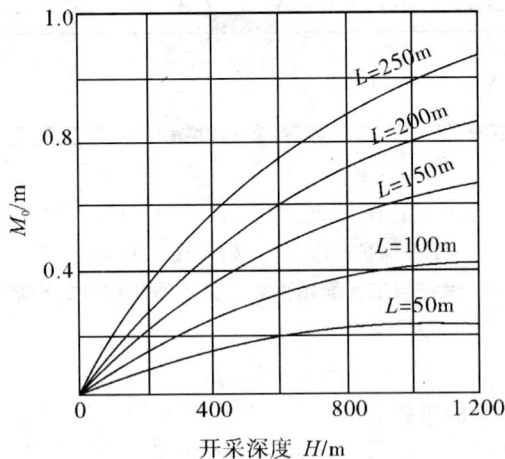

图 D.3 保护层工作面始采线、采止线和煤柱的影响范围

D.4 开采下保护层的最小层间距

开采下保护层时，不破坏上部被保护层的最小层间距离可参用式(D.3)或式(D.4)确定：

$$当\ \alpha < 60°时，H = KM\cos\alpha \tag{D.3}$$

$$当\ \alpha \geqslant 60°时，H = KM\sin(\alpha/2) \tag{D.4}$$

式中，H——允许采用的最小层间距，m；

　　　M——保护层的开采厚度，m；

　　　α——煤层倾角，(°)；

　　　K——顶板管理系数。冒落法管理顶板时，K 取 10，充填法管理顶板时，K 取 6。

附录E：防治煤与瓦斯突出基本流程参考示意图

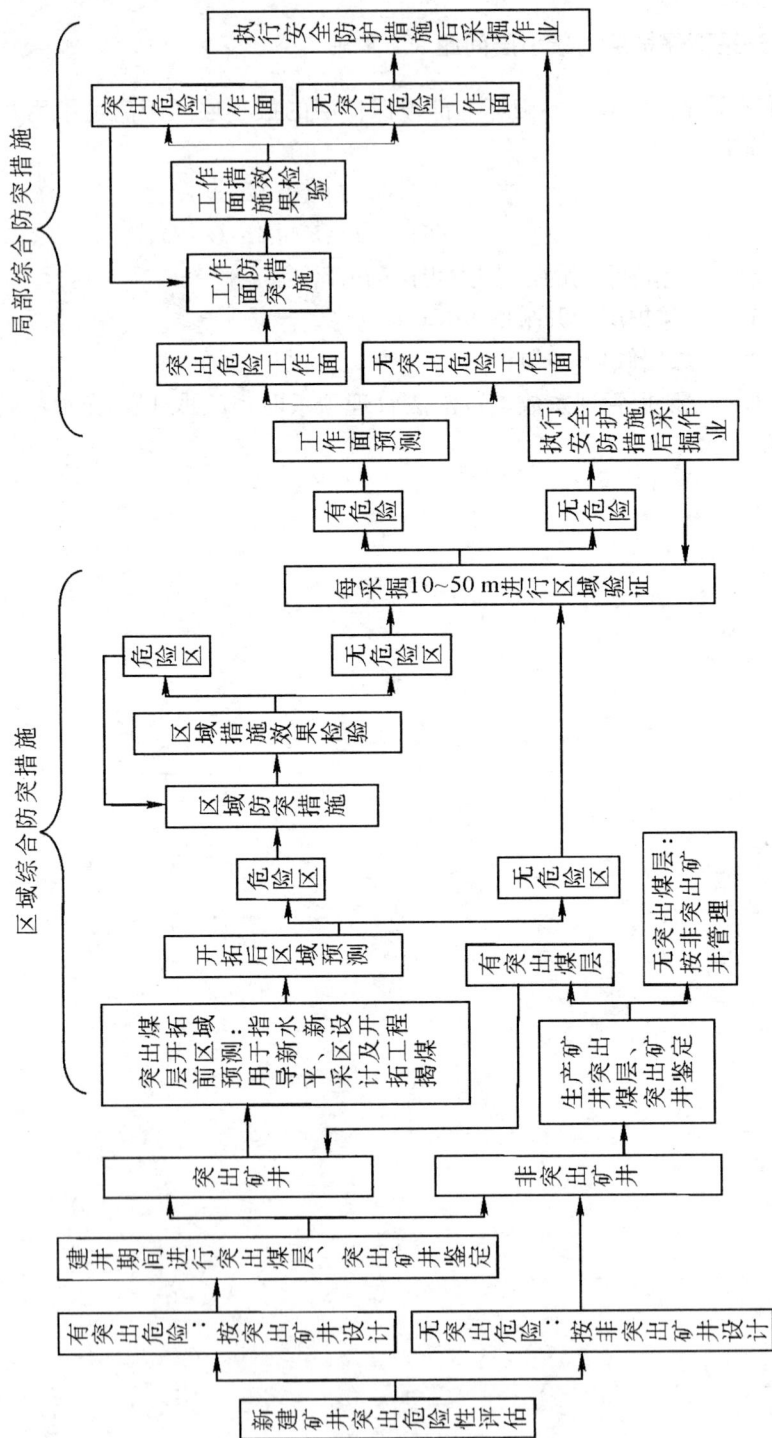

局部综合防突措施

执行安全防护措施后采掘作业

突出危险工作面　　无突出危险工作面

工作面措施效果检验

工作面防突措施

突出危险工作面　　无突出危险工作面

工作面预测

有危险　　无危险

执行安全防护措施后采掘作业

每采掘10~50 m进行区域验证

区域综合防突措施

危险区　　无危险区

区域措施效果检验

区域防突措施

危险区　　无危险区

开拓后区域预测

有突出煤层

无突出煤层：按非突管理

突出煤层开拓前区域预测：用于指导新水平、新采区设计及开拓工程揭煤

生产矿井突出煤层、突出矿井鉴定

突出矿井　　非突出矿井

建井期间进行突出煤层、突出矿井鉴定

有突出危险：按突出矿井设计

无突出危险：按非突出矿井设计

新建矿井突出危险性评估